U0312329

数 学 欣 赏

张文俊 编著

科学出版社

北 京

内 容 简 介

本书为大学生数学综合素养教育书籍. 全书从宏观的角度, 以介绍数学的对象、内容、特点、思考方式、典型问题、典型方法为载体, 通过深刻的分析及生动的实例, 采用轻松的语气, 使读者领悟数学之魂、认识数学之功、经历数学之旅、欣赏数学之美、品味数学之趣、感受数学之妙、领略数学之奇、思考数学之问, 准确、完整、科学地认识数学的实质, 剖析数学的魅力, 弄清数学的脉络与层次, 体味数学思想方法的深刻性与普适性. 该书不涉及深奥的数学知识, 从历史与科学的角度切入题材, 沿应用与传播的途径展开, 以文化与美学的眼光欣赏, 寓知识性、科学性、思想性、趣味性和应用性于一体, 漫谈但不失严谨, 通俗却不失深刻, 科学又不乏趣味.

本书配有全套设计精美的教学课件, 适合作为高等学校通识类课程——数学文化教学用书, 也可作为通俗读物, 供各级教师、大中学生和其他数学爱好者阅读.

图书在版编目 (CIP) 数据

数学欣赏/张文俊编著. —北京: 科学出版社, 2010

ISBN 978-7-03-029663-4

Ⅰ. ①数… Ⅱ. ①张… Ⅲ. ①数学–普及读物 Ⅳ. ①O1-49

中国版本图书馆 CIP 数据核字 (2010) 第 233583 号

策划: 姜天鹏 刘玉兴
责任编辑: 王纯刚 李 瑜 / 责任校对: 刘玉靖
责任印制: 吕春珉 / 封面设计: 东方人华平面设计部

科学出版社 出版

北京东黄城根北街 16 号
邮政编码: 100717
http://www.sciencep.com

天津翔远印刷有限公司 印刷

科学出版社发行 各地新华书店经销

*

2010 年 12 月第 一 版 开本: 787×1092 1/16
2024 年 1 月第九次印刷 印张: 15 3/4
字数: 353 000

定价: 50.00 元

(如有印装质量问题, 我社负责调换〈翔远〉)

销售部电话 010-62140850 编辑部电话 010-62135763-2038 (VF02)

序

众所周知，古今中外，数学一直是学校教育必教、升学考试必考的一门课程. 却很少有人思考，数学为何受到如此重视？数学对人类的影响到底有多大？要透彻解释这些问题并非易事，但有两句话值得关注：一句是，一个人不识字甚至不会说话可以生活，若不识数，就很难生活；另一句是，一个国家的科学进步，可以用它使用数学的程度来度量. 前一句比较通俗，然颇为深刻；后一句比较高雅，且非常精彩！它们都说明数学对人类生存、生活以及社会进步、科技发展有重要影响. 其实，数学源于实践、追求永恒、强调本质、关注共性，识方圆曲直、判正负盈亏，时时为人解难；数学思想深刻、方法巧妙、内容广阔、结论优美，析万事之理、解万象之谜，处处引人入胜；数学根基简明、推理严密、结论可靠、应用广泛，可化繁为简、能化难为易，事事让人放心. 数学是数量与空间的组合，是科学与艺术的统一，是人类思维的体操，更是人类不可缺少的素质. 代数简洁、几何优雅、分析严谨，数学充满魅力，使人着迷.

数学经世致用. 像文学艺术探索和描绘人类的心灵世界一样，数学探索和表达自然的奥秘，分析和描述社会的本质，是人类认识与改造自然、理解与发展社会的重要动力. 作为一门课程，数学知识是学习与理解其他知识的基础，在世界各地，在学校教育的各个阶段，数学是教育时间最长、分量最重、要求最高的课程；作为一种工具，数学方法是人们生存、生产、生活的得力助手，在人类社会的各个领域，在人类生活的各个方面，在科学技术的各个分支，在社会发展的各个阶段，尤其是关键时刻，数学都扮演着极其重要、不可替代的角色；作为一种语言，数学的符号、公式、图形等是描述自然与社会现象的通用语言，她以简洁而精确的方式，描绘宇宙万物的本质与共性，揭示自然与社会的结构、模式与发展规律；作为一种思维，数学严谨、精细、简洁、可靠，是理性思维的标志和典范，她培养的思考力、判断力、决策力是人的重要素质，是科学素质的核心；作为一门科学，数学既是科学之母，也是科学之仆，既孕育了许多科学圣婴，又推动着所有科学的发展. 如今，人类进入信息时代，数学更显示出前所未有的"统治力"，她无声无息地走进人们的生活，引领科技的发展，把握社会的命脉. 本质上，信息时代就是数学时代，信息技术就是数字技术，信息化就是数字化. 数字技术把各种事物、事物的关系、事物的发展变化等统一用数字来描述，把各种问题的研究归结为数据存储、数据处理和数据传递；其记忆容量远超人类大脑，其传递速度可与光速匹敌. 数字技术极大地提高了各个领域的工作效率和工作质量，威力难以估量，影响异常惊人.

数学睿智聪慧. 她蕴涵着人类精细的思维与高超的智慧，以合情推理（归纳、类比、关联、辐射、迁移、空间想象等）为主的发散性思维，以演绎推理（三段论、递归、反证等）为主的收敛性思维，都深刻地影响着人类的思维方式，既饱含理性，又充满创新. 人类的发明创造开始于感性的发散性思维，终止于理性的收敛性思维，数学思维是人类发明创造的源泉和动力. 优秀的数学教育是对人理性的思维品格和思辨能力的培养，是聪明智慧的启迪和潜在能动性与创造力的开发，对人类的素质有重要影响，它使人成为更完全、更丰富、更有力量的人.

数学美丽神奇. 她打开了自然与社会的大门，掀起了两者神秘的面纱，用各种有组织的"符号"、"方程"以及"公式"等，简洁而深刻地描绘了复杂的自然与社会现象的本质与规律，其方法和内容都体现着自然与社会的多姿多彩、对立统一，具有极为深刻的美学价值. 数学方法以静识动、以直表曲、以反论正，尽显神奇之威；数学结论万变有常、万异存同、万象同根，皆表和谐之美. 数学美是数学生命力的重要支柱.

因此数学是美丽的、有趣的、有用的，更是人类不可缺少的素质.

因为数学是美丽的，所以数学需要欣赏；因为数学是有趣的，故而数学可以欣赏；因为数学是有用的，因此数学值得欣赏.

然而遗憾的是，数学教育的现状却不容乐观！许多人感觉数学抽象、枯燥、学起来困难，惧怕、甚至讨厌数学. 这固然可以在很大程度上归根于数学的研究对象、内容和方法的抽象性，但也与中国的教育环境、中考高考的压力，以及数学教师对数学理解的角度、深度和讲授数学的方式、方法有关. 因此，在大学开设一门课程，编写一本教材，从欣赏的角度去认识数学、领悟数学、应用数学，就显得特别必要，这正是《数学欣赏》这门课和这本书的初衷. 实践证明，欣赏激起热爱，热爱焕发激情，激情产生动力，并最终真正提高读者的数学素质，这也正是《数学欣赏》要达到的目的.

全书共分八章：数学之魂、数学之功、数学之旅、数学之美、数学之趣、数学之妙、数学之奇、数学之问. 从宏观的角度去认识数学的本质，使读者对数学的概念、思想、方法等有一个整体的把握；以生动且富有哲理和智慧的实例去展示数学的美、理、奇、妙、趣，并通过数学自身的特点与思考方式去解释这些现象背后的原因；通过数学的对象、内容与思想方法去揭示数学的价值，包括数学对人、自然和社会的影响；伴随着流传千古的典故和让人陶醉的佳话去认识和理解一些著名的数学问题，包括最近解决的庞加莱猜想等.

第一章数学之魂，旨在通过分析数学的对象、内容、特点、思考方式等，揭示数学与自然和社会的密切关系，领悟数学知识、方法、思想的深刻性、普适性与可靠性，这是数学的灵魂，是数学价值和美、理、奇、妙、趣的根源. 第二章数学之功，介绍数学的功能与价值，从数学与个人成长、数学与人类生活、数学与科技发展、数学与社会进步四个方面，通过实例见证数学的教育价值、应用价值以及对社会进步的推动作用. 第三章数学之旅，介绍数学各主要分支的研究对象、内容、方法、价值和发展简史，包括代数学大观、几何学通论、分析学大意、随机数学一瞥、模糊数学概览等. 第四章数学之美，通过一个关于人脸美丑的实验以及对数学本质的分析，剖析数学美的原因和特征，并以典型实例欣赏数学方法之美妙和数学结论之和谐. 第五章数学之趣，通过勾股定理、悖论以及几个游戏，品味数学的数形之趣、思维之趣以及数学与游戏的相通之处. 第六章数学之妙，通过数学归纳法原理、抽屉原理、一笔画定理以及欧拉定理，感受数学方法的美妙与神奇. 第七章数学之奇，通过分析实数系统的结构、三种不同的几何学以及神奇的幻方世界，领略数学的奇异现象. 第八章数学之问，通过古代数学三大难题、近代数学三大难题和现代数学的庞加莱猜想等问题的缘起、发展、争端，直至最终解决的历程，体会数学家关注什么、如何提问、如何思考，感受他山之石可以攻玉的道理，领略数学家为科学献身的精神，并通过现代数学七大难题，使读者了解数学发展的最新动态.

全书各章通过深刻的分析及生动的实例，为你打开一扇窗户，开启你认识世界的通道，欣赏数学的美丽与神奇；帮你擦亮一双眼睛，丰富你观察世界的方式，认识数学的本质与价值；给你武装一副头脑，提升你改造世界的能力，掌握数学的思想与方法. 以轻松的方式，使你领悟数学之魂、认识数学之功、经历数学之旅、欣赏数学之美、品味数学之趣、感受数学之妙、领略数学之奇、思考数学之问，准确认识数学的实质、剖析数学的魅力、弄清数学的脉络与层次、体会数学思想方法的深刻性与普适性.

数学之魂，追根求源，昂首顶天立地；数学之功，探因析理，阔步所向披靡；

数学之旅，超越时空，数形争放异彩；数学之美，简洁和谐，方圆竞展奥秘；

数学之妙，出神入化，时时化繁为简；数学之奇，鬼斧神工，事事化难为易；

数学之趣，引人入胜，促进情智共生；数学之问，简明深刻，焕发数学生机.

全书题材兼顾数与形的科学，并点缀着数学的思维，以名言与故事的寓意引导，从历史与科学的角度切入，沿应用与传播的途径展开，用文化与美学的眼光欣赏，寓知识性、科学性、思想性、趣味性和应用性于一体，力争做到漫谈但不欠严谨，通俗却不失深刻，科学又不乏趣味.

本书从构思、酝酿到杀青，前后历时 12 年，其间对各专业本科生、中学数学教师等连年试用，数易其稿. 但由于数学历史源远流长，数学思想博大精深，数学应用广泛深入，数学之美无处不在，数学之趣俯拾即是，要从茫茫的数学世界中去涉猎、去选材，具有极大的主观性. 限于作者的数学与文学修养水平，本书的选材尽可能做到前呼后应、衔接自然，但无法做到面面俱到、例例贴切；本书的表述尽可能做到观点明确、说理透彻，但难以保证字字精辟、句句优美. 不当、甚至谬误之处在所难免，恳请读者批评指正.

张文俊

2010.8

目　　录

第一章　数学之魂

数学之魂　追根求源

数学，各级学生必学、升学选拔必考；

数学，启迪人类智慧、优化人类生活；

数学，促进科学发展、推动社会进步……

为什么？为什么数学如此受到关注？为什么数学如此重要？

这是因为：

数学理论的研究对象——数与形，为万物共有，是万物之本；

数学理论的研究内容——数形变化关系与规律，反映的是物质世界的运动规律与相互关系，是万物之理；

数学理论建立的基础——公理系统，其结论通俗，道理自明；

数学理论建立的方法——演绎推理（三段论），其形式简洁，层次清晰，结构严谨，推论无疑.

数学关注万物共性与本质，揭示万象之理与奥秘，其基础简明稳固，方法科学普适，结论精准可靠，这是数学的灵魂，也是数学价值和美、理、奇、妙、趣的根源.

地王大厦有多高？

20 世纪 90 年代中期，在祖国改革开放的前沿阵地深圳经济特区建起一座当时为中国最高的摩天大厦——地王大厦，如图 1.1 所示. 人们驻足地王，不禁叹问：地王大厦有多高？

图 1.1 地王大厦

对于这个问题，只要找相关人员询问，自然会得到准确答案. 这里提出这个问题，目的并不在于要确切地了解地王大厦的高度，只是探讨一下受过不同类型教育的人对此类问题的不同反映.

文学家喜欢用语言对事物进行描述. 他可能用诸如"巍然屹立、高大宏伟、高耸入云"等一系列词汇对地王大厦的高度进行描述. 这样的答案给了你充分的想象空间和美的感受，但你却不能据此准确得知地王大厦的高度.

物理学家习惯用实验的方式处理问题. 要想知道地王大厦的高度，按照实验的思想是"拿根绳子量一量"：从楼顶吊下一根绳子直达楼底，记下从楼顶到楼底绳子的长度，这就是地王大厦的高度. 尽管这个做法不算简单，也不一定具有可移植性. 比如，要测量一根竖立在地面上又细又长的钢管，人们就无法站到钢管顶部，但是这个做法确实可以给出准确的答案.

如果数学家遇到这样的问题，其处理方式会有很大不同. 他善于对事物进行类比，因此会选取一个标尺，借助阳光，利用标尺与大厦投影的长度及相似原理测出大厦的高度；他擅长将事物进行转化，因此可能通过直角三角形直角边长与其对角的依赖关系，把大厦高度的测量问题转化为对仰视角的测量问题. 他没有爬上楼顶，但能准确得到楼顶到地面的距离；他没有丰富的词汇但却告诉了你大厦的雄伟. 他的方法不仅可以用来测量大厦，还可以移作它用.

这就是数学的威力——方法简洁、结论可靠、适用广泛.

第一节　数学的对象与内容

数学是研究现实世界的数量关系和空间形式（数与形）的科学.

——恩格斯《反杜林论》

万物共有数与形

世间万事万物，不论是有生命的，还是没有生命的；不论是动物，还是植物；不论是自然形成的，还是人工创造的；不论是气态、液态，还是固态；不论是在宏观世界，还是在微观世界……均以一定的形态存在于空间之中，并受诸如长度、面积、体积、质量、浓度、温度、色度等各种量的制约. 这种万事万物所共有的内在特质——"形（态）"与"（数）量"，乃是数学科学的两大柱石.

世间万事万物不是静态不变的，而是在不断、相互联系地运动和变化着. 事物的运动和变化体现在其内在特质上，就是"形"的变换和"量"的增减. 如图 1.2 所示.

图 1.2　列车

形的变换各种各样，有描述位移的平移、旋转等刚体变换，也有描述缩放、透视的相似、仿射、直射等射影变换，还有描述拉伸、扭转等的拓扑变换. 研究形在各种变换下的不变性质，或者用各种不同方法、观点去研究形，就形成了各种各样的几何学.

量的增加衍生出一种基本运算——加法. 在量的变化中，先增加 2、再增加 3，与先增加 3、再增加 2，其结果无异，这就衍生出加法运算的交换律……研究各种量，甚至抽象元素的运算及其规律就形成了各种各样的代数学.

作为万事万物所共有的内在特质"数"与"形"，附以反映万事万物变化规律的运算、变换及其规则，就是数学. 古典数学如此，现代数学本质也如此.

1.1.1　数与形——万物之本

欣赏数学，应从数学的研究对象开始.

19 世纪初，伟大导师恩格斯指出：数学是研究现实世界的数量关系和空间形式（数与形）的科学. 这一经典定义明确了数学的研究对象，概括了从古代到 19 世纪初数学的全部，也代表了目前数学的绝大部分.

数与形是什么？是万物之本.

数，既可表达事物的规模，也可表示事物的次序，万象共有.

形，是人类赖以生存的空间形态，代表的是结构与关系，万物共存.

数与形是一个事物的两个侧面，二者相互联系，对立统一.

为什么从幼儿园到研究生，数学是必修科目？为什么各种升学考试中，数学是必考科目？其根源在于数学的研究对象——数与形，乃万物之本.

按照恩格斯关于数学的定义，"数与形"是数学的两大柱石，整个数学都是围绕这两个概念的提炼、演变与发展而不断发展，数学在各个领域中千变万化的应用也是通过这两个概念而实现.

大体上讲，数学中研究数量关系或数的部分属于代数学范畴；研究空间形式或形的部分属于几何学范畴；数与形有机联系，研究二者联系或数形关系的部分属于分析学范畴. 代数、几何、分析三大类数学构成了整个数学的本体与核心.

在代数学中，数量关系和顺序关系占主导，培养计算与逻辑思维能力；在几何学中，位置关系和结构形式占主导，培养直觉能力和洞察力；在分析学中，量变关系、瞬间变化与整体变化关系占主导，函数为对象，极限为工具，培养周密的逻辑思维能力和建模能力.

1.1.2　结构与模式——万物之理

欣赏数学，还要明白数学的研究内容.

1. 数学的研究内容——结构与模式

数学的研究对象数与形是物质世界的本质抽象化，但人们研究数学的根本目的不是做抽象游戏，而是要探讨物质世界的运动规律，并把这些规律通过数与形来表达出来.

19 世纪末到 20 世纪初，德国数学家康托（Cantor, Georg Ferdinand Ludwig Philipp, 1845—1918）建立了集合论，借助集合论，人们可以简洁地概括出数学的研究内容：数学是研究模式与秩序的科学. 数学的基本研究对象是各种各样的集合以及在它们上面赋予的各种结构.

数学的基本集合包括：各种数的集合、各类图形、各类函数、各种空间、一般的抽象集合等.

而数学的基本结构有三种.

◆ **代数结构**: 反映"合作"关系的各种运算及其运算规律等;

◆ **顺序结构**: 反映对比关系的大小、先后,反映隶属关系的蕴涵等;

◆ **拓扑结构**: 反映亲疏程度与规模大小的距离.

例如,实数的全体是一个集合,在其上规定的加减乘除四则运算就是一种代数结构;实数之间具有大小关系,这种大小关系就是顺序结构;实数可以通过数轴表现出来,在数轴上可以引入距离. 距离可以刻画两个实数间的亲密程度,这就是一种拓扑结构. 实数的代数结构、顺序结构及其内在规律和关系刻画了实数的代数属性,形成了代数学的根基;实数的拓扑结构刻画了实数的几何属性,它是微积分得以在实数集上建立的基础.

按照这种观点,数学的研究内容就是结构与模式,它反映的是万物之理. 事实上,世界是物质的,物质是运动的,运动是相互联系的,这相互联系的物质运动大都可以被数学家抽象为以数量之间的变化关系和空间结构形式为基本特征的数学模型.

在这种观点下,数学也远没有人们想象的那么神秘,它脉络清晰,是现实的、自然的,其本质也是通俗的. 张景中院士曾经借此把数学与游戏和演戏相比较:数学像游戏,离不开道具和规则. 数学中,各种集合是道具,而在各种集合上赋予的各种结构则是规则. 数学像演戏,离不开演员和剧本. 数学中,各种集合是演员,演员被分配了角色才能演戏.

集合论是数学的基础,但是如果单有集合而没有结构,就像游戏中没有制定规则的道具,也像戏剧中没有分配角色的演员,只能是一副没有生命力的空架子. 集合与结构的组合才构成具有强大生命力的数学,它能够简洁而又精确地刻画自然与社会的各种模式,进而用来解决自然与社会问题.

2. 数学的目标

现实世界千变万化、千差万别. 数学的目标是要发现各种事物的本质,建立不同事物的联系,寻找不同事物的共性,探索事物发展的规律,揭示事物现象的奥秘,用以描述与理解自然和社会现象,以便对发展方向进行判断、控制、改良和预测. 数学要透过现象看本质,通过个性看共性,在混沌中寻找秩序,在变化中寻找恒定.

对于一个给定的对象,数学家的目标是要**发现本质、探索规律**. 下面通过一个例子来进行说明.

刘谦没有搞清原理的猜心术. 在国际魔术大师刘谦表演的众多魔术中,有一个使用月历设计的"猜心术":随便取出一张月历(每月按照星期排成 4—6 行,如图 1.3 所示),随便找一位观众在月历中画一个正方形框出 $4 \times 4 = 16$ 个数字,然后刘谦用笔在一张纸上写下一个数字,折起纸密封于一个信封内. 接下来,刘谦让这位观众在这个方框内随便取一个数字,然后把这个数字所在的行和列中的数字划掉,只留下这个数字;之后在该方框内剩下的数字中再随便取一个数字,然后把这个数字所在的行和列中的数字划掉,只留下这个数字. 依此类推,继续做下去,最后方框内原有的 16 个数字只剩下 4 个. 此时,刘谦请观众算一算留下的四个数字之和是多少. 待观众算出这个和数后,刘谦告诉他:"其实,我早就猜出你的这个和数了,请你打开信封看一看."观众打开信封,发现刘谦写在纸上的数字正是这个和数,一时使他目瞪口呆.

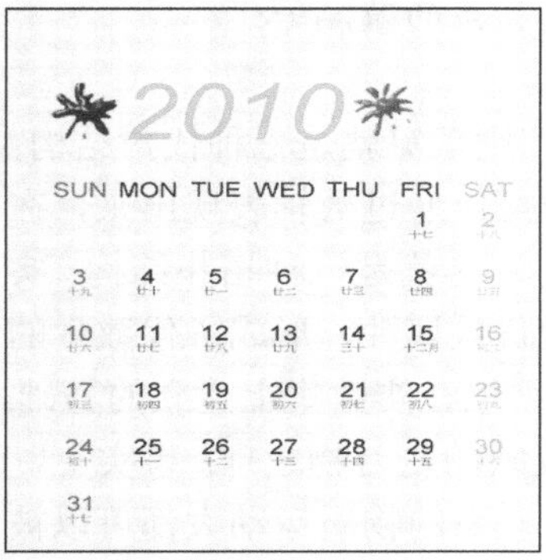

在一次魔术教学时,观众问刘谦为何对此能够未卜先知,刘谦解密说:"因为当你框出 16 个数时,我看到了四个角上的数字,然后相加,把它记在了这个纸上."观众又问:"我选的四个数字完全是随意的,换一个人可能选了另外四个数字,你为什么知道它一定等于这四个角上的数字之和呢?"刘谦无奈地回答:"这个真的很抱歉,我只知道一定是这样,但是我不知道为什么."

现在让我们来看一看其中的奥秘到底是什么:首先注意任何一个方框框出 4×4 = 16 个数字的规律. 记左上角那个数字为 n,则其后的数字组成一个公差为 1 的等差数列,依次为 $n+1$、$n+2$、$n+3$;而其下面几行的首位数字组成一个公差为 7 的等差数列,依次为 $n+7$、$n+14$、$n+21$. 而且,每一行各数从左到右都组成一个公差为 1 的等差数列,每一列各数从上到下都组成一个公差为 7 的等差数列. 其次考察一下观众最后留下的四个数字的规律:注意观众取下第一个数字后,不论在哪里取,它所在的行和列中的数字就全部划掉,只留下这个数字,因此后面再选取数字的时候就只能在其他行、列进行. 按照规则进行,最后剩下的四个数字的特点是:每行、每列都有而且只有一个数字. 最后结合刚才的规律,看一看选出的四个数字之和的奥秘. 由于这四个数字在每行、每列都有而且只有一个,因此,当行确定时,它一定为该行首位数字 +0、+1、+2、+3 之一,而且只能有一个. 于是,由于四个数字取自四个不同的行,它们所在的行的首位数字分别为 n、$n+7$、$n+14$、$n+21$,它们的和就应该是这四个数字 n、$n+7$、$n+14$、$n+21$ 分别+0、+1、+2、+3,即和为

$$(n+n+7+n+14+n+21)+1+2+3 = 4n+48$$

其中 n 是左上角的数字.

再看看刘谦写下的四个角上的四个数字之和是什么?四个角上的数字分别是 n、$n+3$、$n+21$、$n+24$,其和亦为 $4n+48$. 这就是刘谦这个猜心术的奥秘.

事实上,刘谦的算法很麻烦. 有许多简单算法,比如大家看到的,左上角数字 n 的 4 倍+48,即 $4n+48$. 下面再列举一些简单算法:

1)设 n 为右上角数字,则和 $S = 4n+36$;

2)设 n 为第二行首位数字,则和 $S = 4n+20$;

3)设 n 为第二行末位数字,则和 $S = 4n+8$;

4)$S =$ 对角线上(左上到右下,或者左下到右上)四个数字之和;

5)$S =$ 中心四个数字之和.

以上例子代表数学家思考问题的方式和目标:他不限于发现一个结论,更要明白结论背后的原因;他不仅要知道某一种特定结论,更要发现其内在规律.

对于多个给定的对象,数学家的目标是要**发现共性、探索关系**.比如

图 1.3   月历

$$(a + b)^2 = a^2 + 2ab + b^2, \qquad (a + b)^3 = a^3 + 3a^2b + 3ab^2 + b^3$$

两个公式表面看起来没有什么关系，但是它们蕴藏着同样的规律——二项式定理.

3. 数学结论的形式

根据数学的目标，数学理论首先要通过发现事物的本质或不同事物的共性去确立对象，形成概念；其次要针对这种对象探索其性质、关系等本质规律. 因此，数学理论的建立与表达基于两个根本性的概念：定义和（真）命题（公理、定理、公式等）.

定义就是提出概念，给某种具有一定属性的事物进行命名，或者对某个词语界定其含义，其本质是抓事物共性与本质，其思想是分类研究，其目的是化繁为简，化混沌为清晰.

（真）命题是针对一种概念的性质作出的正确判断，或者对不同概念之间的对比与联系作出正确判断，其基本结构是"若 P，则 Q"，其中 P 和 Q 都是一种判断，前者称为条件或前提，后者称为结论；其要义是，在某种条件下，一定具有某种结论. 数学命题也可以由一句话直述，但其本质仍具有上述结构，比如"三角形内角和等于 $180°$"相当于"若 A、B、C 是一个三角形的三个内角，则 $A+B+C = 180$."

数学理论的建立与表达依靠数学思维. 数学思维包括多个方面，如归纳、类比、演绎、计算等，但概括地讲，包含三大方面："构造"、"计算"与"证明". 因此，数学结论涉及的内容主要有：对象存在性、对象结构、对象性质、不变性与不变量、建立模型与设计算法等.

（1）对象存在性

在数学中，给出一个数学定义就明确了一个对象. 在研究这种对象之前，首要的问题是这种对象是否存在. 各种对象的存在性问题是数学家经常要解决而又比较困难的问题. 比如，初等代数的中心问题就是研究方程或方程组的解的存在性、解的个数、解的结构问题；几何学中三角形内角和是否等于 $180°$，取决于过直线外一点与该直线平行的直线是否存在的问题；分析学中光滑函数能否在一点达到极值取决于该函数是否存在导数等于 0 的点的问题；数论中费马猜想涉及的是方程 $x^n + y^n = z^n$ 是否存在正整数解的问题，哥德巴赫猜想涉及对每个大偶数是否都存在两个素数使之等于二者之和的问题；拓扑学中庞加莱猜想涉及对任何三维紧流形是否都存在到三维球面的微分同胚的问题，等等.

一般来讲，要说明某种对象是存在的，可以构造性证明，也可以纯理性推理；但要说明某种对象不存在，则只能依靠理性推理，其原因是你没有办法构造出来，未必不存在.

（2）对象结构

弄清具有某种属性的事物的具体结构也是数学的目标之一. 在很多情况下，数学家可以从理论上推导出对象的存在性，但未必能把它构造出来，比如，代数基本定理告诉我们，任何 n 次方程在复数范围内一定有 n 个根（包括重数），但五次及五次以上的方程却没有公式解，大多数根无法找到. 另一方面，即使构造出来，由于对象未必唯一，通过一个或多个构造未必能认清其本质，因此必须研究其一般构造. 这样具体构造具有某种属性的对象就是数学的基本任务之一.

（3）对象性质

研究指定对象的性质是数学最主要、最普遍的工作. 它包括对象的内在性质（规律）以及与其他对象的对比与联系，具体体现为充分性、必要性和特征刻画. 充分性是指满足什么条件的事物（对象）一定属于这种对象，必要性是指该对象一定具有什么性质，而特征刻画则是指既充分，又必要的性质. 比如，对于矩形这个对象，正方形一定是矩形，但矩形未必是正方形，因此正方形就是矩形的充分条件；矩形的"两对对边分别平行"，但两对对边分别平行的图形未必是矩形，因此"两对对边分别平行"就是矩形的必要条件；矩形的"两对对边分别相等且有一个角为直角"，反之，两对对边分别相等且有一个角为直角的图形也一定是矩形，因此"两对对边分别相等且有一个角为直角"就是矩形的特征刻画. 不论是充分性、必要性，还是特征刻画，一般来讲都不唯一. 较深刻的特征刻画出现在交叉领域，也就是用完全不同的概念与性质去刻画，比如几何对象用代数刻画，代数对象用几何刻画，勾股定理就是用代数方法来刻画直角三角形这个几何对象的.

（4）不变性与不变量

不变性与不变量本质上也是描述对象的性质，把它单独列出是因为它的普遍性和重要性. 万事万物每时每刻都在运动和变化，数学家追求动中之不动，变中之不变.

不变性是指同一类数学对象，其中可能有些部分在变，但某些特征始终不变，是数学家关心的目标之一. 比如，三角形边长及内角会有各种各样的变化，但其面积与底和高的关系始终不变，其两边之和大于第三边的性质不变，正弦定理、余弦定理永远不变；对于直角三角形，不管其边长各自如何改变，但三边关系始终符合勾股定理. 不变性也可以用来描述某些数学现象，比如，什么叫对称？仔细分析后可知，对称就是在某种变换下几何图形能够保持不动，轴对称是在反射变换下保持不变的性质，中心对称是围绕某点旋转一定角度时保持不变的性质.

不变量是不变性的特殊情况，它是用常数来刻画不变性. 比如，圆形由其圆心和半径确定其大小和位置，圆的周长、面积等会随着圆半径的变化而改变，但不论半径与圆心如何变化，周长与直径之比永远不变；再比如，正方形的周长、面积会随着正方形边长而改变，但是，其周长与对角线之比永远不变；三角形边长及内角会有各种各样的变化，但其内角和永远不变.

（5）建立模型

数学应用于实际的一个重要手段是建立数学模型. 现实中的问题千奇百怪、五花八门. 如果对每一个问题都分别处理，将会浪费极大的精力，实践上也不可能. 但是数学家面对不同的问题，总会通过某种方法进行分析，抓住其本质，找出其共性和联系，以此建立相应模型，进而解决一类问题. 比如，一元二次方程 $ax^2+bx+c=0$ 就是模式的一个简单例子，它的解可以借助一个带平方根的式子表示出来. 这个方程可以从许多完全不同的现实例子中抽象出来，但其内在数学性质却完全一致. 在这个模式中，注意到 a、b、c 是"任意"的数，这个简单的事实却隐藏着一个深刻的思想：把一个涉及无限的命题"解所有一元二次方程"用给定的有限条件（a，b，c）统一起来. 现实问题无穷无尽，甚至每一个具体的问题，比如说扔块石头看看它落到什么地方，也都具有无限精细的内部结构. 可是对于人类来说，认识是有限的，处理这些信息的能力就更加有限，人类只能够通过有限步的逻辑推理（这是人类唯一能够做到的思维）去解决问题，只能通过模式和有限去把握无限，建立模型是实现这一目标的有效途径.

（6）设计算法

数学应用于实际的另一个重要工作是设计算法或求解模型. 数学的许多对象，比如函数的导数、定积分等，是通过抽象的定义引入的，当涉及具体的对象时，用定义计算既非常麻烦，也没有必要，因此需要寻找通用的算法或法则. 另一方面，对于许多具体问题，人们也许可以为其建立数学模型，但却未必能够马上提供算法求解模型，因此也就不能真正解决问题. 于是，设计算法、改进算法都成为必要和有意义的数学工作.

第二节　数学的方法与特点

从最简单和最容易明了的事物着手，渐渐地和逐步地达到对最复杂对象的认识，甚至那些原本无先后次序的事物，也假定为其排列层次.

——笛卡尔《方法论》

物理教授的经验方程
——数学结论都是有条件的

物理教授走过校园，遇到数学教授. 物理教授在进行一项实验，他总结出一个经验方程，似乎与实验数据吻合，他请数学教授看一看这个方程.

一周后他们碰头，数学教授说这个方程不成立. 可那时物理教授已经用他的方程预言出进一步的实验结果，而且效果颇佳，所以他请数学教授再审查一下这个方程.

又是一周过去，他们再次碰头. 数学教授告诉物理教授说这个方程的确成立，"但仅仅对于正实数的简单情形成立."

苏格兰高原上的羊
——数学表述是准确的

物理学家、天文学家和数学家走在苏格兰高原上，碰巧看到一只黑色的羊.

天文学家：啊，原来苏格兰的羊是黑色的.

物理学家：得了吧，仅凭一次观察你可不能这么说，你只能说那只黑色的羊是在苏格兰发现的.

数学家：也不对！由这次观察你只能说，在这一时刻，这只羊，从我们观察的角度看过去，有一侧表面是黑色的.

1.2.1　数学理论的建立方式

数学的理论和方法被广泛地应用于人类社会的各个领域，人们相信，这种应用是有效的，也是可靠的. 为什么呢？其根源在于：

　　数学是从少许自明的结论（公理）出发，采用逻辑演绎（三段论）的方法，推出新结论（定理、公式）的科学.

　　据此，数学理论的体系结构可以清晰地用图 1.4 表示.

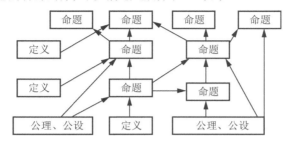

图 1.4　数学理论体系框架图

其中的命题都是指真命题，包括定理、公式等.

　　关于数学理论建立的方式，还要补充说明三句话.

1. 一组自明的公理是数学论证的出发点

　　一组自明的公理是数学论证的出发点，也是数学结论可靠性的前提. 对于这组公理，有两个自然的要求：
- ◆　不能相互矛盾（相容性），任何两个公理之间不能出现矛盾；
- ◆　不要相互包含（独立性），不能由一个公理导出另一个公理.

相容性保证了系统内部的和谐性；独立性保证了公理体系的简洁性.

　　除此之外，人们还试图一劳永逸，希望通过这组公理能够导出有关数、形及其关系的所有规律和性质，这就是所谓的完备性要求. 但是，完备性要求能否做到？1931 年奥地利数学家哥德尔（Godel，Kurt，1906—1978）得到的哥德尔不完备性定理（见第五章）表明：数学中根本不存在完备公理系统.

　　另外，什么叫自明？这个问题相当主观，也相当深刻. 欧几里得（Euclid of Alexandria，约公元前 330—前 275）认为自明的命题，在高斯（Gauss，C.F.，1777—1855）和罗巴切夫斯基（Побауевский Н. И.，1793—1856）看来却不自明；不能说明其错的东西，未必就是对的. 一些无法在原公理系统中加以证明、也无法否定的命题，也就是独立于原公理体系之外的命题，其肯定形式或否定形式都与原公理系统相容，因此总是可以看作新的公理被添加进来，由此构建更大的新的公理体系. 但是，基于相容性要求，一个命题的肯定形式与否定形式不能在同一个公理系统中同时出现，于是理论上就可以有多种公理系统存在（比如分别在原系统中加入一个独立命题的肯定形式或否定形式，就得到两个不同系统），不同的公理系统可以导出不同的数学，尽管它们之间可能会出现某种对立，但是它们各自的内部都是健康的. 非欧几何（见第七章）的建立就基于此.

2. 数学论证只承认演绎推理（三段论）

　　数学论证只承认演绎推理，这是数学结论正确性与可靠性的保证. 演绎推理的一般结构是如下的三段论：

- ◆ 大前提：一个一般性的普遍规律；
- ◆ 小前提：一个特殊对象的判断；
- ◆ 结　论：这个特殊对象的结论.

比如：

- ◆ 大前提：人是要死的；
- ◆ 小前提：张三是人；
- ◆ 结　论：张三是要死的.

按照三段论，一个完整的推理过程是这样的：

由于满足条件 A 的事物都具有性质 C（大前提），而事物 B 满足条件 A（小前提），因此事物 B 具有性质 C（结论）.

这里的大、小前提是在推理过程中所运用的已有的真实判断，这一点必须保证或假定是正确的. 在这些前提下，所做出的结论无疑是正确的，也是绝对可靠的.

在数学中，单纯的举例、实验、类比、猜测等得到的结论均不被承认，这些方法只能用来解释或支持你的结论，而不能作为确立结论的根据.

因此，数学理论不同于其他科学. 比如物理科学是推陈出新，新理论推翻旧理论；而数学是新理论涵盖旧理论，旧理论是新理论的特例或基础.

3. 演绎推理所得到的结论必须是新的、有意义的

对于新成果的认定，数学与工程等其他领域的评价标准大不相同，数学的成果要求结论必须是新的.

这里的新，只有时间性，没有地域性. 数学的新定理是指在人类历史中新发现、新建立的. 数学的首创是全人类的首创，数学填补的都是人类空白，而不是所谓的国内空白、省内空白.

这里的新，是要相对于已知结论来讲是改进、推广或全新. 基于已知的正确结论，按照演绎推理的方法所得到的数学结论是正确的.但是正确的结论不一定是新的，新的结论不一定是有意义的，有意义的结论也不一定是唯一的. 比如，你可以说 1+3 等于 4，你也可以说 1+3 小于 10，两个结论都是正确的，但是前者更准确；而且在已知 1+3＝4，4＜10 的情况下，你即使得到 1+3 小于 10 的所谓新结论，也是没有意义的. 因此数学结论大多还有改进和推广的余地. 所谓改进，是指在相同的条件（对象）下，得到的结果比原来更精细或更准确；所谓推广，是指在更宽泛的条件下，或者对更多的对象得到同样的结果. 数学结论也可能是全新的. 所谓全新，有三种可能：新条件（对象）新结果、老条件（对象）新结果、新条件（对象）老结果.

需要强调的是，数学的创造性也包括方法上的创新. 对已知结果探讨新的证明也是数学家关注的事情，绝大多数新证明，既表现出更简洁，也显示出新洞察. 数学家追求新方法的理由是：第一，美的享受；第二，寻找最快捷、最漂亮、最有效的途径，发现已有的结果与其他事实的关联；第三，对老问题进行修整、简化、系统化，有利于对老

问题的理解与传播，也有利于对新问题的认识与研究.

1.2.2 数学的思考方式

在数学理论大厦的建立过程中，要通过发现事物的本质与共性，提出概念，建立关系，寻找规律等. 这是一系列数学思维的过程，体现为数学的独特思考方式. 这些方式包括：分类、化归、类比、归纳、抽象化、符号化、公理化、最优化、模型化. 这些既是数学体系的特征，也是数学能力的体现. 它们保证了数学体系的简洁性与严谨性，数学结论的可靠性与普适性，数学方法的有效性与便利性，数学思想的科学性与深刻性.

以下就其各种思考方式做一简单说明.

分类研究是按照研究对象属性的不同进行科学分类、逐一研究的重要思想. 其分类的具体原则与方法以及分类理念都为人类解决复杂问题提供了宝贵的思想，其价值在于化难为易、化繁为简、化整为零、积零为整. 比如，数学中许多对象是通过定义引入的，这种"定义"的方法，本质上是对事物进行分类的手段，它把符合某种性质的事物划为一类，进而深入研究其基本性质及其与其他对象的关系.

化归思想是指把数学问题通过观察、分析、联想、类比等思维过程，进行变换与转化，归结到某个已经解决或比较容易解决的问题去研究，以最终解决原问题的思想. 化归就是转化与归结，它包含了运动与变化、联系与转换的观点，可以化生为熟、化新为旧、化繁为简、化难为易、化异为同、化抽象为直观. 化归一方面表现在处理数学问题的过程中，可以将复杂对象或陌生对象化归为简单对象或熟悉对象；另一方面也表现在数学结论表述中，因数学中许多结论都表现为对一种数学对象的多个等价刻画，数学中的"充分必要条件"是描述这一现象的典型语句，它本质上也是对数学对象性质的化归.

类比方法是指由两个对象内在性质在某些方面的相似性推出他们在其他方面也可能相似的一种思维方法. 它是数学研究中最基本的创新思维形式，在数学发现中扮演着极为重要的角色，许多陌生对象的性质和研究方法都来自于数学家的类比思想. 类比方法具有启发思路、提供线索、触类旁通的作用.

归纳方法是从若干个别前提得出一般结论的推理方法，是通过个性发现共性，通过特性寻找规律，通过现象认识本质，是一种重要的创新思维形式. 人们可以通过归纳去清理事实、概括经验、处理资料，从而形成概念、提出规律.

抽象化与**符号化**是数学独特的思维特征和表达方式，它使得数学概念脱离了事物的物质属性，形式简洁、内涵丰富、应用广泛.

公理化方法是首先找出最基本的概念、命题作为逻辑出发点，然后运用演绎推理建立各种进一步的命题，从而形成一套系统、严谨的理论体系的思维方法. 这是人类认识论的一大创举，是数学可靠性的基础，她使数学丰富的理论建立在最简单明了、不容怀疑的事实基础之上，容易明辨是非. 比如，几何学的正确性归结于诸如"等量加等量，总量仍相等"等公理体系的正确性. 在人类的每一个认识领域，当经验知识积累到相当数量时，就需要对其进行综合、整理，使之条理化、系统化，形成概念，建立理论，实现认识从感性阶段到理性阶段的飞跃. 在理性阶段，从其初级水平发展到高级水平，又表现为抽象程度更高的公理化体系.

最优化是数学追求的目标之一,**模型化**是人类将实际问题转化为数学问题的重要手段,二者都为人类圆满解决实际问题发挥了重要作用.

1.2.3 数学的特点及其对人的素质的影响

长期以来,对于许多人来说,他们对数学的认识仅仅局限在:这是一门课程、一些知识,是完成学业所必须完成的任务,是未来生活和工作所需要的方法和工具.因此,他们学习数学也就是为了完成任务,为了将来应用,即学懂知识、学会方法、会做习题,考试尽量拿个高分而已.然而,作为基础教育中最重要的课程之一,数学教育的重要性不仅仅体现在数学知识与方法的广泛应用上,更重要的是它对人的素质的影响,其价值远非一般专业技术教育所能相提并论.

数学教育对人的素质的影响,可以从数学的特点上得到解释.数学具有概念的抽象性、推理的严密性、结论的确定性和应用的广泛性四大特点.这四大特点反映了数学发展过程的整个内蕴与外延的本质.数学知识的起点——概念抽象;数学理论的形成过程——推理严密;数学中得到的结论——结论确定;数学结果与数学方法——应用广泛.

1. 概念的抽象性

数学来自于实践,其最本质、最突出的特征是抽象.从初等数学的基本概念到现代数学的各种原理都具有普遍的抽象性与一般性.数学的概念、方法大多是通过对现实世界的事物对象及其关系,通过分析、类比、归纳,找出其共性与本质特征而抽象得来的.数学应用于实际问题的研究,其关键在于建立一个较好的数学模型.而建立模型的过程,就是一个科学抽象的过程."抽象"不是目的,不是人为地增加理解难度,而是要抓住事物的本质.通过抽象,可以把表面复杂的东西变得简单,把表面混沌的东西变得有序,把表面无关的东西得到统一.比如:一个苹果加两个苹果是三个苹果,一个梨加两个梨也是三个梨,虽然物质对象发生了变化,但数量关系却保持不变,其本质的东西是 1+2=3;再比如:七桥问题、集合论的建立等.虽然数学问题来源于现实世界,但是数学的研究对象却是不包含反映现实世界的物质及其运作机理的抽象系统,数学是运用抽象思维把握现实世界的.这与理化生等学科具有本质区别.

对于一个数学家来说,关注的不是他研究对象的具体化,而是这些对象的性质或本质规律,这就需要抽象思维.数学研究成果运用于实际问题之所以有效,甚至是惊人的成功,正是因为它们反映了现实世界的本质和规律.

抽象作为数学最基本的特征,并非数学所独有,任何科学都在一定程度上具有这一特性.之所以把抽象性列为数学的第一大特点,是因为数学抽象有其特色和重要价值.

1)在数学抽象中只保留了量的关系和空间形式,舍弃诸如色彩、品质等因素(比如:数、点、线等原始概念);

2)数学抽象逐级提高,其抽象程度远远超过了其他学科的一般抽象(比如:从点到线,到面,到体,到欧氏空间,再到一般的拓扑空间等);

3）数学本身几乎完全周旋于抽象概念和它们的相互关系之中（只有举例时才是具体的）.

因此，数学不仅概念是抽象的，其思想方法也是抽象的（如加、减等），整个数学都是抽象的. 这是一门不包括实在物质的理性的思辨科学，培养的是一种"数学思维"能力. 这种思维能力不仅使已知的某些对象得到了统一，还可以创造开发新的"事物"（概念外推），并用之探索未知世界，是一种创造性思维，是人类文明的源泉. 受过良好数学教育的人，善于抓住事物的本质，做事简练、不拖泥带水，具有统一处理一类问题的能力，具有创新的胆略和勇气.

2. 推理的严密性

在数学发展过程中，数学每前进一步，都离不开严密的逻辑推理. 推理是通过已知研究未知的合乎逻辑的思维过程. 数学推理主要包括归纳推理、类比推理和演绎推理.

归纳推理是从个体认识群体，类比推理是从一个个体认识另一个个体，二者对培养人的发散性思维和创造性思维具有重要作用. 人类的发明创造开始于感性的发散性思维，终止于理性的收敛性思维. 归纳与类比是人类探索世界、发现新事物的重要手段，许多重要猜想都是通过归纳与类比提出的.

演绎推理是通过对事物的某些已知属性，按照严密的逻辑思维，推出事物未知属性的科学方法，其结构为三段论，具有严谨、可靠、收敛的特点. 数学推理以演绎推理为主，辅助使用其他推理. 使用演绎推理，可以发挥以下作用：

1）从少数已知事实出发，导出一个内容丰富的知识体系，使人类的认识领域逐步扩大，认识能力逐步提高；

2）能够保证数学命题的正确性，使数学立于不败之地；

3）可以克服仪器、技术等手段的局限，弥补人类经验之不足；

4）可以通过有限认识无限，使人类的认识范围从有限走向无限；

5）为人类提供了一种建构理论的有效形式.

在数学演绎推理中，分析必须细致，论证务求严谨，不允许用感知替代分析，也不允许用举例充当论证.

优秀的数学教育使人具有做事思路开阔、举一反三的类比与创新能力；具有化繁为简、分解困难的归纳能力；具有做事思维严谨、思考周密、结构清晰、层次分明、有条理、无漏洞的组织管理能力.

3. 结论的确定性

"1+1＝2"，这是古今中外没有任何疑问的事实. 其实，它并非仅仅是数学中的一个特例，数学结论从来都是确定的. 所谓"结论的确定性"是指，对任一事件，通过数学方法所得到的判断或结论是确定的，但它并不意味着任何事件的发展都有唯一的或确定的结果. 比如，随机事件的结果是"随机的"（不定的），但这本身是一个确定的数学结论. 事实上，对同一个问题，不同的人用不同的数学方法，在不同的时间和地点，做出的结论永远是一致的. 前面提到，数学结论是由演绎推理为主的推理形成的，演绎推理的推理步骤要严格遵守形式逻辑法则，以保证从前提到结论的推导过程中，每一个步骤在逻辑上都是准确无误的. 所以，运用数学方法从已知的关系推求未知的关系时，所得到的结论具有逻辑上的确定性和可靠性. 爱因斯坦（Einstein，Albert，1879—1955）说得好："为什么数学比其他一切科学受到特殊的尊重，一个理由是它的命题是绝对可靠的和无可争辩的，而其他一切科学的命题在某种程度上都是可辩的，并且经常处于会被新发现的事实推翻的危险之中."

数学结论的确定性直接导致结论的正确性，用严格的数学方法得到的结论是不可推翻的. 这也是为什么数学发展到现在能够形成如此庞大体系的原因. 许多学科是新的理论推翻旧的理论（如：地心说、日心说等），而数学则是新的理论产生了，旧的理论依然正确！

所以数学教育能培养人做事严肃认真，做事、做人目标明确，前后一致，表里如一的态度.

4. 应用的广泛性

数学应用的广泛性是其日渐突出的一个特点. 马克思早就说过，任何一门科学，只有当它用到数学时，才能得到真正完善的发展. 华罗庚教授也早在 1959 年就指出：宇宙之大、粒子之微、火箭之速、化工之巧、地球之变、生物之谜、日用之繁，无处不用数学. 人类认识与改造世界的一个基本手段就是建立数学模型，现实世界中许多看起来与数学无关的问题几乎都可以用数学模型完美地解决. 它先把实际问题的次要因素、次要关系、次要过程忽略不计，抽出其主要因素、主要关系、主要过程；经过一些合理的简化与假设，找出所要研究的问题与某种数学结构的对应关系，把实际问题转化为数学问题；最后在这个模型上展开数学的推导与计算，以形成对问题的认识、判断和预测.

数学的研究对象——空间形式、数量关系与结构关系并不是自然界所独有的，在人类社会和精神世界，在宏观宇宙和微观粒子领域，也都具有量的规定性和结构关系. 数学不仅为研究自然提供了科学的工具和方法，她还可以为所有关于量的规定性和结构关系的研究提供科学的工具和方法. 如今，数学科学不仅是一切自然科学、工程技术的基础，而且随着信息时代的到来，它已渗透到经济学、教育学、人口学、心理学、语言学、文学、史学等众多人文社会科学的研究领域，成为当代人类文明的基石.

数学概念的抽象性、推理的严密性、结论的确定性这三个特点同时决定了数学科学的简洁、严谨、精确、可靠与普适性. 其他的自然科学虽然也有相当的严谨与精确性，但是它们的理论通常都有一定的适用范围. 然而数学的基本真理一旦建立便不再动摇，因为演绎法的每一步推理都在严格的逻辑规则管制下，所依据的前提都必须是已经证明是正确的或者假定是正确的. 数学系统脉络分明，结论精确不疑，唯一还可以被怀疑的，便是基础概念与公理. 但是人类必须接受一些自明的真理, 否则便会落入不可知的深渊, 无知识可言.

数学的重要性更体现在接受数学上严密的逻辑推理训练而培养出的以理性的思维模式和归纳、类比、分析、演绎的思维方法等为特征的数学素质, 它可以使人有很强的适应能力、再生能力和移植能力. 有了数学知识和数学素质做基础, 就有了享受不尽的财富.

第二章 数学之功

数学之功 探因析理

数学，作为最古老的知识领域之一，以万物之本为对象，以万象之理为内容，形式简洁而内涵丰富，在人类文明的进化中发挥着不可替代的巨大作用.

数学功能多样. 她不仅仅是一种"方法"或"工具"，还是一种思维模式，即"数学思维"；也不仅仅是一门学科，还是一种文化，即"数学文化"；更不仅仅是一些知识，还是人的一种素质，即"数学素质".

作为一种工具，数学方法巧妙有效，是创造社会财富的得力助手；作为一门课程，数学知识准确可靠，是学习与理解其他知识的重要基础；作为一种思维，数学推理精细严谨，是人类理性思维的标志和典范；作为一种语言，数学公式简洁清晰，是描述自然与社会现象的通用语言；作为一门科学，数学既是科学之母，也是科学之仆，孕育并推动科学发展；作为一种文化，数学给人类带来智慧，为生产增加动力，促进科技发展，改良艺术创作，推动社会进步.

数学影响深远. 数学思维使人类头脑更聪明，数学工具使人类生活更美好，数学方法使科技发展更迅速，数学文化使人类社会更文明.

法国著名作家雨果曾说过："人的智慧掌握着三把钥匙：一把开启数学，一把开启字母，一把开启音符. 知识、思想、幻想就在其中."

第一节　数学的功能

数学是人类最高超的智力成就，也是人类心灵最独特的创作．音乐能激发或抚慰情怀，绘画使人赏心悦目，诗歌能动人心弦，哲学使人获得智慧，科学可改善物质生活，但数学能给予以上一切．

——克莱因

2.1.1　数学的实用功能

数学的实用功能是数学最基础、也最显像的功能．

从哲学的观点看，任何事物都是量和质的统一体，都有自身量的规律性，通过量的规律才能对各种事物的质获得明确、清晰的认识，而数学作为一门研究量的科学，必然成为人们认识世界的有力工具．

数学知识与方法能够被广泛地应用于人类社会的各个方面，其根本原因在于：第一，数学的研究对象数与形是万物之本，与世间万事万物万象密切相关；第二，数学是最可信赖的科学，什么东西一经数学证明，便板上钉钉，确凿无疑．

数学润泽万事万物．在现实生活中，数学不仅用来算账和测量，更可进行对比、判断、预测与决策．在科学技术中，"量"贯穿于一切科学领域之内，数学也就必然应用于一切科学领域之中．凡是涉及量、量的关系、量的变化、量的关系的变化、量的变化的关系的，均可用数学来描述与解释．

数学是科学之母．她与其他科学的交叉形成了许多交叉学科群，如计算机科学、信息科学、系统科学、科学计算、数学物理、生物数学、金融数学等．

数学是科学之仆．她已成为开发高新技术的主要工具之一，如信息传输与信息安全、图像处理、医疗诊断、药物检验、数据处理、网络信息搜索等．

2.1.2　数学的教育功能

数学作为一门基础学科，是学校教育中最重要的课程．除了数学知识的实用价值之外，数学教育在发展和完善人的教育活动中、在形成人们认识世界的态度和思想方法方面发挥着重要作用．她能使学生表达清晰、思考有条理，使学生具有实事求是的态度、锲而不舍的精神，使学生学会用数学的思考方式去认识世界、解决问题．数学教育也是终身教育的重要方面，它是公民进一步深造的基础，是终身发展的需要．按照对人的影响程度，数学的教育功能有三个不同的层次．

1）**知识型**——掌握必要的数学知识，为进一步学习其他知识打基础、作准备；掌握必要的数学工具，用以解决自然与社会中普遍存在的数量化问题及逻辑推理问题．

2）**能力型**——提供一种思维方式和方法，潜移默化地培养学生"数学方式的理性思维"，如抽象思维、逻辑思维等．

3）**文化型**——提供一种价值观，倡导一种精神．集中表现为数学观念在人的观念及社会观念的形成和发展中的作用．

知识型数学教育看重数学的实用价值，着重传授数学知识、方法及其应用，重在数学技能．能力型数学教育看重数学的能力训练价值，重视数学思维的训练，注意数学思想的渗透，重在数学素质．文化型的数学教育则在注意数学教育的实用价值和思维价值的同时，特别看重数学的文化教育价值，强调数学精神、数学意识、数学思想和数学思维方式等数学观念．

在数学教育中，数学知识与方法的传授是一条主线，但不是全部目的．一个好的数学教师应当能够通过传授数学知识这个载体，对学生实施能动的心理和智慧引导，达到启迪智慧、开发悟性、挖掘潜能、培养能力、陶冶情操的素质教育目的．这主要依靠教师在教学中要能抓住本质，突出数学思想的渗透．这一点在实践上是很明白的．一个人如果只记住了一些数学概念、公式和定理，而没有真正理解，他就无法长久地记忆，更无法灵活地、变通地应用于实践；相反，如果他真正掌握了数学的精神实质，即便他不能完整地、一字不漏地叙述出定义、公式或定理，但他也可以将其灵活地运用于实践，并可有所创新．大家几乎都有一个共识，要参加数学竞赛，美国的中学生或大学生很难比得过中国学生．但是到了大学以后的研究领域，美国学生往往具有较好的表现．为什么？原因可能是多方面的，但有一条不容回避的根本原因是：美国数学教育不太注重细节，更加注重的是数学思想；而中国数学教育则过多地关注概念、法则、定理、公式的准确描述，关注解题的方法与技巧．数学思想的影响是深层次的、大范围的、长远的；而方法与技巧的影响则是浅层次的、小范围的、短暂的．

在当今科学技术突飞猛进的信息时代，数学化浪潮正在席卷着自然科学、社会科学和工程技术的各个领域．数学作为科学技术的语言和工具，越来越被科学家所重视．因此数学教育的重要性日益突出，数学素质已渐成为人类不可缺少的一种素质．

2.1.3　数学的语言功能

数学研究的各种量、量的关系、量的变化、量的关系的变化、量的变化的关系等，都是通过数学自身的一套不可比拟、无法替代的数学语言（概念、公式、法则、定理、方程、模型等）来表述的．数学语言是对自然语言的合理与科学的改进，具体体现在**简单化**（即对自然语言进行简化）、**清晰化**（即克服自然语言中含糊不清的毛病）、**扩展化**（即扩充它的表达范围）三个方面．

伽利略说："展现在我们眼前的宇宙像一本用数学语言写成的大书，如不掌握数学符号语言，就像在黑暗的迷宫里游荡，什么也认识不清." 数学几乎能对一切科学现象和社会现象进行简洁而准确的描述. 比如，时空的语言是几何，天文学的语言是微积分，量子力学要通过算子理论来描述，而波动理论则靠傅立叶分析来说明.

在科学研究中，运用数学语言的好处是明显的：她具有单义性、确定性，避免发生歧义和引起混乱；她具有表达简洁性，便于人们分析、比较、判断；运用数学语言将问题转化为数学模型进行推理、计算，可以节约人的思维劳动，缩短研究过程，提高研究效率.

2.1.4 数学的文化功能

文化，是指人类在社会历史发展过程中所创造的对社会有重要影响（有价值、有意义）的物质财富与精神财富的总和，包括人为制定的规范制度或历史传承下来的风俗习惯. 其要点有两个方面：一是在深化人类对世界的认识或推动人类对世界的改造方面，在推动人类物质文明和精神文明的发展中，起过或（和）起着积极的作用，甚至具有某种里程碑意义；二是在这一历史进程中，通过长期的积累与沉淀，自觉不自觉地转化为人类的素质与教养，使人们在精神与品格上得到升华.

把数学看作一种文化，其理由是：首先，数学是人类创造并传承下来的知识、方法与思想；其次，数学深入到每个人，深入到社会的每个角落；最后，数学影响着人类的思维，推动着科技发展和社会进步，与其他文化关系密切. 把数学上升到一种文化，其实是对数学的返璞归真——数学自古就是一种文化. 美国柯朗数学研究所 M.克莱因教授说："数学一直是文明和文化的重要组成部分，一个时代总的特征在很大程度上与这个时代的数学活动密切相关". 数学文化是由知识性成分（数学知识）和观念性成分（数学观念系统）组成的，它们都是数学思维活动的创造物，包括数学知识、思想、方法、语言、精神、观念，涉及数学思维、数学应用、数学史、数学美、数学教育、数学与人文的交义、数学与各种文化的关系等.

站在教育的立场上谈数学文化，关注更多的是数学教育对人、社会、科技等的影响. 事实上，数学知识在人的道德价值、心理价值和文化价值方面都具有重要作用. 丰富的数学史料，具有焕发学生民族自尊心和自豪感的价值；数学的广泛应用，具有激发学生学好数学的热情价值；数学深刻的思维、严密的推理，具有让学生更全面地看待事物、培养辩证唯物主义思想，以及摆脱宗教迷信和树立创新意识的价值；数学的严谨和美感，具有让学生形成良好的非智力品质、完善心理结构的价值. 数学成就的辉煌沐浴芸芸众生，数学发展的丰碑激励代代后人，数学思想的宝库恩泽莘莘学子.

第二节　数学的价值

> 宇宙之大，粒子之微，火箭之速，化工之巧，地球之变，生物之谜，日用之繁，无处不用数学.
>
> ——华罗庚

起死回生的问题

从前，有一个国王非常爱惜人才，即使是对囚犯也不例外. 国王规定，对于死囚，在押赴刑场时可以给他一次生存的机会. 为此，在押赴囚犯到刑场途中，他们设计了一个丁字路口，在这个路口有两个前进方向可供选择，一个通向刑场，另一个则通向光明大道. 但是两个方向入口处各有一个士兵把守，这两个士兵中一个只讲真话不讲假话，而另一个则只讲假话不讲真话，除了他们二人之外，其他人并不知道他们二人谁是讲真话者. 国王给囚犯提供的逃生机会是：允许囚犯只向其中一个士兵询问唯一一个问题，然后根据士兵的回答决定朝哪个方向前进. 如果走向刑场，则要执行死刑；如果走向光明大道，则可以自由逃生.

由于事先并不知道两个士兵中谁是说真话者，又不能多问一个问题以求辨真假，许多囚犯面对这样的逃生机会不知所措，只好听天由命. 有的难免一死，有的侥幸逃生.

有一天，一个精通数学和逻辑的囚犯，在这里依靠自己的聪明才智，为自己捡来一条性命. 那么，他提了一个什么问题呢？

原来，他把真话视为+1，而把假话视为−1，虽然不知道谁讲的是+1、谁讲的是−1，但由于正负得负、负正得负的数学原理，他认为如果能通过一个问题把两个人的回答套起来，得到的必然是正负或负正相乘的唯一结果———1，因此得到的是假话. 于是他向其中一个士兵提出如下问题："假如我问那一个士兵哪一条路通向光明大道，他会如何回答？"被问的这个士兵只好用自己的真话（或假话）向囚犯转述另一个士兵的假话（或真话），从而囚犯得到的是一句假话，据此便可以判断光明大道的方向.

2.2.1　数学与个人成长

数学与个人成长——数学使人类更聪明！数学对人的影响主要体现在三个方面：数

学是一种素质；数学影响人的思维；数学影响人的世界观.

第一，**数学是一种素质，数学教育本质上是素质教育**.

什么叫素质？笼统地说，素质就是能力和素养. 人的素质可以划分为三个方面：科学素质、文化素质和艺术素质. **科学素质**是人类认识世界、改造世界，发展生产力，创造物质财富的能力，追求的是真；**文化素质**是人类认识社会、了解历史，提高交流能力和道德水平的能力，体现的是善；**艺术素质**的目的是追求社会、人生与心灵的和谐，向往的是美.

科学素质的核心是数学素质. 数学素质包括数学意识、数学语言、数学技能、数学思维. **数学意识**就是人的数量观念，时时处处"胸中有数"，注意事物的数量方面及其变化规律，是看待和认识世界的态度. **数学语言**是简单、清晰、准确地表述事物的一种方式，是描述与传达事物的手段. **数学技能**是数学知识和数学方法的综合应用，是把数学当作一种工具解决问题的能力. **数学思维**是思考、探索与理解事物的手段，具有抽象性、逻辑性、创造性和模式化，包括归纳、类比和演绎等.

数学教育本质上是素质教育. 古往今来，在世界各地，在学校教育的各个阶段，数学始终是必修科目，其表面原因是数学被作为计算的工具、下一步升学的基础. 但是，数学教育更重要的价值和目的则是培养以思考力为核心的数学素质.

数学教育不可替代. 由于数学的抽象性等原因，数学学习是困难的，因此通过数学教学培养的数学素质所付出的代价是极其昂贵的. 那么，是否可以通过其他途径来实现这一目的呢？纵观目前开设的各种课程，还没有哪一门能够替代数学教育的价值. 通过严格的数学训练培养出的数学素质具有社会性、独特性和发展性，其个体功能与社会功能常常是潜在的，而不是急功近利的，即使所学数学知识已经淡忘，这些素质依然不会消失，并始终发挥作用.

第二，**数学影响人的思维**.

人的思维能力是对人生有重要影响的能力之一，是后天形成的，受各种因素影响，并表现出多面性. 但符合逻辑的、精密的、深刻的、聪慧的思维是每个人都希望拥有的. 数学教育的重要价值在于她对人的思维能力的培养. 人参与社会竞争所需要的基本能力包括以下八种：逻辑思维能力、词汇语言能力、推理运算能力、视觉观察能力、空间想象能力、创造力、沟通协调能力、应变能力，其中有一半的能力是可以通过数学教育培养的.

数学是人类思维的工具. 数学概念的形成、结论的发现与推导，都是通过数学思维活动实现的，数学应用于实践的过程，也在很大程度上是通过数学思维活动对事物进行分析、类比、提炼、建构，并最终实现模式化、最优化的过程. 数学为人类思考问题、解决问题提供了广泛而可靠的思维工具. 其重要特点在于：理性、客观、准确、可靠.

数学思维追求理性的精神. 数学作为文化的一部分，其永恒的主题是"认识宇宙，也认识人类自己". 在这个探索过程中，它追求一种完全确定、完全可靠的知识，把理性思维的力量发挥得淋漓尽致，是一种理性的精神. 它提供了一种思维的方法与模式，提供了一种最有力的工具，提供了一种思维合理性的标准. 数学所探讨的不是转瞬即逝的知识，而是某种永恒不变的东西；数学的结论具有较强的客观性．比如，欧几里得平面上的三角形内角和为 180°，这绝不是说"在某种条件下"，"绝大部分"三角形的内角和"在一定误差范围内"为 180°，而是在命题的规定范围内，一切三角形的内角和正好为 180°．所以，数学的对象必须有明确无误的概念，而且其推导必须由明确无误的命题开始，并服从明确无误的推理规则，借以达到正确的结论．正是因为这样，而且也仅仅因为这样，数学方法既成为人类认识方法的一个典范，也成为人类在认识宇宙和人类自己时必须持有的客观态度的一个标准．

数学思维是人类创新、创造的源泉．数学也充满着理性的创新和实事求是的科学精神，她不断为人们提供新概念、新方法，她促进了人类的思想解放．数学家的一个特点就是敢于怀疑自己．数学越发展，取得的成就越大，数学家就越要问自己的基础是不是巩固．越是在表面上看来没有问题的地方，也就是数学的基础部分，越要找出问题来．比如，数的加法、乘法明明是可以交换的，但数学家偏偏要研究不可交换的乘法，而结果并非做数学游戏——数学家发现现实生活、自然宇宙中确有一些非交换的事物；再比如，非欧几里得几何的建立，也是数学家敢于对自身公理的怀疑而做出的成就，而且非欧几何在爱因斯坦创立广义相对论时发挥了根本的作用．在很多情况下，数学研究是超前的，但最终总会发现它的用处．这种超前的研究就是创新．其实，你稍微注意一下就会发现，数学的结论都是建立在某种假设之上的，也许这种假设在当时并不真正地被证实是存在的．在数学研究中，最有趣的研究工作往往是从不完整的假设和不完整的数据开始的．事实上，在解决一个问题，或者建立一套新理论的时候，如果你要等到数据全了，所需的技巧都有了才开始，那么你一定会落伍．数学家要创新，但是有原则，这正是理性精神的体现．

数学思维的主要方式是推理，数学推理既有发散的归纳、类比推理，也有收敛的演绎推理，前者具有创新性，是人类创新、创造的源泉，是现代人文化素质的组成部分，对人类社会进步起到了极为重要的作用．因此，我国数学家齐民友教授认为，数学作为一种文化，在过去和现在都极大地促进了人类的思想解放．人类无论在物质生活和精神生活上都得益于数学的实在太多．

第三，**数学影响人的世界观**．

世界观的形成是后天的，它与人的成长过程密切相关．世界观左右人的认识、观点与方法，其共性表现为符合逻辑的、辩证统一的和纯理性的．数学为人类提供了观察世界的一般观念和方法．从古希腊的毕达哥拉斯（Pythagoras，约公元前 560 —前 480）到近代的伽利略（Galileo Galilei，1564 — 1642）、笛卡尔（Descartes，René，1596 —1650）、开普勒（Kepler，Johannes，1571—1630）等都认为世界是数的体现，世界是按数学公式运行的，宇宙的书本是按数学写成的，数与世界密不可分．

数学通过个性发现共性，通过现象抓住本质．数学的逻辑是要透过现象看本质，其突出特点是讲究普遍联系，其最大特征是抽象．事物与事物的联系程度靠其共性与个性判断，事物表面的东西通常反映的是个性，它会掩盖共性．数学抽象性的主要特征就是从个性中发现共性，个性"抽"得越多，共性越少，内涵越丰富．比如，速度、切线斜率分别是物理、几何中的不同问题，表现出完全不同的个性，但是它们具有一样的共性——函数变化率，提出共性就得到函数导数的概念，形成相关的理论，再用以解决更多的体现共性的各种问题——经济学中的边际类问题等.

数学讲究辩证法. 辩证唯物主义讲联系、讲统一. 数学研究的一个重要手段是建立对应关系（联系），通过对应关系去发现共性（本质）. 比如，数学中的化归思想、变换思想、数形结合思想、映射（函数）思想都体现了变与不变的关系；数学中很多常数，比如圆周率、三角形内角和等，都体现了变中之不变、万变不离其宗，表现了事物的共性；函数极限定义中的 ε-δ 语言，表现了以静描述动的奇妙. 这就是辩证法！其意义之重大已使数学与世界观的核心部分关系越来越紧密，与对世界本身的看法紧密相连.

数学的理性思维是辩证唯物主义认识世界和改造世界的强大思想武器. 唯物论是客观、科学的，但人类对它的观点有两种极端曲解：一是认为认识必定来源于物质世界而且必定直接来自于物质世界；二是不经过实践基础就要求人们解决思想问题，认为思想解决了，就解决了一切. 数学科学的事实与发展排除了这两种极端. 数学理论的建立既可来自于物质世界，也会来源于纯理性思维. 数学的理性思维既包含了客观、实事求是的科学精神，也充满着理性的创新精神，其创新性在于，不受现实世界的表象所局限，不断为人们提供新概念、新方法，促进人类的思想解放.

理性思维可靠吗？ 数学的判断、数学结论的确立都要通过计算或推理（证明）来实现，这是纯理性的思维，它撇开了主观，也没有直接依赖于物质世界，甚至不相信眼睛的观察、仪器的测量. 但由于数学推理的原则是绝对可靠的，因此只要其前提正确，结论就是可靠的. 即使数学的理论结果无法在实际中看到，数学家也会坚信其结果的正确性.

由于前提的正确性直接决定着结论的正确性与可靠性，因此数学家非常关注前提. 但前提正确与否未必都可判断，因为要正确判断前提的正确性，必须要有判断的依据，而依据本身的正确性依然需要判断，判断它又需要更基础的依据. 依此类推，人类必须首先承认某些前提是自然成立的或者是假定成立的，否则将陷入不可知的深渊，这些被认为自然成立的前提就是公理，而假定成立的前提就是假设.

耳听为虚，眼见为实？ 数学中一类重要的问题是研究各种数学对象的存在性问题. 存在性问题的证明有两种方法：构造性证明和纯理性推理. 前者具体构造出所述对象，自然是令人信服的；而后者只是从理论上推导出对象的存在性，虽看不到，但不可否认. 这样的例子有很多. 比如：素数个数的无穷多性证明；用抽屉原理判断的各种存在性问题；用代数基本定理判断多项式根的个数问题；用 Rouche（儒歇）定理判断解析函数根的分布问题；超越数的存在性证明，等等.

海王星的发现是数学理性思维的一大胜利. 2006 年 8 月，在布拉格召开的国际天文学联合会大会上通过了行星的定义. 按照定义，那颗离太阳最远、最小的冥王星已从行星中剔除，所以原来太阳系九大行星就变成了八大行星，即水星、金星、地球、火星、木星、土星、天王星和海王星. 海王星的发现，是科学史上，乃至人类认识史上一个值得称颂的事件. 它是先通过理论分析计算出运动轨道，然后用望远镜去观测而被发现的.

1781 年，英国科学家发现了天王星，但后人发现它的运行与计算结果不符．问题的出现产生了两种假设：一是牛顿万有引力定律有问题；二是还有其他因素在发挥作用，比如其他星球的作用产生了"摄动"等．19 世纪 40 年代，两位年轻的天文学家——英国的亚当斯和法国的勒威耶，按照第二种假设，经过理性思考和大量数学计算，各自独立算出一颗新行星的存在，并算出了其质量和轨道．亚当斯先后于 1845 年 10 月 21 日和 1846 年 9 月 2 日两次向剑桥天文台和格林威治天文台报告他的计算结果，但是没有得到重视．勒威耶于 1846 年 6 月 1 日和 8 月 31 日两次提出关于新行星的备忘录，并于 9 月 18 日给柏林天文台的加勒写信告知其预测结果，请求观测．加勒在 9 月 23 日收到勒威耶的信，请示台长之后立即着手观测，当晚就在偏离预言位置不到 1°的地方发现了一颗八等星，但他查遍星图，都没有标出这颗星．经过连续观测，数据都与预计结果相符合．于是加勒高兴地宣布，这颗星就是所要寻找的新行星．

2.2.2 数学与人类生活

数学使人类生活更精彩．数学对人类生活的影响主要反映在数学知识、方法和思维的应用上．

人类生活直接或间接受益于数学，数学和人类生活的关系恰似氧气和人类生命的关系．人类生活直接受益于数学至少表现在以下几个方面：优化、效率、释疑、理智、智胜等．

数学能帮助人类优化生活．在日常生活中，数学不仅可以帮助我们算账，避免吃亏、上当，更可以帮助我们节约财物资源，改善生活质量．比如**洗衣问题**：给定的水量和洗涤剂，如何使衣服洗得更干净？

假设给定 20L 水，适量洗涤剂，洗涤后残留水分 1L．

如果一次用完 20L，则最后残留污垢 1/20；

如果分两次加水，分别用 15L 和 5L，则最后残留污垢（1/15）×（1/6）＝ 1/90；

同样是分两次加水，但分别用 10L 和 10L，则最后残留污垢（1/10）×（1/11）＝ 1/110；

如果分 19 次，第一次用 2L，以后每次用 1L，则残留污垢为 $(1/2)^{19}$＝ 1/524 288．

可见，次数不同或者不同的加水组合会产生非常不同的效果．

数学能帮助人类提高效率．比如：

做饭时你是否会手忙脚乱？运筹学可以帮助你合理规划，有效利用时间；

你放在计算机中的文件能够方便地找到吗？分类思想可以帮助你条理清晰、存取自如．

数学能帮助人类解释疑问．数学关注普遍联系，强调因果关系．其思维特点是探讨在指定条件下会产生什么结果以及一种结果产生的原因是什么．因此，通过数学思维、数学理论和数学方法，可以为人类解释很多疑问．比如：

为什么井盖设计成圆形？

三条腿的椅子为什么总能在地上放稳？

四条腿的椅子能在不平整的光滑地板上放稳吗？

一般餐桌上的客人为何总能找到"同类"呢？

各种规格的复印纸的长宽之比是多少？商店销售的一般纸张的长宽之比是多少？为什么？

女孩子为什么喜欢穿高跟鞋？

足球表面的黑、白片儿各有多少个？不同的足球，其黑、白片儿个数有区别吗？为什么？等等.

数学能帮助人们理智判断与决策. 数学严谨的理性思维，数学结论的确定性与可靠性，数学对事物的量化处理等可以帮助人们甄别谬误，避免上当. 比如：你相信算命吗？你相信属相、星座决定性格吗？你有没有接收并转发过连锁信？你相信连锁信可以为你带来滚滚财源吗？数学都可以帮你作出理性判断. 以下是几个具体的例子.

抽奖问题：假设某种抽奖活动有 10% 的中奖率，下面两件事情，你认为何者更容易发生？

A．抽取一次就中奖；　　　　　　　　B. 连续抽取 20 次均不中奖.

一般人会认为，A 会更容易一些，因为一次中奖的可能性为 10%，而连续 20 次都不中奖似乎是不可能的，甚至有人认为连续抽 10 次就应该有一次中奖. 其实，答案是：B 发生的可能性更大. 理由是，抽取一次中奖的可能性为 10%，从而抽取一次不中奖的可能性为 90%，因此连续抽取 20 次均不中奖的可能性为（90%）^{20} = 12.16% > 10% （抽取一次中奖的可能性）.

保险问题：有一个保险产品，合约条款如下.

1）被保险人每年交给保险公司 5 万元保费，连续缴纳 5 年，共 25 万元；

2）从第二年开始，保险人每年返还被保险人 4500 元（免利息税），直至被保险人身故，并在被保险人身故时将保费 25 万元全额返还；

3）从投保日算起，若在 8 年内投保人弃保，保险人将被保险人已经缴纳的保费扣除已经返还的部分后的余额全部返还被保险人；

4）投保满 8 年后，被保险人若要退保，保险人支付其全部保费 25 万元，保险合约终止.

现行人民币 1 年、2 年、3 年、5 年定期银行存款年利率分别为 2.5%、3.25%、3.85% 和 4.2%（2010 年 9 月公布），问：上述保险产品是否值得购买？

许多人认为，这个很合算，因为，只付 5 年保费，可以终身保障，而且，最终还要完全归还本金. 但是，简单的数学计算告诉你：这个保险产品不可买.

事实上，若 8 年内弃保，此保险对被保险人没有任何价值. 若 8 年后弃保，按照指定利率简单计算可知（前 4 年初缴纳的保费可以按照 5 年定期利率，第 5 年初缴纳的保费可以按照 3 年定期利率，期满续存，计算过程略），8 年结束时所付保费的本利和至少为 31.16 万元，而 8 年结束时被保险人获得的收入按照本利和计算（方法同上）至多为 4.09 万元. 这意味着，按照银行定期存款现行利率计算，被保险人投入的资金在 8 年底时的净余额至少为 27.07 万元. 此后，若不弃保，可以按照 5 年定期存款年利率 4.2% 计算，每年的利息应该至少为 11 369 元，扣除利息税 20%，还应得到 9095 元. 即使按照 1 年期定期利率 2.5% 计算，每年的利息也应该为 6767.5 元，扣除利息税 20%，还应得到 5414元，远高于保险公司支付的 4500 元的利息. 因此，这个保险产品不值得购买.

促销问题：某商场举办促销活动，服装类买满 100 送 80，皮鞋类买满 100 送 50，零头不送. 假如你想买一双皮鞋 480 元，买一件衬衣 320 元，赠券可以随意购物，你会如何购买？

如果先买皮鞋（付现金 480 元，得赠券 200 元），再买衬衣（用赠券 200 元，再付现金 120 元，再得赠券 80 元），则将总共付出现金 600 元，最后余下赠券 80 元；

如果先买衬衣（付 320 现金元，得赠券 240 元），再买皮鞋（用赠券 240 元，再现金付 240 元，再得赠券 100 元），则将总共付出现金 560 元，最后余赠券 100 元.

后者相当于付款 560-100 = 460（元），而前者相当于付款 600-80 = 520（元），比后者多付 13%.

2.2.3 数学与科技发展

著名美籍华裔数学家陈省身说："科学需要实验，但实验不能绝对精确. 如有数学理论，则全靠推论，就完全正确了，这是科学不能离开数学的原因. 许多科学的基本观念，往往需要数学观念来表示. 所以数学家有饭吃了，但不能得诺贝尔奖，是自然的." 法国数学家柯西说："一个国家的科学水平可以用它消耗的数学来度量." 数学推动科技发展，使科技发展更有力.

过去把科学分为自然科学、社会科学两大类，数学属于自然科学. 现在人们认为，由于数学忽略了物质的具体形态和属性，具有普遍适用和超越具体科学的特征，具有公共基础的地位，不是自然科学的一种. 所以，现在有些著名科学家把科学分为自然科学、哲学社会科学和数学科学三大类，把数学提高到一个前所未有的高度. 数学对其他科学发展的影响主要体现在，数学孕育其他科学的产生，并作为工具推动其他科学的发展，作为一种描述手段，数学是书写其他科学的语言.

数学是科学的圣母. 数学作为科学中的圣母，孕育着无数的科学圣婴，许多自然科学和社会科学的产生与发展都需要数学之母的呵护. 回顾科学发展史，一些划时代科学理论成就的出现，无一不是借助于数学的力量：物理学上电磁波的发现，牛顿力学原理、爱因斯坦相对论、霍金宇宙大爆炸理论和黑洞学说的建立；天文学上哈雷彗星、海王星的发现；现代电子计算机的产生与发展；现代军事通讯中的密码理论等. 借助数学，牛顿发现了万有引力，从而宇宙间日月星辰的运动被初步地解释了、力学规律也逐渐清楚；利用数学，爱因斯坦创立了狭义与广义相对论，从而实现了时间与空间统一、物质与运动统一、质量与能量统一的大宇宙观；依靠数学，使得卫星能够上天，宇宙飞船遨游太空，宇宙变小了；通过数学，使得冯·诺伊曼（Von Neumann，J，1903—1957）发明了计算机，从而使人类进入了飞速发展的信息时代，现代军事通信中可以公开密钥而并不担心因信息被截取而失密……

数学是科学的女仆. 数学作为科学中的女仆，是一切科学的得力助手和工具，许多自然科学和社会科学的发展与完善都是在数学的帮助下实现的. 伟大导师马克思说："一门科学，只有当它成功地运用数学时，才能达到真正完善的地步."经典的物理学、天文学，近代的化学、生物学，现代的计算机科学、信息技术、生命科学、能源科学、材料科学、环境科学，社会领域的经济学、金融学、人口学，甚至语言学、历史学等，无一不是在数学科学的滋润下发展壮大的. 比如，在自然科学的生命科学领域，意大利数学家伏尔泰拉 1926 年提出著名的伏尔泰拉方程，成功解释了地中海发现的各种鱼类周期消长的现象，建立了第一个生物模型；1952 年建立的神经脉冲传导模型和 1958 年建立的视觉系统侧抑制作用模型分别获得 1963 年和 1967 年诺贝尔医学生理学奖；1950 年，代数拓扑中的扭结理论帮助生物学家发现了 DNA 的双螺旋结构，标志着分子生物学的诞生；如今，用来研究生命科学的数学理论已经形成一门独立的学科分支——生物数学. 在社会科学的经济学领域中，1944 年，数学家冯·诺伊曼和摩根斯坦合著的《博弈论与经济行为》成为现代数理经济学的开端，从此数学方法在经济学中占据了主要地位；自 1969 年开始设立诺贝尔经济学奖以来，六十多位获奖项目几乎每一项都与数学有关，其中强烈依赖数学的达 80%以上，而获奖人中许多是拥有数学学位者，尤其是最初的几届以及最近的几届.

数学是科学的语言. 数学作为一种语言，担当了描述与解释万事万物本质规律的重任. 17 世纪德国天文学家开普勒说："对于外部世界进行研究的主要目的在于发现上帝赋予它的合理次序与和谐，而这些是上帝以数学语言透露给我们的."享有"近代自然科学之父"尊称的大物理学家伽利略说过："展现在我们眼前的宇宙像一本用数学语言写成的大书，如不掌握数学符号语言，就像在黑暗的迷宫里游荡，什么也认识不清."诺贝尔奖得主、物理学家费格曼（Richard Fegnman）曾说过："若是没有数学语言，宇宙似乎是不可描述的."英国物理学家麦克斯韦（Maxwell，James Clerk，1831—1879）运用偏微分方程建立了描述电磁规律的麦克斯韦方程组；爱因斯坦用黎曼几何和不变量理论描述了广义相对论；20 世纪上半叶的物理学家利用群论统一描述了能量守恒定律、动量守恒定律、自旋守恒定律、电荷守恒定律等理论. 如今进入信息时代，社会的数学化程度日益提高，数学语言已成为人类社会交流与储存信息的重要手段，日渐发展成为现代科学的通用语言. 近二十多年来，由调和分析发展起来的小波分析理论十分热门，人们发现，利用小波可以压缩和贮存任何种类的图像或声音，并可提高效率 20 倍，成为通信技术的一个重要突破.

2.2.4　数学与社会进步

美国数学家克莱因说："数学一直是文明和文化的重要组成部分，一个时代的总的特征在很大程度上与这个时代的数学活动密切相关."数学推动社会进步，使社会进步更迅速！

数学作为一种文化，在过去和现在都极大地促进了人类的思想解放，有力地推动着人类物质文明和精神文明的进步. 我国和西方在文化传统的根本出发点、基本思维方式上之所以不同，从希腊和西方的文化传统可以清楚地看出：数学的影响是关键点之一.

笼统地讲，数学对社会进步的推动作用表现在三个方面：数学工具是推动物质文明的重要力量；数学理性是建设精神文明的重要因素；数学美学是促进艺术发展的文化激素.

数学工具是推动物质文明的重要力量. 数学作为一切科学的基础，极大推动了科技发展，而科技发展带动了生产力发展，生产力发展极大地丰富了各种生活物质，使人类生活水平不断提高. 从大的方面来看，数学对人类生产的影响突出反映在她与历次产业革命的关系上. 迄今为止，人类历史发生过三次产业革命，第一次产业革命开始于18世纪60年代，以机械化为特征，蒸汽机和纺织机的发明和使用为标志，其设计涉及对运动的计算，这是依靠17世纪后期产生的微积分才得以实现的；第二次产业革命开始于19世纪60年代，以电气化为特征，以电力、电动机的发明和使用以及远距离传递信息手段的新发展为标志，其中由微分方程建立的电磁波理论起关键作用；第三次产业革命开始于20世纪40年代，以电子化为特征，以核能、电子计算机的发明和使用为主要标志，这次革命更是强烈依赖于数学理论，这是众所周知、显而易见的. 信息时代本质上就是数学时代，信息技术就是数字技术.

数学理性是建设精神文明的重要因素. 数学作为理性思维的科学，其思想、观念与方法也极大地推动了人类精神文明和社会科学的发展. 比如，数学的公理化思想不仅在数学内部和科学技术领域被采用，在政治、法律、社会科学等领域，也被广泛采用. 比如，法国大革命形成的两部基础文献《人权宣言》和《法国宪法》是资产阶级民主革命思想的结晶，其中《法国宪法》将《人权宣言》置于篇首作为整部宪法的出发点；美国独立战争所产生的《独立宣言》开头就把"人人生而平等"等作为"公理"；世界各国都有自己的宪法，作为一个国家的根本大法，宪法相当于其他具体法律的公理；马尔萨斯的《人口论》也把"人需要食品，人的生育能力不变"作为公理，进而建立起人口模型，使得《人口论》具有强有力的说服力.

数学美学是推动艺术发展的文化激素. 数学美，就是数学问题的结论或解决过程、或者应用过程给人类带来的满足感. 数学自身的美以及数学知识与方法是促进艺术发展的重要文化激素. 数学的方法与成果被艺术家、建筑学家应用于绘画、音乐、建筑设计等领域. 早在古希腊时期，毕达哥拉斯等就将音乐与数学联系在一起. 文艺复兴时期的伟大画家莱奥纳多·达·芬奇就将数学应用于绘画，留下了《蒙娜丽莎》、《神圣比例》等传世杰作. 在《蒙娜丽莎》中，达·芬奇用透视法构成蒙娜丽莎身后的风景，越远的地方，颜色就越暗淡，轮廓线就越模糊，如此造成一种纵深的感觉；用黄金分割比构建图形，栩栩如生. 如今，进入信息时代，借助于计算机、数学的分形技术又一次搭起了科学与艺术的桥梁，创造出人世间从未有过的绚丽多彩、奇妙无比的景象.

第三章　数学之旅

数学之旅　穿越时空

数学，作为人类最早建立的科学，如今根粗杆壮、枝繁叶茂，已经形成一个庞大的学科体系.

数学研究领域不断扩大. 从精确到随机；从离散到连续；从欧氏到非欧；从平直到弯曲；从常量到变量；从局部到整体；从规则到分形；从实域到复域……

数学研究方法不断创新. 从算术到方程；从测量到推理；从消元到矩阵；从演绎到解析；从具体到抽象；从坐标到向量；……

数学研究内容不断深入. 从方程求解到抽象结构，从线性代数到抽象代数；从空间图形到拓扑结构，从推理几何到解析几何，再到向量几何、射影几何、微分几何、分形几何、拓扑学；从数学分析到抽象分析，从一元分析到多元分析，从实分析到复分析、流形分析；从古典概型到现代概率……

数学应用领域不断拓宽，从测量计算到万事之理、万象之谜；从衣食住行到地质勘探、太空探秘；从肉眼世界到浩瀚宇宙、微观粒子；从物质领域到精神领域……

回顾数学发展史可以看到，数学发展史是新思想、新方法、新工具被创造的历史，是问题被解决的历史，也是高级数学替代低级数学的历史.

了解数学发展史，可以开阔思维、启迪智慧.

第一节　数学的分类

如果我们想要预见数学的将来，适当的途径是研究这门学科的历史和现状.

——庞加莱

数学作为人类历史上最早形成、最具基础性的学科，由于其知识体系的积累性而非替代性特点，如今已经形成一个极为庞大的学科体系. 著名化学家傅鹰说过"科学给人知识，历史给人智慧"，现在分别从数学历史的角度（纵向）和数学结构的角度（横向）来整体认识数学.

3.1.1　从历史看数学

从纵向来看，数学可以划分为四个阶段：初等数学和古代数学阶段、变量数学阶段、近代数学阶段、现代数学阶段.

1. 初等数学和古代数学阶段

初等数学和古代数学指 17 世纪以前的数学. 主要是古希腊时期建立的欧几里得几何学，古代中国、古印度和古巴比伦时期建立的算术，欧洲文艺复兴时期发展起来的代数方程等. 一般来讲，现行中小学数学知识属于初等数学范畴. 相对于以后时期的变量数学，初等数学又叫**常量数学**.

2. 变量数学阶段

变量数学指 17—19 世纪初建立与发展起来的数学. 其突出特点是，实现了数形结合，可以研究运动. 这一时期可以分为两个阶段：17 世纪的创建阶段（英雄时代）与 18 世纪的发展阶段（创造时代）. 创建阶段有两个决定性步骤：一是 1637 年法国数学家笛卡尔建立解析几何（起点），二是 1680 年前后英国数学家牛顿（Newton，Isaac，1642—1727）和德国数学家莱布尼兹（Leibniz，Gottfried Wilhelm，1646—1716）分别独立建立的微积分学（标志）.

17 世纪数学创作极其丰富，解析几何、微积分、概率论、射影几何等新学科陆续建立，近代数论也由此开始. 18 世纪是数学分析蓬勃发展的世纪. 在这一时期，作为微积分的继续发展所产生的微分方程、变分法、级数理论等相继建立，形成数学分析学科体

系，同时微分几何、高等代数也都处于萌芽状态.

3. 近代数学阶段

近代数学是指 19 世纪的数学. 19 世纪是数学全面发展与成熟阶段，数学的面貌在这一时期发生了深刻变化，目前数学的绝大部分分支在这一时期都已经形成，整个数学呈现出全面繁荣的景象.

概括地讲，这一时期的数学有三个特点：分析严密化、代数抽象化、几何非欧化.

在分析学方面，在 19 世纪之前，微积分虽然被广泛应用，但其中却蕴涵着说不清的"矛盾"，产生了第二次数学危机. 进入 19 世纪，在法国数学家柯西、德国数学家魏尔斯特拉斯等的努力下，建立了严格的极限理论，实数完备性得以确立，第二次数学危机得以解决，微积分学以坚实可靠的基础得以完善，从而实现了分析的严密化. 由于复数几何意义的明确，复指数与三角函数关系的发现等，微积分理论向复变量发展，柯西、魏尔斯特拉斯、黎曼等建立了复变函数理论. 到 19 世纪后期，随着德国数学家康托集合论的建立与发展，人们在数学分析中陆续发现了各种"奇特"现象的函数，不仅在研究函数的可积性上，而且在积分理论的处理上都发生了许多困难，人们发现这些问题出现的根源在于积分的定义，于是产生了以勒贝格（Lebesgue，Henri Léon，1875—1941，法国数学家）积分为核心的实变函数论.

在代数学方面，初等代数学主要研究代数方程的解的存在性、解的个数和解的结构问题. 在 15 世纪以前人们主要关注多项式方程的求根问题，而且圆满地解决了不超过四次的方程的公式解. 在此后的两百多年间，人们为了探讨五次方程的求解问题花费了无数的精力，但始终没有成功. 1824 年挪威青年数学家阿贝尔（Abel，Niels Henrik，1802—1829）证明了四次以上方程没有根式解，从而人们从研究具体次数的代数方程的解的问题转向研究一般的抽象结构问题. 1828 年法国青年数学家伽罗华（Galois，Evariste，1811—1832）进一步给出了方程有根式解的一般充要条件，他不仅完满回答了代数方程的核心问题——可解性问题，而且引进了群、环、域等概念，这些概念具有广泛的应用价值和潜在的理论意义，成为抽象代数的基础.

在几何学方面，自从古希腊数学家欧几里得建立起欧几里得几何学，两千多年来人们一直认为欧几里得几何学是现实世界唯一正确的几何. 但是，由于欧几里得几何学是建立在一套公理和公设基础上的，其中关于平行线的第五公设，人们虽然无法否认它的正确性，但总是感觉它不像其他公理和公设那样直观明了，因为它涉及到平行线问题，平行线的"永远不相交"是人们在有限的视野中无法体会清楚的. 经过两千多年漫长、曲折的探索与研究，德国数学家高斯、俄罗斯数学家罗巴切夫斯基（Побауевский Н. И.，1793—1856）和德国数学家黎曼等发现第五公设与其他公理和公设是相互独立的，承认与否定它都不会与其他公设或公理产生矛盾. 于是，人们用第五公设的反面去代替它，就产生了完全不同于欧几里得几何的几何，这就是非欧几何（详见本书第七章的第二节）. 射影几何、拓扑学、微分几何等几何分支也都产生于这一时期.

4. 现代数学阶段

现代数学指 20 世纪的数学. 1900 年德国著名数学家希尔伯特（Hilbert，David，1862—1943）在国际数学家大会上发表了一个著名演讲，提出 23 个未解决的数学问题，拉开了 20 世纪现代数学的序幕. 这一时期的数学有一大基础、三大趋势和六大特征.

一大基础：康托的集合论.

三大趋势：

1）交错发展、高度综合、逐步走向统一；

2）边缘、综合、交叉学科与日俱增；

3）数学表现形式、对象和方法日益抽象化.

六大特征：

1）从单变量到多变量，从低维到高维；

2）从线性到非线性；

3）从局部到整体，从简单到复杂；

4）从连续到间断，从稳定到分岔；

5）从精确到模糊；

6）计算机的应用.

同以前的数学相比，20 世纪的数学内容更加丰富，认识也更加深入. 在集合论的基础上，诞生了抽象代数学、拓扑学、泛函分析与测度论；数理逻辑也蓬勃发展，成为数学有机整体的一部分；边缘、综合、交叉学科与日俱增，产生了代数拓扑、微分拓扑、代数几何等；早期的微分几何、复分析等已经推广到高维；代数数论的面貌也多次改变，而且变得越来越优美、完整；一系列经典问题完满地得到解决，同时又产生了更多的新问题，特别是第二次世界大战之后，新成果层出不穷，从未间断，数学呈现出无比兴旺发达的景象.

3.1.2　从对象与方法看数学

从横向角度，也就是从数学学科的内部构成来讲，不同的国家有不同的分类方法. 在中国，数学目前划分为五大分支，它们分别是：基础数学、应用数学、计算数学、概率统计、运筹学与控制论.

1. 基础数学

基础数学（Pure Mathematics）又称为理论数学或纯粹数学，是数学的核心部分，包括代数、几何、分析三大分支，分别研究数、形和数形关系.

2. 应用数学

简单地说，应用数学（Applied Mathematics）是指能够直接应用于实际的数学. 从长远观点和广泛意义来看，数学都应当是有用的. 即便是纯粹研究整数内在规律性的数论，如今也发现了它在密码等领域有用武之地. 因此, 应用数学与基础数学的界限并没有那么分明.

3. 计算数学

计算数学 (Computational Mathematics) 研究诸如计算方法 (数值分析)、数理逻辑、符号数学、计算复杂性、程序设计等方面的问题. 该学科与计算机密切相关.

4. 概率统计

概率统计 (Probability and Statistics) 包括概率论与数理统计两大分支. 概率论是一门研究随机 (不确定) 现象的科学, 起源于所谓的 "赌金分配问题"; 数理统计是以概率论为基础的, 主要研究如何收集、整理和分析实际问题的数据, 使对所研究的问题作出有效的预测或评价, 包括抽样方法、随机过程、多元分析、统计决策等理论. 概率统计是一个在科学技术和社会经济领域有着广泛应用的学科体系.

5. 运筹学与控制论

运筹学 (Operational Research) 是利用数学方法, 在建立模型的基础上, 解决有关人力、物资、金钱等的复杂系统的运行、组织、管理等方面所出现的问题的一门学科. 控制论 (Cybernetics) 则是关于动物和机器中控制和通信的科学, 主要研究系统各构成部分之间的信息传递规律和控制规律.

应当说明的是, 以上分类方法是按照中国几十年的惯例进行的, 不同的国家对待这一问题的观点有所不同. 耶鲁大学计算机科学教授拉斯兹洛 (Lâszlô Lovâsz) 在 ICM98 上载文 "只有一个数学——不存在划分数学的自然方法", 从数学的三个新趋势——规模的扩大、应用领域的扩大、计算机工具的介入说明试图寻找对数学的科学分类是徒劳的. 比如, 他指出: "没有一个领域能够退回到它的象牙塔里而对应用关上大门; 也没有一个领域可以宣称自己是应用数学."

第二节 数学分支发展概况

数学中的转折点是笛卡尔的变数. 有了变数, 运动进入了数学; 有了变数, 辩证法进入了数学; 有了变数, 微分和积分立刻成为必要的了.

——恩格斯

按照恩格斯关于数学研究对象的论述, 数学大体上分为三类: 代数学、几何学、分析学. 这其实包含了经典数学的基本分支. 经典数学研究的是事物确定的数量关系和空间形式, 康托的经典集合论是其理论基础. 然而, 现实生活中的事物并非全都如此, 它们既有确定性现象, 也有随机现象, 还有模糊现象, 更有可变化的事物现象, 因此相应地产生了研究随机现象的随机数学, 研究模糊现象的模糊数学, 研究可变现象的可拓数学. 本节将简要介绍这些数学分支的产生、发展、研究对象、研究内容、研究方法、分支构成等, 使读者对数学全貌有一个清晰一些的了解.

3.2.1 几何学通论

经典数学的三大分支——代数学、几何学、分析学中, 代数学和几何学的历史已经有三千多年, 而研究数形关系的分析学则只有三百多年的历史. 数学的早期发展中, 代数 (算术) 与几何是不分家的, 古希腊时期, 数学主要是几何学.

几何学是人类文明对空间本质的"认识论". 宇宙中的所有事物皆存在于空间之中、发生于空间之内, 并永远受空间本质的制约与孕育. 而空间既完美又简朴的本质则是孕育宇宙万物万象至精至简的根源. 几何学的目的就是去研究、理解空间的本质, 它是人类认识大自然、理解大自然的起点和基石, 也是整个自然科学的启蒙者和奠基者, 是种种科学思想和方法论的自然发祥地. 几何学还是一个随时随地都必用、好用的科学. 例如, 古希腊的天文学、近现代的物理学, 都与几何学关系密切, 相辅相成、交互发展. 因此不论在自然科学的发展顺序上, 还是在全局的基本重要性上, 几何学都是当之无愧的先行者与奠基者, 是理所当然的第一科学.

几何学的研究对象是诸如"几何物体"和图形的几何量, 是空间形式的抽象化. 几何学的研究内容是各种几何量的关系与相互位置. 几何学的研究方法随着历史的发展而发展, 从实验方法、抽象的思辨方法、再到解析法、向量法等, 分别形成了各种不同的几何学.

1. 几何学的发源——欧几里得几何学的建立

在中国，几何学发源于殷周时期（约公元前 17 世纪—前 10 世纪），是由于天文、水利、建筑等实际的需要而产生. 约公元前 1—2 世纪成书的数学著作《周髀算经》中就有关于勾股定理、测量术的记载.

现在世界通行的几何学知识被公认来源于西方. 在西方，埃及是几何学的发源地. 约在四千年前，由于尼罗河附近经常河水泛滥，土地被淹，洪水过后往往要重新测量、标记地界，由此产生了以测地为标志的几何学.

几何学的发展有一个长期、渐进的过程，最初是由人对圆圆的太阳、挺拔的树木、辽阔的水面、笔直的光线等自然现象的本能感受而形成的**无意识几何学**. 之后是由于发明车轮，建筑房屋、桥梁、粮仓，测量长度，确定距离，估计面积与体积等生活需要，以及对自然界的有意识改造与创新而产生的**实验几何学**. 公元前 7 世纪，"希腊七贤"之一的"希腊科学之父"泰勒斯（Thales of Miletus，公元前 625—前 547）到埃及经商，掌握了埃及几何学并传回希腊，成立爱奥尼亚学派，将几何学由实验几何学发展为**推理几何学**. 此后三四百年间，经过毕达哥拉斯学派、诡辩学派、柏拉图（Plato，公元前 427 年—前 347）学派等的艰苦努力，几何学陆续积累了异常丰富的材料. 公元前 3 世纪，希腊数学家欧几里得（如图 3.1 所示）对当时丰富但却繁杂和混乱的几何学知识进行了大胆的创造性工作：筛选定义、选择公理、合理编排内容、精心组织方法，以公理化的思想写出一部科学巨著——《几何原本》，这就是**欧几里得几何学**. 他首先承认一些自明的公理，然后按照严密的演绎推理方法，一层层建立起一套系统严密的几何学知识体系. 这标志着几何学作为一门科学正式形成（欧几里得几何的理论框架见第七章第二节）.

图 3.1　欧几里得
（约公元前 330 —前 275）

2. 几何学的划时代发展——坐标几何的建立

图 3.2　笛卡尔（1596 —1650）

欧几里得几何学的形成标志着几何学达到辉煌时期. 从公元前 3 世纪直到 16 世纪，几何学基本上没有本质进展，欧几里得和"几何学"几乎是同义词.

几何学研究的划时代进展出现在 17 世纪. 1637 年，法国数学家笛卡尔（Descartes，René，1596—1650）（如图 3.2 所示）引入了坐标的观念，创立了解析几何，使人们可以用代数方法研究几何问题，实现了数学的两大分支代数与几何的联系. 笛卡尔是 17 世纪以方法论见长的数学家、哲学家，他当时有一个大胆设想：一切问题都可以转化为数学问题，一切数学问题都可以转化为代数问题，一切代数问题都可以转化为方程问题. 其中心思想是要建立起一种普遍的数学，使算术、代数、几何统一起来．其基本思想是：

1）用代数解决几何问题，逐渐形成用方程表示曲线的思想；

2）解除齐次方程的束缚；

3）引入坐标与变量；

4）两个重要观念，即点、数联系的坐标观念和曲线的方程表示观念．

笛卡尔坐标几何的建立具有划时代的科学意义，为他用数学来描述世界迈出了坚实、可靠的一步，使得直观形象的几何可以通过代数语言进行描述，通过数字计算进行研究，从而数学冲破了古希腊人以几何主导数学的框架，并向符号代数转化．通过勾股定理可以建立平面上两点之间的距离公式，成为度量"形"（直线线段长度、直边平面图形面积、直面立体图形体积）的最基本的工具．进一步来说，曲线微分、向量内积、各种距离空间等的引入，各种曲线长度、曲面面积等的计算等均以此为基础．笛卡尔的数形结合思想也为研究数学和其他科学提供了有效工具．这种方法在解决历史遗留数学难题时发挥了重要作用，也直接促进了微积分的诞生．作为一种新工具，在数学的相关领域，比如物理学、天文学等，这种思想都扮演着重要角色．因此恩格斯说："数学中的转折点是笛卡尔的变数．有了变数，运动进入了数学；有了变数，辩证法进入了数学．"

应当说明的是，在笛卡尔之前，另一位法国业余数学家费马（Fermat，Pierre de，1601—1665）就已经有了这种思想．只是他没有注意纵坐标与横坐标的关系，没有突破齐次方程的束缚，有其局限性．

3. 绘画、建筑与射影几何

几何学的另一个突破是由 17 世纪的画家们创立的，他们寻求解决如何正确描述眼睛所看到的事物．因为真实的景象是三维的，而图画是在二维平面上表现的，要想画得完全真实就需要一些手段和技巧．画家们采用了关于视觉的一个基本事实：我们能用一只眼睛透过窗户看到某个真实的景象，是因为景象的不同点发出的光线射到我们的眼睛里．这些光线的集合被称为射影．这些光线穿过窗户的点的集合称为一个截面．（如图3.3所示）画家们发现：这个截面在眼睛里产生的印象与真实的景象本身是一致的．1636 年，法国自学成才的建筑师和工程师德扎格（Desargues，Gerard，

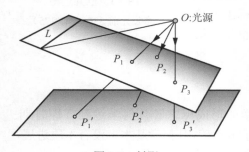

图 3.3　射影

1591—1661）发现了一个图像和它的截面的一些性质；1639 年，16 岁的法国数学家帕斯卡（Pascal，Blaise，1623—1662）发表了关于圆内接六边形的射影定理，于是形成了研究在射影变换（迭合变换、相似变换、仿射变换、直射变换）下不变性质的科学——射影几何的萌芽．17 世纪的这些工作大体可以称为综合射影几何．进入 19 世纪后，法国数学家卡诺（Carnot，Lazare Nicholas Marguerite，1753—1823）的《横截线论》（1806 年），法国数学家彭赛列（Poncelet，Jean-Victor，1788—1867）的《论图形的射影性质》（1822 年）

（1813—1814 年在狱中研究），瑞士数学家施泰纳（Steiner，Jakob，1796—1863）（工作在德国）的《几何形的相互依赖性的系统发展》（1832 年）等一系列论著的发表，把射影几何以解析法代替综合法，建立了射影几何的轮廓，射影几何逐渐发展成熟. 利用解析方法处理射影几何问题，做起来较容易. 这段方法上的沿革，就像从平面欧氏几何进展到解析几何一样，是方法上的一大进步. 到 19 世纪后半叶，射影几何成了几何学的核心.

4. 向量几何

向量几何也叫向量代数，该学科产生于 19 世纪中叶，是由德国数学家哈密尔顿（W. R. Hamilton，1805—1865）（如图 3.4 所示）和格拉斯曼（H. G. Grassmann，1809—1877）等创立的. 向量几何是不依赖于坐标系的解析几何，是坐标几何的返璞归真和精益求精，它使得几何和代数结合得更加真切自然、直截了当. 几何学作为空间形式的科学，其中蕴涵着两个基本的量：线段的长度和线段之间夹角的角度. 解析几何用坐标表示点的位置，从而可以精确地描述线段的长度和夹角的角度. 1843 年，哈密尔顿建立了乘法不可交换的四元数理论；随之在 1844 年，

格拉斯曼出版了《线性扩张论》，建立了所谓的"扩张量"（向量）的概念及其运算法则，其中蕴涵了非交换乘法和 n 维欧氏空间的重要思想；1862 年，格拉斯曼修订出版《线性扩张论》，并更名为《扩张论》，其中引入了向量的内积和外积的概念及其公式. 通过内积，几何学的两个基本量——向量的长度和夹角都可以充分地表示出来. 后来，这种思想经英国物理学家麦克斯韦（Maxwell，James Clerk，1831—1879）等进一步发展，并广泛应用于力学、电磁学等领域，向量几何逐渐建立起来.

5. 非欧几何

19 世纪上半叶，几何学的另一个重大突破是非欧几何的创立. 它的产生缘起于欧几里得的第五公设的非自明性. 欧氏几何的第五公设是关于平行线的，与其他几条公理相比，这条公理没有那么"自明"，许多数学家试图通过其他公理对其进行证明，经过无数人漫长、曲折的努力之后，人们认识到这个不太自明的公设与欧几里得的其他各公设

是相互独立、互不影响的. 因此，对它进行否定并不会产生矛盾，于是在德国数学家高斯、匈牙利数学家鲍耶（Bolyai，Jànos，1802—1860）、俄罗斯数学家罗巴切夫斯基（Побауевский Н. И.，1793—1856）（如图 3.5 所示）、德国数学家黎曼等的努力下，改换第五公设，建立了不同于原欧几里得几何的新几何——非欧几何. 这也是一个以演绎推理方法构建起来的几何学，它被用来解决一些宏观宇宙与微观粒子的几何问题（详见本书第七章的第二节）.

图 3.5 罗巴切夫斯基

（1793—1856）

6. 微分几何

微分几何是以微积分为工具研究曲线和曲面性质及其推广应用的学科. 它由瑞士数学家欧拉（Euler，Leonhard，1707—1783）奠基，经法国数学家蒙日（Monge，Gaspard，1746—1818）（如图 3.6 所示）、德国数学家高斯等推广而发展起来. 1809 年，蒙日出版的《分析在几何上的应用》是第一本微分几何著作. 1827 年，高斯的《关于曲面的一般研究》是微分几何发展史上的又一个里程碑.

7. 分形几何

传统的欧几里得几何学在改造自然、训练思维、推进人类文明等方面发挥了不可替代的作用. 但是，严格地去分析欧几里得几何与自然界的关系时，就会发现在自然界中要想找到真正的圆形、球形、正方形、正方体等几乎是不可能的，欧几里得几何图形其实只是人类对大自然的理想化产物. 自然与社会是错综复杂的，其精确的形态远没有欧几里得几何的对象那样简单，如蜿蜒曲折的漫长海岸，起伏不平的叠嶂山脉，粗糙不堪的晶体裂痕，变幻无常的天空浮云，九曲回肠的江河小溪，千姿百态的花草树木，纵横交错的毛细血管，眼花缭乱的满天繁星，转眼即逝的霹雳闪电等. 这些对象都很难用欧氏几何来描述. 于是，人类认识领域呼唤一种新的、能够更好地描述自然图形的几何学，这就是分形几何. 分形几何的概念是美籍法国数学家曼德尔布罗特（Mandelbrot，B.Benoit.，1924— ）（如图 3.7 所示）在 1975 年首先提出的，被誉为大自然的几何学. 这是现代数学的一个新分支，其本质是一种新的世界观和方法论. 它与动力系统的混沌理论交叉结合，相辅相成；它承认在一定条件下、一定过程中、某一方面（形态、结构、信息、功能、时间、能量等），世界的局部可能表现出与整体的相似性；它承认空间维数的变化既可以是离散的，也可以是连续的. 分形几何作为一种新的几何学，近年来发展迅速，并被广泛应用于人类社会的诸多领域.

图 3.7　曼德尔布罗特
（1924— ）

3.2.2　代数学大观

代数学是研究数的科学，起源于古代中国和古埃及. 早期的代数学其实是研究数的运算技术的，因此叫做算术. "代数学"一词源自于拉丁文 algebra（公元 12 世纪之后），但它又是从阿拉伯文"还原与对消"（al-jaber w'almuqabala）（公元 820 年左右）或"方程的科学"变化而来的.

1. 代数学的符号化

在中文里，代数学是用符号来表示数字的科学. 用符号代替数字与运算是一个难关，经历了漫长的历史. 代数学的符号化具有划时代的意义，其发展分三个阶段.

第一阶段是文字代数学. 其主要标志是代数书全部用文字表述. 其实，在古代中国与印度，很早就有了方程的记录. "方程"一词源于中国古代数学家刘徽（约公元 263年），那时的很多方程都是用文字叙述的. 我国公元前 1 世纪出版的《九章算术》是文字代数学的代表.

第二阶段是简写代数学. 其主要标志是采用以速记为目的的简写形式表示数量、关系与运算. 古希腊数学家丢番都（Diophantus of Alexandria，约公元 246 — 330）对代数学的重要贡献之一就是简写了希腊代数学. 他的巨著《算术》是这一阶段的第一部著作. 由于他在代数方面的杰出贡献，被尊称为"代数学鼻祖".

第三阶段是符号代数学. 法国数学家韦达（Viete，Francois，1540 —1603）（如图 3.8 所示）对代数学符号化的发展做出了重要贡献. 韦达是一位律师，业余时间钻研数学. 1591 年，韦达出版了《分析方法入门》，用字母表示未知数与系数，创造了符号代数. 因此，韦达在欧洲被尊称为"代数学之父". 那时候，韦达采用的是元音字母表示未知数，辅音字母表示已知数. 在 1637 年，法国数学家笛卡尔用字母表中的后几个字母表示未知数，前几个字母表示已知数，并延续至今. 在中学数学课本中，"韦达定理"是指

一元二次方程的根与系数的关系，实际上这只是韦达定理的一种特殊情况. 对于一般的一元 n 次方程

$$x^n + a_1 x^{n-1} + \cdots + a_{n-1} x^1 + a_n = 0 \, ,$$

其 n 个根 x_1，x_2，$\cdots$，x_n 满足如下关系

$$x_1 + x_2 + \cdots + x_n = -a_1$$
$$x_1 x_2 + x_1 x_3 + \cdots + x_{n-1} x_n = a_2$$
$$\cdots\cdots$$
$$x_1 x_2 x_3 \cdots x_n = (-1)^n a_n$$

由此可以看出，二次方程根与系数的关系是上述结论的一个特例.

2. 初等代数学

代数学的发展分为三个阶段：初等代数、高等代数和抽象代数.

初等代数是代数学的古典部分，它是随着解方程与方程组而产生并发展起来的，是研究数字和文字的代数运算理论和方法的科学. 更确切地说，初等代数是研究实数和复数以及以它们为系数的多项式的代数运算理论和方法的数学分支. 初等代数的中心问题是研究方程或方程组的解的存在性、解的个数、解的结构问题，因而，长期以来人们都把代数学理解成方程的科学. 二次方程的求根公式早在公元前 4 世纪就已经为巴比伦人

所认识. 从公元 8 世纪到 16 世纪中叶，数学家都为他们能够解某一类方程而自豪，解方程的能力就代表了数学能力. 在这一时期，经过众多数学家的艰苦努力，人们逐渐得到

了二次、三次和四次方程的公式解. 那么一般的五次或者五次以上的方程是否一定有解？又是如何求解呢？在此后的两百多年的时间里，无数数学家为此作出过不懈努力，但都没有成功. 1742 年 12 月 15 日，瑞士数学家欧拉（Euler，Leonhard，1707—1783）（如图 3.9 所示）在一封信中明确指出一个著名定理——**代数基本定理**：在复数范围内，n 次方程有 n 个根（包括重数）. 该定理是初等代数发展的顶峰，1799 年由德国数学家高斯给出严格证明.

18 世纪 60 年代，第一本完整的初等代数著作——欧拉的《代数学引论》出版. 它是对初等代数的总结，也标志着初等代数的基本结束.

具体来说，初等代数的基本对象包括：三种数——有理数、无理数、复数；三种式——整式、分式、根式；中心对象是方程——整式方程、分式方程、根式方程和方程组. 初等代数的基本内容是代数式的运算和方程的求解，其中代数运算的特点是只进行有限次.

全部初等代数总共有十条规则.

◆ **五条基本运算律**

加法交换律；加法结合律；乘法交换律；乘法结合律；乘法对加法的分配律.

◆ **两条等式基本性质**

等式两边同时加上一个数，等式不变；等式两边同时乘以一个非零数，等式不变.

◆ **三条指数律**

同底数幂相乘，底数不变指数相加；指数的乘方等于底数不变指数相乘；积的乘方等于乘方的积.

这是初等代数学的基础前提，其地位相当于几何学的十条公理与公设（见第七章），是学习初等代数需要理解并掌握的要点.

初等代数学的进一步发展指向两个方向，一是研究未知数更多的一次方程组，这就是线性代数；二是研究未知数次数更高的高次方程，这就是多项式代数. 线性代数与多项式代数均属于高等代数的内容.

3. 高等代数学

1824 年，年仅 22 岁的挪威青年数学家阿贝尔（Abel，Niels Henrik. 1802—1829）发表了题为《论代数方程：证明一般五次方程的不可解性》的论文，证明了一般五次及五次以上的方程不可能有根式求解公式，即这些方程的根不能用方程的系数通过加、减、乘、除、乘方、开方这些代数运算表示出来，困扰世界两百多年的难题被攻克. 从此人们开始摆脱对具体、特殊方程的考察，而集中精力于方程的一般理论，这就构成了以方程论为核心，以行列式、矩阵、二次型、线性空间与线性变换以及多项式理论等为主要

内容的**高等代数**. 高等代数是代数学发展到高级阶段的总称, 现在大学里开设的高等代数, 一般包括两部分: 线性代数与多项式代数.

线性代数的研究对象是线性方程组, 研究内容是线性方程组解的存在性、解的个数、解的结构问题, 研究工具包括矩阵、行列式等. 围绕线性方程组的这些核心问题, 线性代数不仅要研究数、数的运算, 还有矩阵、向量、向量空间的运算以及变换等. 这里虽然也有叫做加法或乘法的运算, 但是相对于数的基本运算法则, 有时不再保持有效. 比如, 向量或矩阵的乘法不一定有意义, 在能够相乘的时候也未必符合交换律. 引入矩阵和向量之后, 一个线性方程组等同于一个矩阵方程. 矩阵方程在解的存在性、解的结构方面与一元一次方程有类似之处, 区别在于把数字换为向量或矩阵.

多项式是最简单也是最基本的一类函数, 复杂一些的函数在一定程度上可以由多项式来逼近, 因此它的应用非常广泛. 多项式理论是以代数方程的根的计算和分布作为中心问题的, 也叫做方程论. 研究多项式理论, 主要在于探讨代数方程的性质, 从而寻找简易的解方程的方法. 多项式代数所研究的内容包括整除性理论、最大公因式、重因式等, 这些大体上和中学代数里的内容相同.

4. 抽象代数学

阿贝尔关于五次或五次以上方程不可能有公式解的论文, 并没能够回答每一个具体的方程是否可以用代数方法求解的问题.

后来法国青年数学家伽罗华 (Galois, Evariste, 1811—1832) 彻底解决了这一问题, 他给出了方程可解的判别标准. 伽罗华 20 岁的时候, 曾因积极参加法国资产阶级革命运动而两次被捕入狱. 1832 年 4 月, 他出狱不久, 便在一次私人决斗中死去, 年仅 21 岁. 伽罗华在临死前预料自己难以摆脱死亡的命运, 所以曾连夜给朋友舍瓦利叶写信, 仓促地把自己平生的数学研究心得扼要写出, 并附以论文手稿. 伽罗华死后, 按照他的遗愿, 舍瓦利叶把他的信发表在《百科评论》中. 14 年之后, 法国著名数学家刘维尔 (Liouville, Joseph, 1809—1882) 编辑出版了他的论文手稿的部分文章, 并向数学界推荐. 随着时间的推移, 伽罗华研究成果的重要意义越来越为人们所认识. 伽罗华在数学史上做出的贡献, 不仅解决了几个世纪以来一直没有解决的高次方程的代数解的问题, 更重要的是, 他在解决这个问题中提出了 "群" 的概念, 并由此发展了一套以研究群、环、域为基本内容的抽象代数理论, 开辟了代数学的一个崭新的天地, 直接影响了代数学研究方法的变革.

19 世纪, 随着四元数、向量、矩阵等更具一般性的研究对象的出现, 代数学从研究 "数" 的运算性质转移到研究更一般的代数运算性质和规律的科学, 进一步促进了抽象代数学的发展.

3.2.3 分析学大意

分析学是指以微积分学为基本内容的数学分支的全称, 包括微积分学、微分方程、复变函数、实变函数、泛函分析等. 这里只介绍微积分等几个基础分支.

1. 微积分学

17 世纪后期，工业革命引出了许多科学问题需要解决. 归结起来，这些问题包括瞬时速度问题、曲线切线问题、极值问题和求积问题四类. 为解决这些问题，在众多数学家、物理学家努力的基础上，英国大科学家牛顿（Newton，Isaac，1642—1727）（如图 3.10 所示）和德国数学家莱布尼兹（Leibniz, Gottfried Wilhelm，1646—1716）（如图 3.11 所示）分别独立地建立了微积分的知识体系.

图 3.10 牛顿
（1642—1727）

简单来说，**微积分学**是微分学和积分学的总称，其研究对象是函数，研究工具是极限，研究内容包括函数的微分、积分，以及联系微分与积分的桥梁——微积分基本定理. 依据其研究对象——函数的自变量与因变量的个数不同，微积分学可以划分为单变量微积分、多变量微积分、向量值函数微积分等. 其中单变量微积分是最基本的.

微积分学的研究对象——函数，是自然与人类社会现象的一个最重要的模型. 由于客观世界的一切事物，小至粒子，大至宇宙，始终都在相互联系地运动和变化着，当笛卡尔在数学中引入了变量的概念后，这种相互联系的物质运动大都可以被数学家抽象为以数量之间的变化关系为基本特征的函数模型，因此就可以用数学方法对运动现象进行准确地描述.

微积分学的研究工具——极限，是人类研究不断变化中的运动的重要手段. 由于人类视觉和其他感官能力及思维能力的局限性，只能从数量上把握有限的东西，从图形上把握直线结构的形状，诸如圆的面积、曲线长度等问题，只能够近似地去认识. 极限思想为人类提供了一个通过有限认识无限、通过直线认识曲线、通过常量认识变量的桥梁.

图 3.11 莱布尼兹
（1646—1716）

微积分学的研究内容——函数的微分、积分，以及联系微分与积分的桥梁——微积分基本定理，是函数局部与整体性质的深刻把握. 微分解决的是函数的局部性质，它反映了函数的因变量相对于自变量的局部变化率，像瞬时速度（路程相对于时间的变化率）、切线斜率（曲线纵坐标改变量相对于横坐标改变量的局部比率）等都符合这一特征. 积分解决的是函数的整体性质，反映的是函数在一定意义下在自变量指定区间上改变量的总和，像曲边梯形的面积就属于这一类问题. 函数的整体是各个局部的综合，局部是认识整体的样本，局部与整体是一个事物的两个方面，二者是辩证的统一，关系密切. 反映函数整体和局部关系的就是微积分基本公式，也叫牛顿-莱布尼兹公式，这是微积分发展的顶峰.

微积分学这门学科在数学发展、乃至在整个现代科学技术中的地位都是十分重要的，它也是继欧氏几何后，全部数学中一个最大的创造. 微积分学极大地推动了数学的发展，同时也极大地促进了天文学、力学、物理学、化学、生物学、工程学、经济学等自然科学和社会科学各个分支的发展，并在这些学科中有越来越广泛的应用．

2. 微分方程

对于学过中学数学的人来说方程是比较熟悉的．在初等数学中就有各种各样的方程，比如线性方程、二次方程、高次方程、指数方程、对数方程、三角方程和方程组等．这些方程都描述了所研究问题中的已知量和未知量之间的关系等式．但是，现实世界的物质运动和它的变化规律在数学上是用函数关系来描述的，因此，这类问题就是要去寻求满足某些变化条件（包括变化率——函数导数）的一个或者几个未知函数．把含有未知函数的导数和自变量关系的方程叫做**微分方程**．如果一个微分方程中出现的未知函数只含一个自变量，这个方程叫做**常微分方程**；如果一个微分方程中出现多元函数的偏导数，或者说如果未知函数和几个变量有关，而且方程中出现未知函数对几个变量的导数，那么这种方程就是**偏微分方程**．常微分方程与偏微分方程通称为**微分方程**．

作为一种数学对象，微分方程差不多是和微积分同时产生的．苏格兰数学家纳皮尔（Napier, John, 1550—1617）创立对数的时候，就讨论过微分方程的近似解．牛顿在建立微积分的同时，对简单的微分方程用级数来求解．后来瑞士数学家雅各布·伯努利（Bernoulli, Jakob, 1654—1705）、欧拉、法国数学家克雷洛（Clairaut, Alexis Claude, 1713—1765）、达朗贝尔（d'Alembert, Jean leRond, 1717—1783）、拉格朗日（Lagrange, Joseph Louis, 1736—1813）等人又不断地研究和丰富了微分方程理论．

作为一门科学，微分方程主要研究微分方程和方程组的种类及解法、解的存在性和唯一性、奇解、定性理论等．求通解在历史上曾作为微分方程的主要目标，因为一旦求出通解的表达式，就容易从中得到问题所需要的特解；或者通过通解的表达式，了解对某些参数的依赖情况，从而选取适当参数，使它对应的解具有所需要的性能；同时通解还有助于进行关于解的其他研究．但是，能够求出通解的情况并不多，在实际应用中所需要的多是求满足某种指定条件的特解．一个常微分方程是不是一定有特解呢？如果有，又有几个呢？这是微分方程论中一个基本的问题，数学家把它归纳成基本定理，叫做存在和唯一性定理．因为如果没有解，而要去求解，那是没有意义的；如果有解而又不是唯一的，那又不好确定．因此，存在和唯一性定理对于微分方程的求解是十分重要的．但是，在大多数情况下，虽然知道解是存在的，却无法求出精确解，此时只能得到近似解，因此求微分方程的近似解也是微分方程理论的重要内容．

微分方程在很多学科领域都有重要应用．比如，自动控制、各种电子学装置的设计、弹道的计算、飞机和导弹飞行的稳定性的研究、化学反应过程稳定性的研究等．从数学自身的角度看，微分方程也促进了函数论、变分法、级数展开、代数、微分几何等各分支的发展．

3. 复变函数

复数的概念起源于求方程的根，在二次、三次代数方程的求根公式中就出现了负数开平方的情况．在很长时间里，人们对这类数不能理解．但随着数学的发展，这类数的重要性日益显现，它与其他数学对象的关系也逐步被揭示，从而其地位得以确立．

以复数作为自变量的函数叫做**复变函数**，而与之相关的理论就是复变函数论. 解析函数是复变函数中一类具有解析性质的函数，从概念的引入方式上看，它就是复变量的可导函数，但其性质要比实变量的可导函数深刻得多. 复变函数论主要研究复数域上的解析函数，因此通常也称为解析函数论. 按照变量个数，复变函数论又分为**单复变函数论**和**多复变函数论**.

图 3.12　柯西
（1789—1857 ）

复变函数论是在 19 世纪初到 19 世纪中叶，随着人们对复数的普遍接受、高斯关于复数的平面表示以及复数与三角函数的关系的发现、微积分的严密化等，由法国数学家柯西（Cauchy，Augustin-Louis，1789 —1857）（如图 3.12 所示）、德国数学家魏尔斯特拉斯（Weierstrass，Karl Wilhelm Theodor，1815—1897）（如图 3.13 所示）和德国数学家黎曼（Riemann，Georg Friedrich Bernhard，1826—1866）（如图 3.14 所示）等分别从不同的角度和观点建立的.

作为大学数学课程的复变函数论主要包括三大理论：柯西创立的 Cauchy 积分理论；魏尔斯特拉斯创立的 Weierstrass 级数理论；黎曼创立的 Riemann 几何（共形映射）理论. 这三大理论分别从三个不同角度——积分、级数、几何，研究同一个对象——解析函数. 它们各有其独到之处和优越性，并各具相应的应用价值.

图 3.13　魏尔斯特拉斯
（1815—1897）

复变函数在物理学的电场、磁场、流体力学、热力学、动力学等研究有大小和方向的问题时均有重要应用. 复变函数的学习可以加深对中学三角和几何学的认识与理解，有助于解决一些初等数学问题. 复变函数的一些思想方法在数学中具有普遍性，复分析的有关理论可以用来解决一些其他的数学问题，比如数论、代数、方程、统计、拓扑等.

3.2.4　随机数学一瞥

图 3.14　黎曼
（1826 —1866）

在自然界和现实生活中，一些事物都是相互联系和不断发展的. 在它们彼此间的联系和发展中，根据它们是否有必然的因果联系，可以分成截然不同的两大类：一类是确定性现象，这类现象是在一定条件下必定会导致某种确定结果. 比如，在标准大气压下，水加热到 100℃就必然会沸腾. 另一类是不确定性现象，这类现象是在一定条件下其结果是不确定的. 比如，同一个工人在同一台机床上加工同一种零件若干个，它们的尺寸总会有一点差异. 为什么在相同情况下，会出现这种不确定的结果呢？这是因为"相同条件"是指一些主要条件来说的，除了这些主要条件外，还会有许多次要条件和偶然因素是人们无法事先掌握的，它们同样会影响到事件发展的结果. 事物间的这种关系被认为是偶然的，这种现象叫做偶然现象，或者叫做**随机现象**.

从表面上看，随机现象似乎是杂乱无章、没有什么规律的现象. 但实践证明，如果同类的随机现象大量重复出现，它的总体就呈现出一定的规律性，而且这种规律性随着观察次数的增多而越加明显. 比如掷硬币，每一次投掷很难判断是哪一面朝上，但是如果多次重复投掷这枚硬币，就会越来越清楚地发现它们朝上的次数大体相同.

把这种由大量同类随机现象所呈现出来的集体规律性，叫做**统计规律性**. 概率论和数理统计就是研究大量同类随机现象的统计规律性的数学学科，统称为**随机数学**.

概率论有悠久的历史，它的起源与博弈问题有关. 1494 年，意大利数学家帕丘欧里（Pacioli，Luca，约 1445—1517）在其出版的一本计算技术的教科书中提到：有甲、乙两个赌徒，赌技相当，双方约定以一定金额为赌本，首先赢得 N 局者，就得到全部赌本. 问题是，如果一场赌局由于某些特殊原因中途中断，如何根据已赢得的局数划分赌本才算公平？

帕丘欧里觉得这个问题很简单，如果甲已经赢得 m（$<N$）局，而乙已经赢得 n（$<N$）局，则甲、乙应当分别分得全部赌本的 $\dfrac{m}{m+n}$ 与 $\dfrac{n}{m+n}$. 这样划分似乎很合理，赢局多者多得，赢局少者少拿. 但是，后来许多人对这一分配方法的公平性表示怀疑，却也找不到辩驳的理由与合理的方法.

半个世纪以后，意大利数学家卡达诺（Cardano，Girolamo，1501—1576）指出这样分配是不公平的，因为没有考虑到每个赌徒为获取全部赌本所必须再赢取的局数，而这些局数与约定的分赌本的分法有关. 卡达诺指出了不公平的理由，但并没有找到公平的办法.

1651 年夏天，法国一个叫德梅莱（DeMere）的赌徒在一次旅途中偶然遇到当时饮誉欧洲的著名数学家帕斯卡（Pascal，Blaise，1623—1662）（如图 3.15 所示）. 他通过自己的亲身经历向帕斯卡提出了自己对此问题的看法. 德梅莱的方法是否科学？当时帕斯卡也说不清楚. 但帕斯卡对此问题很感兴趣，他为此苦苦思考了 3 年，终于在 1654 年悟出了一些眉目. 于是他又写信与费马讨论，在 1654—1657 年间，两位数学家之间展开了非同寻常的通信，分别独立地解决了这个问题. 帕斯卡在《论算术三角形》中给出了这一问题的通解，于是一门崭新的、具有广泛应用价值的科学——概率论，随之诞生.

帕斯卡与费马的通信讨论使得概率论的基本概念——概率，逐渐明确. 后来，荷兰数学家惠更斯（Huygens，Christiaan，1629—1695）也加入了讨论的行列，他在 1657 年发表的《论赌博中的计算》中明确提出"数学期望"的概念. 雅各布·伯努利（Bernoulli，Jakob，1654—1705）的巨著《猜度术》是概率论的第一本专著，书中获得了许多新结果，发展了不少新方法. 进入 18 世纪，法国数学家棣梅弗（de Moivre，Abraham，1667—1754）（1718 年，《机会论》）、蒲丰（1777 年，《或然算术试验》）等人对概率论作出了进一步的突出贡献. 19 世纪，法国数学家拉普拉斯（Laplace，Pierre Simon，1749—1827）的经典巨著《分析概率论》（1812 年）将微积分应用于概率论，

使概率论逐渐成为一个数学分支. 20 世纪初，勒贝格创立测度论，米赛斯（von Mises，Richard）提出样本空间（1931 年）等，奠定了现代概率论基础.

3.2.5 模糊数学概览

在较长时间里，精确数学及随机数学在描述自然界多种事物的运动规律中获得显著效果. 经典数学研究的是事物的确定数量关系和空间形式，康托建立的经典集合是其理论基础. 经典集合描述的是事物的确定性概念，"是""非"分明. 然而，现实生活中的事物并非全都如此，有许多模糊现象不能简单地谈论其"是"与"非". 比如，"秃子"的概念，在"秃"与"非秃"之间就没有一个明确的界限；再比如，日常生活中，年轻、高个子、胖子、干净、好、漂亮、善、热、远等概念都属于模糊现象. 经典集合无法刻画这些现象，于是，在 1965 年，美国控制论专家、数学家查德（Zadeh, L.A.，1921—　）（如图 3.16 所示）发表了论文《模糊集合》，引入了模糊集合的概念，模糊集合描述事物"是"与"非"的程度，在此基础上人们建立了模糊数学. 在模糊集合中，给定范围内元素对它的隶属关系不一定只有"是"或"否"两种情况，还存在中间过渡状态，这可以用介于 0—1 之间的实数来表示其隶属程度. 比如"老人"是个模糊概念，70 岁的肯定属于老人，它的从属程度是 1；40 岁的人肯定不算老人，它的从属程度为 0；按照查德给出的公式，55 岁属于"老"的程度为 0.5，即"半老"；60 岁属于"老"的程度 0.8. 查德认为，指明各个元素的隶属集合，就等于指定了一个经典集合. 当隶属于 0—1 之间的数值时，就是模糊集合. 查德提出用"模糊集合"作为表现模糊事物的数学模型，并在"模糊集合"上建立运算、变换法则，构造出研究现实世界中大量模糊现象的数学方法.

图 3.16　查德（1921—　）

模糊集合的出现是数学适应描述复杂事物的需要，查德的功绩在于用模糊集合的理论找到了解决将模糊对象精确化的方法，使精确数学、随机数学的不足得到了弥补. 在模糊数学中，目前已有模糊拓扑、模糊群论、模糊图论、模糊概率、模糊语言学、模糊逻辑学等分支. 模糊数学作为一门新兴学科，已初步应用于模糊控制、模糊识别、模糊聚类分析、模糊决策、模糊评判、系统理论、信息检索、医学、生物学等各个方面. 在气象学、结构力学、控制论、心理学等方面已有具体的研究成果. 然而模糊数学最重要的应用领域是计算机智能，不少人认为它与新一代计算机的研制有密切联系.

模糊数学还远没有成熟，对它也还存在着不同的意见和看法，有待实践去检验.

3.2.6 可拓学——中国人自己创立的新学科

全世界有两千多门学科，而中国人自己创立的则很少. 以研究解决矛盾问题的规律和方法为内容的新兴学科——可拓学，是由广东工业大学蔡文研究员创立的. 经过近四十年的艰苦努力，该学科从一个人发展到一个全国学会、从一篇文章发展到一个初步的理论框架、从只有中国人参与到引起世界关注，理论研究逐步深入、应用研究渐显神威.

可拓学的研究对象是矛盾问题. 在人们日常生活和实际工作中，经常会遇到各种各样的矛盾问题：高 2.3m 的柜子要搬进门高 2m 的房子内；只有 500 万元资金，却要开发价值 5000 万元的房地产；靠左行驶的香港公路系统要与靠右行驶的深圳公路系统连接；用一杆称量为 100kg 的秤，去称一头重量上千公斤的大象等. 这些问题，从经典数学的角度来讲，都是无解的. 然而在生活中人们都可以用多种方法来解决它们. 比如柜子问题，可采用放倒的方式；资金问题，可采用预售房产、分期收款的方式；不同的公路系统之间可架设一座特殊的转换桥；称象问题可转化为大象的等量物"石子"等. 这就是说，在考虑实际问题时，单纯地考虑量的关系是不够的，还要考虑量的可变性. 为此，蔡文先生引进了物元的概念，它是包括事物的名称 N、特征 C 和关于此特征的量值 V 的有序的三元组 $R=（N，C，V）$. 例如，关于柜子的物元可以是

$$R = \begin{bmatrix} & 高度, 230cm \\ 柜子A, & 厚度, 50cm \\ & 宽度, 120cm \end{bmatrix}$$

把柜子放倒后，柜子本身并没有变化，但作为物元，却变成了

$$R_1 = \begin{bmatrix} & 高度, 120cm \\ 柜子A, & 厚度, 230cm \\ & 宽度, 50cm \end{bmatrix}$$

这叫做前一个物元的一个开拓. 问题的解决过程实际上就是物元的开拓过程.

可拓学有两个理论支柱，一个是研究物元及其变化的**物元理论**，另一个是建立在可拓集合基础上的**可拓数学**.

物元理论着重研究物元的可拓性和可变性，借以探索事物变化的过程，寻求解决问题的方法. 所谓物元的**可拓性**，即可开拓性，是指事物变化的多种可能性. 它描述事物内部结构以及与外部的各种关系，为人们进行创造性思维提供开拓的方向和路径，使人们可以按照一定的程序进行创造、设计解决问题的方案. 所谓物元的**可变性**，即可变换性，是指在一定条件下，物元的要素（事物、特征和量值）的变换或分解. 可拓性指出了解决矛盾问题的方向，而可变性指明了解决问题的技术.

可拓数学是对应用数学的发展，它是建立在可拓集合的基础上的. 在现实世界中，事物是可变的，事物具有某种性质的程度也是可变的，因此，"是"与"非"及其程度都是可以转换的. 蔡文先生在 1983 年引入的可拓集合概念，兼顾了这些因素. 在此基础上，人们建立了可拓数学，从经典数学对数量关系和空间形式的研究发展到对物元关系和物元空间形式的研究，以矛盾问题的转化为研究对象，成为可拓学的一大理论支柱. 应用可拓数学，使人们能够定量研究自然科学、社会科学和工程技术中的各种矛盾问题.

可拓学具有广泛的应用前景. 目前，可拓学与控制论、信息论、决策论、系统论结合分别产生了可拓控制、可拓信息、可拓决策、可拓系统等. 在创造性思维、识别和评价、市场营销等众多领域内都有了初步的应用.

可拓学问世只有三十几年. 然而，创造一个新学科，建立完整的理论体系，往往需要几十年甚至几百年的努力，成千上万人的劳动. 可拓学还远没有成熟，对它也还存在着不同的意见和看法，有待实践去检验.

第三节 数学形成与发展的因素与轨迹

数学家通常是先通过直觉来发现一个定理；这个结果对于他首先是似然的，然后他再着手去制造一个证明.

——哈代

3.3.1 数学形成与发展的因素

数学从其形成至今已有几千年的历史. 尽管它内容抽象，而且就其大部分内容来讲，又不像其他学科那样可以直接转化为生产力和经济效益，但它确实一直表现出强大的生命力，发展迅速，并且已经形成了一个极为庞大的学科体系. 是什么因素促成了这些呢？国际著名数学家陈省身说："大致说来，数学和其他科学一样，它的发展基于两个原因：①奇怪的现象；②数学结果的应用. 结果把奥妙变为常识，复杂变为简单，数学便成为科学的有力而不可缺少的工具."数学几千年的发展史告诉我们：实用的、科学的、哲学的和美学的因素，共同促进了数学的形成与发展.

研究数学最明显的、尽管不一定是最重要的驱动力，是解决因社会需要而直接提出的问题，数学的初级阶段更是如此. 从这种意义上来讲，数学为人类认识与改造自然提供了工具与方法，初等数学的欧几里得几何学、代数方程以及高等数学的概率论、运筹学等，都是为解决实际问题而产生与发展的. 社会实践在数学发展中从三个方面起了决定性作用：一是为数学提出问题；二是刺激数学沿着科学的方向发展；三是提供验证数学真理性的标准.

激发人们研究数学的第二个动力是提供自然现象的合理结构. 人类生存的自然界的事物是复杂多样的，然而当人们进一步分析其本质时，又会发现不同现象的背后有许多本质上的相同或相似之处，这些本质就被数学家抽象为简化的数学结构. 数学家为他们能够用简单的结构描述复杂的自然而高兴. 数学的许多概念、方法和结论都是物理学的基础. 图论、拓扑学、微分几何、复变函数等都是为解释某些自然或社会现象而产生的.

智力方面的好奇心和对纯粹思维的强烈兴趣，是数学家研究数学的第三个动力. 数论、组合数学、非欧几何、射影几何等都在很大程度上受到这一动力的影响.

进行数学创造的另一个主要驱动力是对美的追求. 数学美几乎体现在数学的每一个

分支中. 它既包括数学结论之美，也具有数学方法之美. 在整个数学发展中，美学一直具有绝对重要性. 在数学家看来，一个定理是否有用并不十分要紧，关键在于它是否精美与优雅.

3.3.2 数学发展的轨迹

在两千多年的数学发展过程中，数学是由无数次渐变和少数几次突变才形成目前如此庞大的科学体系的.

无疑，数学发展的历史是数学问题的提出、探索与解决的历史. 那么数学家又是如何发现问题、提出问题的呢？要准确回答这个问题是困难的，很难给出一个包罗万象的答案.

但是，有一个基本的模式是贯穿始终的，那就是：具体—抽象—具体. 就是说，从具体事物、现象（具体）出发，提炼出能够反映其本质的结构（抽象）进行研究，研究的结果再返回到（更多、更广泛的）具体事物、对象（具体）中.

在提炼与实现数学结构过程中，猜想与证明是两大基本支柱：数学结论的孕育有赖于猜想，数学结论的确立离不开证明.

新的数学成果形式各种各样，但总体上逃脱不了如下几种形式：改进、推广和完全创新（见第一章第二节）. 事实上，创新也是相对的，绝对的创新是不存在的，因为它总有一些先前的依据.

美国著名数学教育家波利亚（Polya，George，1887—1985）认为，在数学发展中，以下几个基本思路是贯穿其中的：

1）特殊的东西，加以推广，以便适用更广；

2）一般的东西，给予特殊化，以求更好结果；

3）复杂的东西，加以分解，以求各个击破；

4）零散的东西，加以组合，以求全貌；

5）陌生的东西，类比熟知，通过已知研究未知.

从本质上看，不论是推广、改进，还是完全创新，都在某种程度上依赖于这些方式.

第四章　数学之美

数学之美　简洁和谐

美是自然，也是一切事物生存和发展的本质特征．

数学美，就是数学问题的结论或解决过程适应人类的心理需要而产生的一种满足感．既有结论之美，也有方法之美，还有结构之美．

由于数学所研究的数与形及其关系反映的是世间万事万物万象的共同性、规律性、本质性的东西，因此数学结论表现出万物万象的和谐之美；由于数学所研究的模式与秩序是真理的客观表现，所以数学结构显现出高雅、纯洁与简洁之美；由于数学是用简洁的方式（符号、公式等）去描述复杂的对象，用简单的道理（公理、定理等）去解释深奥的问题，故而数学方法具有简洁与神奇之美．

数学方法以静识动，以直表曲，以反论正，尽显神奇之威；数学结论万变有常，万异存同，万象同根，皆表和谐之美．

在某种意义上，数学美的简洁性是数学抽象性的体现，数学美的和谐性与奇异性是现实世界的统一性与多样性的反映．

数学美是数学生命力的重要支柱．评价数学思想、方法与结论，审美标准重于逻辑标准与实用标准．这是因为结论之美，在一定程度上反映的是真理性；方法之美，在一定程度上代表的是科学性．

第一节　数学、哲学与美学

数学，如果正确地看她，不但拥有真理，而且还具有至高的美．正像雕刻的美，是一种冷而严肃的美．这种美没有绘画或音乐那些华丽的装饰，她可以纯净到崇高的地步，能够达到最伟大的艺术所能显示的完满境地．

——罗素

什么样的人脸是美的？

美是自然，是一切事物生存和发展的本质特征．人类渴望自己美，希望欣赏别人美．那么，美到底是什么呢？法国数学家笛卡尔说过："一般地说，所谓美和愉快，所指的不过是我们的判断和对象之间的一种关系．凡是能使大多数人感到愉快的东西就可以说是最美的．"因此，美应当是客观适应和满足于主观感受与体验的一种特征．那么，美的特征或客观标准是什么呢？

美国德克萨斯州大学心理学教授郎洛伊丝，通过实验研究了什么样的人脸是美的问题．她随机选择该大学96位男生和96位女生的照片，将它们各分成3组，每组32张．在每一组中分别用2、4、8、16、32张照片通过特殊的计算机程序合成一张人像，然后让人们去评判这些照片的美丽程度，得到的结果是：

1）美丽程度随着照片合成张数的增多而增高，32张照片的合成人像得分最高；

2）婴儿与成人对人像的美丑（亲疏欲）判断是一致的．

这表明：

人们视觉上普遍认为的人脸的美，实际上是一种常规状态或常模，它集中了人的诸多特征而具有某种普遍性或共性．

4.1.1　数学与哲学

数学来自于现实世界却又超越于现实世界，它所研究的数与形是客观世界的普遍和本质的共同属性，因此数学与一切事物的生存和发展密切相关，具有其独特的普遍性、抽象性和应用上的极端广泛性．哲学则是从自然、社会和思维三大领域，亦即从整个客观世界的存在及其存在方式中去探索科学世界的普遍规律，是关于整个客观世界的根本性观点的体系，是自然知识和社会知识的最高概括和总结．二者均是从更高的层面，用更广的视野，研究现实世界更本质的规律，是超越一般自然科学和社会科学的科学.

在古希腊时期，数学与哲学同属一家，数学家同时也是哲学家. 哲学关注真善美，其分支相应地分为研究真的逻辑学、研究善的伦理学、研究美的美学. 而数学的真表现在她的理性精神，她所追求的客观性、精确性、确定性；数学的善表现在她与生活、科学、艺术的普遍联系和广泛应用上；数学的美就是数学问题的结论或解决过程适应人类的心理需要而产生的一种满足感，简洁的表现形式，精细的思考方法，处处充满着理性、高雅、和谐之美，这是真与善的客观表现.

在当今科学分类研究中，许多学者称数学和哲学都是刻画现实世界的普遍科学，且认为二者可应用于任何学科和任何领域，其差别在于刻画现实世界时使用的语言和方法不同：哲学使用的是自然语言，数学使用的是人工语言（数学符号）；哲学使用的是辩证逻辑方法，而数学使用的是形式逻辑与数理逻辑方法. 这样哲学家可以"感觉到"思维的美，而数学家则可以"感觉到"公式与定理的美. 数学也是自然科学的语言，故其具有一般语言文学与艺术所共有的美的特点.

数学在一定程度上是哲学. 数学的产物是唯物论与唯心论的平衡点. 数学家把眼睛看到的，经过理性思维加以确立；而数学家心中想到的，只要经演绎推理推证，即使实践中找不到，他也坚持是真理——看不到，不等于不存在.

4.1.2　美学、美的本质与特征

美是自然，是一切事物生存和发展的本质特征. 作为哲学的一个分支，美学关注的是美和趣味的理解，以及对艺术、文学和风格的鉴赏（《牛津英语指南》，1993）. 通俗地讲，美学是研究现实中的美，以及如何去创造美、欣赏美的科学. 那么，什么叫作美？美有没有客观标准？如何判断美？现实中的美是内在于所考察的对象之中，还是外在于欣赏者的感觉之中呢？

根据法国数学家笛卡尔的说法：**美是客观适应和满足于主观感受与体验的一种特征**. 中国也有句俗话：情人眼里出西施. 由此可以肯定：美不仅关系到审美客体（审美对象），也关系到审美主体（审美者），既具有自然属性，也具有社会属性. 美好的事物一定要具备某些客观上美的特征才能让人主观上感受其美，欣赏其美. 那么，什么是客观上"美的标准"（美的特征）和主观上的"审美准则"呢？

一般来说，标准与准则大体上应该是一致的. 下面通过例子来说明"美的标准"和"审美准则"的意义.

一般人常常会惊叹一个困难或复杂问题的简易解答，并把它称为"漂亮的解法或优美的结论". 这说明，"简单性"与"简洁性"是人类的一条审美准则.

作为人的一种自然本性，人们喜爱和谐的、有序的、有规律性的事物，往往对对称性的图案或物品感觉赏心悦目. 这说明"对称性"、"秩序性"、"规律性"等一些具有"和谐性"与"均衡性"的特征也符合人类的审美准则.

人们去野外山地游览，偶尔发现一堆奇花异草，或者去海边散步捡到几块别具特色的贝壳或石头，都会爱不释手. 这说明"奇异性"也是人类的一种审美准则.

4.1.3　数学美的根源

数学为何美？美国德克萨斯州大学心理学教授郎洛伊丝关于人脸美丽程度的实验结果表明：美的本质就是共性、规律、常态，能感受到美的原因是适应、满足，这为我们分析数学美提供了切入点.

从数学的研究对象看，由于数学研究的是现实世界的数与形，反映的是自然的本质，自然是美丽、和谐的，数学反映了自然之美；由于数学所处理的抽象的数量关系与空间形式，正是世界万物共同性的、规律性的、本质性的东西，数学包含着和谐之美；由于数学所研究的模式与秩序是真理的客观表现，数学显现出高雅与纯洁之美.

从数学的思考方式看，数学是用简洁的方式（符号、公式）去描述复杂的对象，用简单的道理（公理、定理）去解释深奥的现象，数学具有简洁之美.

需要注意的是，从浅层去看，自然之美和艺术之美，是靠人的感官感受到的. 比如，风景、绘画之美，是由眼睛看到的，需要空间和视觉，是三维的美；音乐之美是靠耳朵听到的，需要时间和听觉，是一维的美. 从深层分析，评价艺术之美的一个重要标准就是看它有没有丰富的意境. 所谓"意"，就是情和理的统一；所谓"境"，就是形和神的统一. 情、理、形、神的完美统一就是艺术之美，欣赏艺术之美需要人的沉思、感动和激情. 看一看数学，她不是一幅图画，无法让人看到她的绚丽多姿；她也不是一首音乐，难以使人听到她的优美旋律. 数学之美要靠人的思维去感受，需要大脑全方位思考，她简洁的形式、丰富的内涵，恰似高贵的艺术作品，是多维的美. 因此，在欣赏数学之美时，决不应该停留在感官刺激上，而要用思维去品味.

图画靠看，音乐靠听，数学靠思考. 看、听、思考是人类的三种本质属性，也应当是宇宙智慧生命的共同属性. 要与外星人交往，要用三者之一，或者三者并用，因为数学是智慧生命的共同语言之一.

4.1.4　数学美的基本特征

数学美就是数学问题的结论或解决过程适应人类心理需要而产生的一种满足感. 由于数学反映的是自然的本质，因此，数学美本质上是自然美的抽象化，既有**结论之美**，也有**方法之美**，还有**结构之美**. 与普通的自然美一样，数学美也有类似的标准：调和中存在某些奇异、整体与部分以及部分与部分之间存在着和谐等. 归纳起来，数学美体现为以下几个特征：简洁性、和谐性、奇异性.

1. 数学美的简洁性（符号美、抽象美、统一美、常数美）

数学美的简洁性是数学美的重要标志，它是指数学的证明方法、表达形式和理论体系结构的简单性. 主要包括符号美、抽象美、统一美和常数美等. 有人说，文学家将一句话展成一本书，数学家则把一句话缩为一个符号，其简洁性无与伦比，体现出符号美；

数学家关注万事万物的共同特质数与形，忽略其具体物质属性，高度的抽象性使数学内涵丰富、寓意深刻、应用广泛，展示着抽象美；数学家建立不同事物之间的联系，发现其相同点，表现为统一美；数学家寻求变化中的永恒，动态中的静止，用常数或不变量描述事物本质，给人常数美. 数学理论的过人之处之一在于她用简洁的方式揭示复杂的现象.

比如由著名的欧拉公式导出的等式 $e^{i\pi} + 1 = 0$ 把自然界中五个最重要的常数 0、1、i、e、π，通过数学的三个最基本的运算：加、乘、指数有机地联系起来，体现了数学的符号美、抽象美、统一美和常数美；反映**多面体**的（顶）点、棱、面的数量关系的欧拉公式 $F - E + V = 2$ 体现了数学的统一美和常数美；全部二次曲线（椭圆、抛物线、双曲线）可以统一为圆锥曲线，而它们又分别表达了三种宇宙速度下物体运动的轨迹；笛卡尔通过坐标方法，用方程表示图形，用计算代替推理，实现几何、代数、逻辑的统一；高斯从曲率的观点把欧几里得几何、罗巴切夫斯基几何和黎曼几何统一；克莱因（Klein，Felix，1849—1925）用变换群的观点统一了 19 世纪发展起来的各种几何学，该理论认为：不同的几何只不过是在相应的变换群下不变性质的科学：欧氏几何是在刚体变换下不变性质的科学，射影几何是在射影（透视）变换（迭合变换、相似变换、仿射变换、直射变换）下不变性质的科学，拓扑学是在拓扑变换下不变性质的科学，等等. 这些都反映了数学的统一美.

在数学美的简洁性的各种表现中，统一性是值得特别强调的，她是数学结构美的重要标志，是数学发现与创造的重要标准，是数学家们永远追求的目标之一. 统一性与多样性是科学理论研究中无法回避的矛盾. 世界统一于物质，凡是能够揭示宇宙统一性的理论，就是美的理论.但是，在具体研究过程中，则无法回避多样性. 因为自然界是由无数较为简单因素的叠加、组合构成的.一门科学在美学的重要特征是它对理论和物质本原的统一性与物质世界的多样性的完美结合.

简洁性的另一个值得强调的是常数美中的不变量问题. 事物变化中的不变性往往体现为某种量的不变，这种不变量是数学简洁美的一个重要体现.

2. 数学美的和谐性（对称美、序列美、节奏美、协调美）

和谐即雅致、严谨或形式结构的无矛盾性. 数学美的和谐性也是数学结构美的重要标志，指数学的整体与部分、部分与部分之间的和谐协调性，具体体现为对称美、序列美、节奏美、协调美等，属于形式美. 其中对称性反映的是万事万物变化中的某种不变性，它包含着匀称、平衡与稳定；序列、节奏和协调性反映的是万事万物变化中的某种秩序性、关联性和规律性，它包含着有序、递归、循环、整齐与层次. 和谐性是自然的本质反映——自然界本身是和谐的统一体；和谐性也是真理的客观表现——真的东西是美丽的，正如爱因斯坦所说："形式上的美丽，意味着理论上的正确".

数学中的和谐美俯拾即是. 比如：

（1）数字的和谐美、对称美、序列美和节奏美

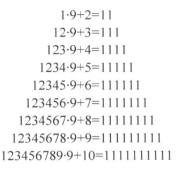

$$1 \cdot 9 + 2 = 11$$
$$12 \cdot 9 + 3 = 111$$
$$123 \cdot 9 + 4 = 1111$$
$$1234 \cdot 9 + 5 = 11111$$
$$12345 \cdot 9 + 6 = 111111$$
$$123456 \cdot 9 + 7 = 1111111$$
$$1234567 \cdot 9 + 8 = 11111111$$
$$12345678 \cdot 9 + 9 = 111111111$$
$$123456789 \cdot 9 + 10 = 1111111111$$

$$9 \cdot 9 + 7 = 88$$
$$98 \cdot 9 + 6 = 888$$
$$987 \cdot 9 + 5 = 8888$$
$$9876 \cdot 9 + 4 = 88888$$
$$98765 \cdot 9 + 3 = 888888$$
$$987654 \cdot 9 + 2 = 8888888$$
$$9876543 \cdot 9 + 1 = 88888888$$
$$98765432 \cdot 9 + 0 = 888888888$$

$$1 \cdot 1 = 1$$
$$11 \cdot 11 = 121$$
$$111 \cdot 111 = 12321$$
$$1111 \cdot 1111 = 1234321$$
$$11111 \cdot 11111 = 123454321$$
$$111111 \cdot 111111 = 12345654321$$
$$1111111 \cdot 1111111 = 1234567654321$$
$$11111111 \cdot 11111111 = 123456787654321$$
$$111111111 \cdot 111111111 = 12345678987654321$$

$$9 \cdot 9 = 81$$
$$99 \cdot 99 = 9801$$
$$999 \cdot 999 = 998001$$
$$9999 \cdot 9999 = 99980001$$
$$99999 \cdot 99999 = 9999800001$$
$$999999 \cdot 999999 = 999998000001$$
$$9999999 \cdot 9999999 = 99999980000001$$

（2）几何与三角的和谐美

几何学上反映线段分割比例的黄金分割比、反映圆与有关线段比例性质的相交弦定理、割线定理、切割线定理、圆幂定理；三角学中反映直角三角形三边关系的勾股定理、正余弦定理，反映三角形内部线段关系的三垂线定理、中位线定理，反映角度函数值关系的各种三角恒等式等.

（3）代数与分析的和谐美

代数学上反映一些动物繁殖规律与植物生长规律的斐波那契数列、反映方程根与系数关系的韦达定理、反映二项式 n 次方展开式系数的二项式定理、反映复数性质的迪·梅佛公式；分析学中指数函数、三角函数等的导数和积分形式，反映微分、积分关系的牛顿-莱布尼茨公式；以及代数学中矩阵乘积求逆与转置、分析学中复合函数求反函数等许多数学运算所表现的统一的"脱衣规则"等.

脱衣规则： $[f \circ g]^{-1}(x) = g^{-1}[f^{-1}(x)]$，$[A \times B]' = B' \times A'$，$[A \times B]^{-1} = B^{-1} \times A^{-1}$.

（4）代数表示几何对象

用行列式表示平面上过两点（x_1，y_1）和（x_2，y_2）的直线方程与平面上过三点（x_1，y_1）、（x_2，y_2）和（x_3，y_3）的圆方程分别为

$$\begin{vmatrix} x & y & 1 \\ x_1 & y_1 & 1 \\ x_2 & y_2 & 1 \end{vmatrix} = 0, \qquad \begin{vmatrix} x^2 + y^2 & x & y & 1 \\ x_1^2 + y_1^2 & x_1 & y_1 & 1 \\ x_2^2 + y_2^2 & x_2 & y_2 & 1 \\ x_3^2 + y_3^2 & x_3 & y_3 & 1 \end{vmatrix} = 0$$

这两个方程展示了两种几何对象在代数上的对称性.

3. 数学美的奇异性（奇异美、有限美、神秘美、对比美、滑稽美）

奇异即稀有、奇特、出人意料. 数学美的奇异性是指研究对象不能用任何现成的理论解释的特殊性质. 奇异是一种美，奇异到极度更是一种美. 数学的奇异美包括有限美、神秘美、对比美和滑稽美. 有限美是指以有限认识、表达与研究无限，具有神奇之功；神秘美是指某些结论不可思议、甚至无法验证，但却绝对正确无疑；对比美主要指数学中的突变现象形成巨大的反差，令人惊叹；滑稽美是由数学思想或思维产生的、反常于现实生活的滑稽现象.

比如，二进制中 0 与 1 的丰富含义，正多面体的个数有限性，数学归纳法的两步证明等都体现了有限美；抽屉原理证明的各种存在性，超越数、幻方等都体现了神秘美；在复解析动力系统中，由奇异点所构成的 Julia 集，所有分形图形的复杂与美丽，勾股定理产生的勾股方程与费马猜想的反差等都反映了对比美；莫比乌斯带、克莱因瓶等单侧曲面都表现为滑稽美. 如图 4.1—图 4.4 所示.

图 4.1　莫比乌斯带

图 4.2　克莱因瓶

图 4.3　Julia 集

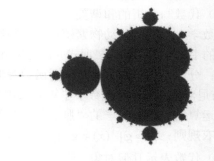

图 4.4　Mandelbrot 集

在某种意义上，数学美的简洁性是数学抽象性的体现，数学美的和谐性与奇异性是现实世界的统一性与多样性在数学中的反映.

第二节　　数学方法之美

> 数学的优美感，不过是问题的解答适应我们心灵需要而产生的满足感.
>
> ——庞加莱

法国著名数学家庞加莱认为，"数学的优美感，不过是问题的解答适应我们心灵需要而产生的满足感."这说明数学方法给人带来的美感取决于数学方法与人心灵的适应性，这是由数学独特的思考方式所决定的，体现为数学方法的简洁性、精确性、严密性、巧妙性、普适性和奇特性.

具体来说，数学家认为一种证明方法为"优美的"。依据其内容，这可能是指：用了少量的额外假设或之前的结论；极简明；方式出人意料（比如，蒲丰投针问题，用概率方法求圆周率近似值）；证明思想是新的或原创的；证明方法可以轻易地加以推广以解决一系列类似的问题.

4.2.1　认识论的飞跃——以有限认识无限

人类在认识领域遇到的最大障碍是如何认识**无限事物**的问题. 人类虽然生活在一个有限的世界中，拥有有限的生命，但却不可避免地要去思考无穷的问题. 比如，整数的数量、函数的数量、各种图形的数量. 从现实中看，人类是无法触及无穷的，但数学家倒从理论上给出了许多认识无穷的可靠方法，比如，**数学归纳法、反证法**等.

1. 由近及远——归纳法之美

数学上的许多命题都涉及了自然数，对待这种问题，如果要否定它，只需举一个反例即可；但如果要肯定它，就出现了困难：自然数有无限多个，若是一个接一个地验证下去，那永远也做不完. 怎么办呢？数学家想出了一种非常重要的数学方法来解决这类问题，那就是数学归纳法. 数学归纳法是沟通有限和无限的桥梁，是确立与自然数相关命题的一种推理术. 归纳法简洁而可靠，虽然要解决的是无穷问题，但该方法只关注两点：一个是起点，另一个是传递关系. 详细的讨论请参见本书第六章第一节.

2. 由反看正——反证法之美

反证法是通过证明否定结论的虚假性来确认结论真实性的一种间接证明方法. 其理

论依据是排中律：两个互相矛盾的思想不同时为假，其中必有一真. 法国数学家阿达玛（Hadamard，Jacques-Salomon，1865—1963）说："这种证法在于表明若肯定定理的假设而否定其结论，就会导致矛盾."这是对反证法的精辟概括. 在数学推理中，反证法为人类解决复杂、无限、无头绪问题提供了一个简洁有效的手段，它把一个无限或复杂对象的处理通过它的对立面——有限或简单的对象来处理，具有简洁和神奇之美. 比如，要证明一个结论对所有自然数（无穷多个）成立，考虑其反面就是假如结论对某一个自然数（仅一个）不成立，问题就由无限转化为有限.

早在古希腊时期，欧几里得就用反证法巧妙地证明了素数个数的无限性. 要说明素数有无限多个，人类无法一个个地列举出来，谁都没有办法确认一个已知素数之后还一定有另外一个素数存在. 欧几里得在他的证明中巧妙地避开了人类这种正向思维的局限性，改用反证法，证明如下：

假如只有有限多个素数，把它们一一列出，比如：p_1，p_2，p_3，…，p_n. 考虑新的自然数

$$m = p_1 p_2 p_3 \cdots p_n + 1$$

则有两种可能：

1）m 是素数，当然是一个异于 p_1，p_2，p_3，…，p_n 的新素数；

2）m 是合数，当然有真素数因子 q，而 q 必然异于 p_1，p_2，p_3，…，p_n. 两种情况都与 p_1，p_2，p_3，…，p_n 是所有素数相矛盾. 因此素数有无限多个.

在数学中，当面临无穷的头绪而束手无策时，反证法往往可以帮助解围. 比如下面的例子.

问题：有语文、数学、英语课本共 10 本，证明其中至少有一门有 4 本或 4 本以上.

原始方法：穷举（麻烦至极）.

反证法：如果每门都少于 4 本，则 3 门至多有 $3 \times 3 = 9$ 本，与总共 10 本相矛盾. 非常简洁.

3. 由点识线——函数相等的判别

有时候一个看似无穷的问题，数学家却可以通过有限的手段来解决. 比如，不论是在理论上还是在实践上，人们经常会遇到判断两个函数是否相等的问题. 从理论上讲，两个函数相等要求它们在定义域上每点的函数值都相等，而定义域往往是一条线段或者是一个平面区域，其中有无穷多个点，人们无法一一验证. 但数学家发现，如果知道函数的某些基本特征，则只需要根据极少点处的函数值就可以确定两个函数的相等性. 例如，对于两个不超过 n 次的多项式，根据代数基本定理，只需要验证 $n+1$ 个点处的函数值即可；而根据泰勒定理，这一问题也可以通过验证它们在一个点处的函数值及其到 n 阶的导数值即可.

对于稍复杂的解析函数，根据唯一性定理，只需要验证其在某一串有聚点的点上的函数值即可.

需要说明的是：用验证 $n+1$ 个点处的函数值来确立一个 n 次多项式，是用举例证明，

表面来看是不可靠的，但这本质上是一种演绎推理，其前提是，一个不超过 n 次的多项式可以由它在 $n+1$ 个不同点处的函数值唯一确定.

4.2.2 演绎法之美——以简单论证复杂

自然与社会问题往往是错综复杂的，但数学家总有办法将其分解、转化，并把复杂问题变为简单问题. 17 世纪法国数学家笛卡尔以方法论见长，他认为，研究问题要从最简单明了、不容怀疑的事实出发，逐步上升到对复杂事物的认识. 这也是公理化思想的基本理念. 公理化思想首先承认一些毫无疑问的基本事实，然后采用演绎推理的方法建立整个理论体系.

演绎推理是通过对事物的某些已知属性，按照严密的逻辑思维，推出事物未知属性的科学方法，具有严谨、可靠、收敛的特点. 演绎推理是数学推理的主要方法，其一般形式是第一章第二节所讲的三段论. 例如：

大前提：所有的商品都有使用价值；

小前提：粮食是商品；

结　论：所以，粮食是有使用价值的.

这个简单明了、不容置疑的三段论，是数学演绎推理所遵循的基本规则，不论多么复杂的数学证明，仔细分析一下，都无非是由一系列这样的三段论所构成，只要其每一个环节都使用了正确的前提，结论就无疑是正确的. 这是数学永远立于不败之地的保证.

演绎法之美，美在其前提的简洁性、过程的严密性和结果的正确性，展示了数学方法的简洁、神奇之美.

4.2.3 类比法之美——他山之石，可以攻玉

一个 n 次多项式有两种写法：一种按照次幂从高到低逐项写出，另一种按照其一次因子相乘写出；由此可以容易地给出 n 次多项式 n 个根与系数的关系——韦达定理. 瑞士数学家欧拉由此经过巧妙的类比思想证明了 $1+\frac{1}{4}+\frac{1}{9}+\frac{1}{16}+\cdots=\frac{\pi^2}{6}$.

其具体做法是这样的：设 $2n$ 次方程

$$b_0 - b_1 x^2 + b_2 x^4 + \cdots + (-1)^n b_n x^{2n} = 0 \tag{4.1}$$

有 $2n$ 个不同的根 $\pm\beta_1, \pm\beta_2, \cdots \pm\beta_n$，则式（4.1）的左边可写为

$$b_0\left(1-\frac{x^2}{\beta_1^2}\right)\left(1-\frac{x^2}{\beta_2^2}\right)\cdots\left(1-\frac{x^2}{\beta_n^2}\right)$$

比较两式 x^2 的系数得到其二次项系数的相反数与各根具有如下关系

$$b_1 = b_0\left(\frac{1}{\beta_1^2}+\frac{1}{\beta_2^2}+\cdots+\frac{1}{\beta_n^2}\right) \tag{4.2}$$

受这种多项式方程根与系数关系的启发，欧拉考查了三角方程 $\sin x = 0$. 根据微积分知

识知道，可以把 $\sin x$ 写成级数形式

$$\sin x = \frac{x}{1} - \frac{x^3}{3!} + \frac{x^5}{5!} - \cdots = x\left(1 - \frac{x^2}{3!} + \frac{x^4}{5!} - \cdots\right) \tag{4.3}$$

它可以视为 x 乘以一个无穷多次多项式，而且已经知道 $\sin x$ 的根分别是 $\pm n\pi$（$n = 0$，1，2，$\cdots$），其中 $\pm n\pi$（$n = 1$，2，$\cdots$）是该相应无穷多次多项式 $1 - \frac{x^2}{3!} + \frac{x^4}{5!} - \cdots$ 的所有根，因此，类比式（4.2）可断言其二次项系数的相反数为

$$\frac{1}{3!} = \frac{1}{\pi^2} + \frac{1}{4\pi^2} + \frac{1}{9\pi^2} + \cdots$$

这就是

$$1 + \frac{1}{4} + \frac{1}{9} + \frac{1}{16} + \cdots = \frac{\pi^2}{6} \tag{4.4}$$

这种做法虽然不太严格，但思路奇特，富于创造，具有奇异之美.

4.2.4 此处无形胜有形——存在性问题的证明

各种对象的**存在性问题**是数学家经常要面临的问题. 在很多情况下，数学方法可以明确告诉你某种对象的存在性，而不能告诉你它是什么样的或者它在什么地方. 瑞士数学家欧拉发现并经德国数学家高斯证明的著名的**代数基本定理**表明：任何 n 次多项式在复数范围内有且恰有 n 个根（包括重数），它解决了方程解的存在性问题，但它并不能告诉你如何求解. 事实上，一般的五次或者五次以上的方程没有公式解.

一般来讲，存在性问题的证明有两种方法：**构造性证明和纯理性推理**. 前者具体构造出所述对象，自然是令人信服的；而后者只是从理论上推导出对象的存在性，虽看不到，但不可否认.

1. 排中律之美

排中律是数学证明中经常使用的规则，它是传统逻辑的一种基本规律，意为任一事物在同一时间里具有某属性或不具有某属性，二者必居其一. 在解决一些存在性问题时，有时候可以直接通过**构造性证明**来解决问题，但有时候就像前面欧几里得证明素数个数无限性时构造的自然数 $m = p_1 p_2 p_3 \cdots p_n + 1$ 一样，人们仍然可能无法对构造的对象作出判断，这时候利用排中律往往可以收到鬼斧神工之效. 例如：

问题：是否存在两个无理数 a 和 b，使得 a^b 是有理数？

解答：构造 $a = b = \sqrt{2}$，问 $\sqrt{2}^{\sqrt{2}}$ 是有理数吗？当然不易判断！

但是，如果 $\sqrt{2}^{\sqrt{2}}$ 是有理数，则得到肯定答案；

相反，如果 $\sqrt{2}^{\sqrt{2}}$ 不是有理数，再构造 $c = \sqrt{2}^{\sqrt{2}}$，$b = \sqrt{2}$，则对这两个无理数 c 和 b 来说，有 $c^b = \left[\sqrt{2}^{\sqrt{2}}\right]^{\sqrt{2}} = \sqrt{2}^2 = 2$ 是有理数，同样得到肯定答案.

2. 抽屉原理之美

抽屉原理又叫鸽笼原理，大意是说，一批鸽子和一批笼子中，如果鸽子数目比笼子多，那么当鸽子要全部钻进笼子时，有一个笼子内钻进至少 2 只鸽子. 这个朴素的原理可以解释很多存在性问题. 比如，任何 13 个人中，必然有两个人，他们生日星座是相同的. 但是这个原理并不能告诉我们到底哪两个人具有相同的星座.

抽屉原理的详细讨论将在第六章第二节讲述.

4.2.5 从低级数学到高级数学——一览众山小

中国当代数学家龚升教授在他的《微积分五讲》中强调，数学发展史表明：数学中每一步真正的进展都与更有力的工具和更简单的方法的发现密切联系. 这些工具和方法同时会有助于理解已有的理论，并把陈旧的、复杂的东西抛到一边. 数学科学发展的这种特点是根深蒂固的. 因此数学发展是一个新陈代谢、吐故纳新的过程；是一个新的有力的工具、更简单的方法的发现，与一些陈旧的、复杂的东西被抛弃的过程；是高级数学替代低级数学的过程.

1. 从算术到代数，从初等代数到高等代数

例如，从低级的"算术"到高级的"代数"，是由于"数字符号化"这个工具与方法的发现；从"初等代数"的解方程理论到"线性代数"乃至"抽象代数"的代数结构理论，是由于引进了"矩阵"、"行列式"乃至"群、环、域"的工具和方法.

一般来说，由新工具、新方法而产生的"高级数学"，一方面可以解决许多低级数学不能解决的新问题，另一方面她对理解"低级数学"更容易、更清楚. 比如"鸡兔同笼"问题，用代数去解要比用算术去解来得简单；再比如"多元线性方程组"的求解问题，用线性代数的矩阵方法去解要比用初等代数的消元法去解更容易、简洁.

2. 从欧几里得几何到解析几何，从向量到复数

下面以平面上的点的变迁来进行说明.

欧几里得几何学建立于公元前 3 世纪，那时平面上的点就是点而已，不能进行运算，几何问题只能依靠演绎推理进行研究.

17 世纪，法国数学家笛卡尔建立解析几何，此时平面上的点可以用"数对"来表示，平面图形可以通过方程或不等式来描述，几何问题可以转化为代数问题通过数字和字母运算来研究. 解析几何的建立具有划时代的意义，一些传统的几何难题因此迎刃而解.

平面上的点用"数对"表示后，每一个点都代表了一个从原点出发指向该点的有向线段——平面向量，于是"点"="数对"="向量". 这又是一次进步，因为向量之间可以进行加减运算，向量与数可以进行数乘运算，向量之间也可以进行所谓的内积乘法运算. 向量的这些运算，又为几何问题的研究插上了一双翅膀，人们可以运用向量的运算性质对几何问题进行推理研究. 但遗憾的是，向量内积运算的结果已经不再是向量，

而是数，因此向量本质上未能建立乘法运算，更没有除法运算.

19 世纪，德国数学家高斯认识到复数是一种既有大小，又有方向的量，进而建立了复数与平面点的对应 $(a, b) = a + bi$，其中 $i = \sqrt{-1}$ 是虚数单位. 在这种观点下，平面点与复数一一对应，由于复数具有加减乘除四则运算，从而建立了点（向量）与点之间的加减乘除运算关系，这为解决许多平面向量问题和平面几何问题提供了极大的方便.

在复数平面上单位圆与坐标轴所交的 4 个点中，以 x 轴正向看按逆时针方向依次为 1、i、-1、$-i$. 注意到从 i 到 -1，到 $-i$，再到 1，从代数上看是分别进行了连续乘以 i 的运算，而从几何上则分别相当于逆时针方向连续旋转 $\pi/2$，这种数 i 的连乘与角度的连加使人容易联想到指数运算. 事实上，瑞士数学家欧拉早在 1748 年就发现了如下沟通指数函数与三角函数关系的欧拉公式 $e^{ix} = \cos x + i\sin x$，由此发现了复数的指数表示，复数的地位因此得到巩固，威力进一步增强.

第三节 数学结论之美

数学家的造型与画家或诗人的造型一样，必须美；概念也像色彩或语言一样，必须和谐一致．美是首要标准，不美的数学在世界上是找不到永久地位的．

——哈代《一个数学家的辩白》

方圆之理 为人之道

方与圆，是两个最基本的几何图形．圆是自然，方乃人为．在自然界中，圆形随处可见，方形无处可寻．方代表直，圆代表曲，直为刚，曲为柔，刚柔相济；圆虽曲，但随手可画；方虽直，但做起来很难．

自古以来，人类一直把方与圆看作是天地之理．天圆地方，是人类对天地形态的最原始的假想；没有规矩，不成方圆，圆与方是人类和谐与规则的标志．方圆之道，孕育着丰富的人生哲理．

为人处事以正直为道德之本．正则"品"端，直则"人"立．正直者，具有道德感并且遵从自己做人的良心，不因利益趋己而偏爱，也不因利益趋他而排斥；正直者，具有责任感并且坚守自己独立的人格，遇风不倒，逆光也明；正直者，具有正义感并有勇气坚持自己的信念，不畏权威，不欺弱小；正直者，坚持真理，捍卫正义，善恶分明，心怀坦荡，能够赢得友谊、信任、钦佩和尊重．

但是，社会现实表明，正直者，往往因讲话语言尖锐、直白，不留情面，而得罪他人，给自己带来困扰，甚至灾难．这说明，一个人内心要坚持正直，但是，与人交往、表达、沟通，要讲策略，这种策略就是"圆"的哲学．圆形没有棱角，滚动自如．"圆"的哲学就是做人做事、讲话沟通要讲究技巧，适时变通．

一个人若只有"方"而没有"圆"，是一个四处棱角、静止不动的"口"，则面对的就是一盘死棋．相反，如果只有"圆"而没有"方"，则是一个八面玲珑、滚来滚去的"O"，圆滑而丧失原则和主见，只能成为一个不可信赖的墙头草．

因此，一个成功的做人之道应该是像中国古钱币那样，外圆内方．方是为人之本，是做人的脊梁；圆是成功之道，是处世的锦囊．"方"是原则，是目标，也是本质；"圆"是策略，是途径，也是手段．为人内需刚正不屈，外需圆滑变通；大事讲原则，小事讲风格．人生在世，运用好"方圆"之理，必能无往不胜，所向披靡．

4.3.1 三角形之美与正多面体

数学的结论之美主要表现为两个方面：形式美与内涵美．从形式上看，数学结论简洁、有序、对称、和谐等；从内涵上看，主要是结论自身的深刻性，比如揭示本质，建立联系，统一对象等，具有完备性和统一性．

如前所述，几何学是人类第一科学．要谈数学结论之美，应从几何学谈起，而平面几何中最简单的直边封闭图形是三角形，下面就从三角形谈起．

三角形是平面几何中最简单的直边封闭图形，许多平面图形乃至立体图形的计算和应用都可以归结为三角形来解决．三角形具有许多优美的内在性质，这些性质不仅反映了三角形的本质特征和应用价值，也为认识其他多边形乃至多面体提供了依据．

1．三角形的稳定性

1）三条腿的凳子永远可以放稳（为什么？——不共线的三点确定一个平面）．

2）三角形的框架永远不会变形（为什么？——边有两端点，三边封闭，必然两两牵制）．因此，三条边长确定的三角形不仅其周长是确定的，其面积也是确定的．海伦公式（Heron's formula）给出了面积与边长的关系

$$S = \sqrt{p(p-a)(p-b)(p-c)} \tag{4.5}$$

其中 a、b、c 是三角形的三个边长，而 p 是其周长之半．

这两条性质对于其他多边形是不成立的（想一想：为什么？）．例如，四条边长分别为 a、b、c、d 的四边形的面积是不确定的，但其最大面积为内接于圆的四边形的面积，其值为

$$S = \sqrt{(p-a)(p-b)(p-c)(p-d)} \tag{4.6}$$

其中 p 是其周长之半．该公式当四边形退化为三角形（一边长为 0）时，就是海伦公式．

3）三个角分别相等的任何三角形都是相似的．

这些都反映了数学的简洁美、统一美与和谐美．

2．三角形的五心

任何形状的三角形都具有如下的共同性质：

1）三边中线相交于一点，该点称为该三角形的**重心**；

2）各顶点到对边的垂线（高）相交于一点，该点称为该三角形的**垂心**；

3）三角平分线相交于一点，该点称为该三角形的**内心**；

4）三边垂直平分线相交于一点，该点称为该三角形的**外心**；

5）任一内角平分线和其他两个外角平分线相交于一点，该点称为该三角形的**旁心**．

三角形的五心各有其实际意义．例如，一个三角形的内心、外心、旁心分别是该三角形内切、外接、旁切圆的圆心；一个三角形的重心是该三角形板（均匀密度）的质量中心．

三角形的五心也有其内在联系．例如，三角形的重心、外心、垂心三点共线，这条

线称为**欧拉线**（如图 4.5 所示）.

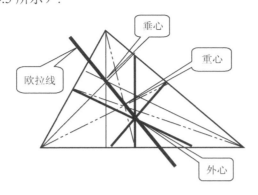

图 4.5 三角形的垂心、重心、外心与欧拉线

这些都反映了数学的统一美与和谐美. 三角形各相同性质的直线相交于一点的这种美好性质也对人类提示了做人、做事的原则，对人、对事要一视同仁，这种公平的处事态度能够产生和谐的人际关系，更能够激发强大的凝聚力和向心力.

3. 三角形的边长关系

任何形状的三角形，其任意两边长之和一定大于第三边（为什么？——两点之间以直线距离最短）. 这一结论构成美国三权分立中权力分配的理论基础.

设三角形的三边为 a、b、c，它们的对角分别为 A、B、C，则有

正弦定理：

$$a/\sin A = b/\sin B = c/\sin C$$

余弦定理：

$$a^2 = b^2 + c^2 - 2bc \cos A$$
$$b^2 = c^2 + a^2 - 2ca \cos B$$
$$c^2 = a^2 + b^2 - 2ab \cos C$$

这些都展示了对称美与统一美.

4. 直角三角形与勾股定理

直角三角形是一类极其重要的特殊三角形. 虽然特殊，也极为基本——任何三角形都可以分解为两个直角三角形. 在余弦定理中，取角 C 为直角，则得到著名的**勾股定理：**
直角三角形斜边的平方等于两直角边的平方和，即

$$c^2 = a^2 + b^2 \qquad\qquad (4.7)$$

反过来，三边长满足上述关系的三角形也一定是直角三角形.

这是人类认识最早、关注最多、证明最多、应用最广的定理，可以说是千古第一定理.

勾股定理具有形式上的对称美，内容上的统一美，还是第一个联系数、形关系的定理. 由勾股定理引出的不定方程 $x^2 + y^2 = z^2$ 是最早得到圆满解决的非线性不定方程. 由

于该方程的齐次性要求其整数解，只需要寻求那些使三个数 x、y、z 互素的正整数解即可. 古希腊数学家丢番都在他的著名著作《算术》中就对该方程进行了较完美的讨论. 公元 7 世纪初，印度一位数学家给出了该方程的下述通解

$$\begin{cases} x = 2mn \\ y = m^2 - n^2 \\ z = m^2 + n^2 \end{cases} \qquad (4.8)$$

其中 m、n 互素，且奇偶性不同. 由此可以发现边长为整数的直角三角形的边长特征之美（详见本书第五章第一节）.

17 世纪的法国数学家费马在阅读丢番都的《算术》时，在该书关于此方程的命题 8 旁边空白处写下一段批注，这就是著名的**费马猜想**.

费马猜想：方程

$$x^n + y^n = z^n \quad (n \geqslant 3) \qquad (4.9)$$

没有正整数解 (x, y, z).

1994 年，英国青年数学家威尔斯（Wiles, Andrew, 1953—　）证明了这一猜想（详见本书第八章第二节）.

$n = 2$ 时方程有无穷多组正整数解，但 $n \geqslant 3$ 时却不存在任何正整数解，给人以奇异之美.

5. 三角形的内角和及其应用

三角形的内角和定理：在欧氏几何中，任何三角形的 3 个内角之和都是 $180°$，即两直角.

用弧度来描述就是 π，它也是半径为 1 的圆面积或半圆周长——这一事实暗示着三角形与圆形具有密切关系. 注意到 π 来自于曲边的圆形，是圆形的本质，却又揭示直边的任意三角形的内在本质，具有奇异之美，也具有和谐之美.

边长相同必形同，角度相同只形似. 在两个直角三角形中，若一个相应内（锐）角相等，则 3 个角必然对应相等，因而必是相似三角形，从而对应边之比就是相等的. 于是就有了只依赖于角度大小的三角函数.

三角形内角和公式的一个自然推广是：一般 n 边形的内角和等于 $(n-2)\pi$.

更一般且更本质的结果是：任何凸 n 边形的外角和都是 $360°$. 如图 4.6 所示. 这是一个不依赖于边数 n 的不变量，体现了数学的常数美和统一美（想一想：为什么？）.

$$n \text{ 平角 } = n\pi = (n-2)\pi \text{（内角和）} + 2\pi \text{（外角和）}$$

一般 n 边形的内角和等于 $(n-2)\pi$，这是一个具有广泛应用价值的公式. 看下面的例子.

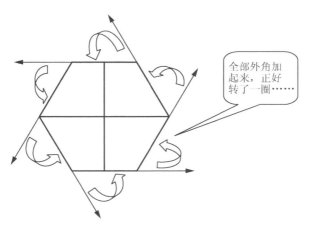

图 4.6　多边形外角和

（1）蜂窝中的数学

蜜蜂建造的蜂窝（如图 4.7 所示）是正六棱柱形，这是为什么呢？n 边形内角和公式可以解释这个原因.

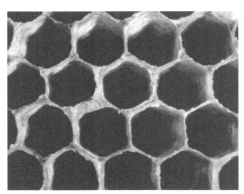

图 4.7　蜂巢

人们在房屋装修时需要选择适当的地砖以实现美丽的图案. 对拼装最基本的要求就是：地砖之间应该严丝合缝，既无空白，也无重叠，这种铺拼图案的方法叫做**拼装技术**（tiling）. 其中蕴涵着许多数学原理. 如果对拼装要求实用、和谐、美观，制造与拼装方便等，那么附加要求就是：地砖应该采用同一种样式，这种方法叫做**一元拼装**. 如果进一步要求每一块地砖都采用同一种正多边形，则这种方法叫做**正规一元拼装**.

根据 n 边形的内角和公式可以证明：能用作正规一元拼装的正多边形只有三种，即正三角形、正方形和正六边形.

事实上，如果把目标关注在一个公共顶点处：假设该顶点处围聚了 m 个正 n 边形，由于正 n 边形的一个内角为 $\dfrac{n-2}{n}\pi$，该顶点处各内角之和应该是一个圆周角 2π，即应该

满足 $m\dfrac{n-2}{n}\pi = 2\pi$，由此可知 $(m-2)(n-2)=4$，故必有 $n-2=1$，2，4，从而 $n=3$，4，6.

　　像自然界中的许多事物一样，昆虫和兽类的许多建筑常蕴涵着深刻的数学道理，蜂窝只是其中一个普通的例子. 容易证明，能够正规一元拼装的三种正多边形（正三角形、正方形和正六边形）中，若给定面积，正六边形周长最小. 如图 4.8 所示.

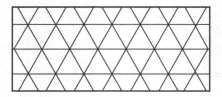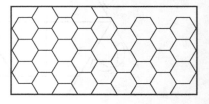

图 4.8　正三角形与正六边形的拼装

　　蜜蜂把蜂窝建造成正六棱柱形，这样可以用最少材料、付出最小的劳动围出相同的空间，这正是数学家的最优化思想.

　　正六边形还有其他许多优越性或特点. 例如，如果把一些大小相同的圆盘放在一个平面上，当把它们试图尽量地靠紧而不产生重叠时，每个圆盘周围恰好有 6 个圆盘，这些圆盘的切点连线就是一个正六边形.

　　（2）正多面体的种类

　　多面体是平面多边形在空间中的自然推广. 显然，平面多边形的边数与顶点数是一样多的. 这样一个简单事实在空间多面体中也有规律可循，不过没有这么明显. 空间多面体的构成要素中，不仅有边（棱）、顶点，还有面，瑞士数学家欧拉发现并提出了下面的定理.

　　欧拉公式：任何凸多面体的面数 F、边（棱）数 E、顶点数 V 之间具有一种永恒的关系，即 $F-E+V=2$.

　　这是一个不依赖于多面体具体顶点数、边数或面数的不变量，再一次体现了数学的常数美和统一美.（欧拉公式的证明将在第八章第四节给出）.

　　利用欧拉公式可以很容易证明，正多面体只有五种：正四面体、正六面体、正八面体、正十二面体和正二十面体. 这一结果与平面多边形的结果大不相同，既是出乎意料的奇异之美，也是化繁为简的简洁之美.

　　其实，只要利用 n 边形的内角和公式，也可以简单地证明这个结论. 要说明这一点，就要把目光集中到一个顶点处：如果正多面体中一个顶点处围聚了 m 个正 n 边形，由于正 n 边形的一个内角为 $\dfrac{n-2}{n}\pi$，该顶点处（凸起）的周角为 $m\dfrac{n-2}{n}\pi<2\pi$，由此可以知道 $(m-2)(n-2)<4$，故 (m,n) 以及正多面体的情况只能有以下五种（如图 4.9 所示）.

　　1）$(m,n)=(3,3)$，对应正四面体；　　2）$(m,n)=(3,4)$，对应正六面体；
　　3）$(m,n)=(4,3)$，对应正八面体；　　4）$(m,n)=(3,5)$，对应正十二面体；
　　5）$(m,n)=(5,3)$，对应正二十面体.

正四面体　　　　　　　　　　　　正六面体

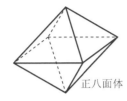

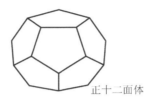

正八面体　　　　　　正十二面体　　　　　　正二十面体

图 4.9　正多面体的种类

　　其中正四、八、二十面体的各面是正三角形；正六面体的各面是正方形；正十二面体的各面是正五边形.

　　正三角形的一半（含 60° 角的直角三角形）和正方形的一半（等腰直角三角形）是两种最基本的三角形，这就是大家使用的两种三角尺的形状（如图 4.10 所示）；而正五边形与美丽的五角星具有同等的美丽，其中多处包含着黄金分割数（如图 4.11 所示）.

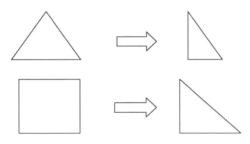

图 4.10　正三角形、正方形与两个基本三角形

图 4.11　正五边形与五角星

　　关于正多面体，人类早在古希腊时期就已经有了较全面的认识. 古希腊毕达哥拉斯学派信奉"万物皆数"，认为宇宙中的一切现象都能归结为"数"——即有理数. 关于这一信条有两方面解释，一个是宗教和哲学的，另一个是自然的. 从宗教和哲学观点解释，当时他们认为上帝创造了整数"1"，然后由"1"生"2"，由"2"生"3"，以致生出所有的自然数，进而生出所有的（分）数——有理数；再由数生点，由点生线，由线生面，由面生体，由此生出"水、气、火、土"四种元素，最后生出世间万物——物质的和精神的世界. 柏拉图认为各种元素均以正多面体为代表：火的热令人感到尖锐和刺痛，好

像小小的正四面体；空气是用正八面体代表的，可以粗略感受到，它极细小的结合体十分顺滑；当水放到人的手上时，它会自然流出，水的自然形态接近球形，好像正二十面体；一个非常不像球体的正六面体——正方体，表示地球（天圆地方），代表土. 因此正四、六、八、二十面体分别代表火、土、气、水四种基本元素. 剩下一个正十二面体，柏拉图以不太清晰的语言写到："神使用正十二面体以整理整个天堂的星座."他认为，正十二面体的各面是正五边形，这包含着黄金分割，宇宙之美，代表了和谐的宇宙整体. 柏拉图的学生亚里士多德添加了第 5 个元素——以太（拉丁文：aithêr，英文：aether），并认为天堂由此组成，但他没有将以太和正十二面体联系起来. 关于"万物皆数"信条的自然解释是立足于实用性的所谓万物可公度性，这些将在本书第五章中详细分析.

正多面体还有其实际的应用优越性：因为正多面体形状的骰子会较公平，所以正多面体骰子经常出现于角色分配游戏中；正四面体、立方体和正八面体，亦常常出现在结晶体结构中；正多面体经过削角操作可以得到其他对称性类似的结构，比如著名的球状分子碳六十（C60）空间结构就是正十二面体经过削角操作得到的；正多面体和由正多面体衍生的削角正多面体大多有很好的空间堆积性质，也就是说，它们可以在空间中紧密堆积，因此人们常常选择正多面体形或者削角正多面体形的盒子作为分子模拟计算的周期边界条件.

4.3.2　圆形之美与三角函数

古希腊毕达哥拉斯学派认为："一切立体图形中最美丽的是球形，一切平面图形中最美丽的是圆形".

从动的眼光看，圆形在自然界中随处可见，大至宇宙、小至粒子，都有圆的痕迹：星球及其运动轨迹、中秋皓月、晚霞落日、树干截面、水中涟漪、植物果实、动物身躯.

从静的眼光看，圆具有高度的对称性，其形状增之嫌多，减之嫌少，唯此最为完备，匀称、稳定、和谐.

1. 最对称的图形

17 世纪法国数学家笛卡尔引入坐标系的观念，创立了解析几何，将几何问题转化为代数问题研究. 平面图形可以通过方程或不等式来描述. 根据勾股定理，坐标平面上两点 (x_1, y_1) 和 (x_2, y_2) 之间的距离为

$$\sqrt{(x_1 - x_2)^2 + (y_1 - y_2)^2} \qquad (4.10)$$

在笛卡尔坐标思想下，坐标平面上以原点（0，0）为心，以 1 为半径的圆（单位圆）的方程为

$$x^2 + y^2 = 1 \qquad (4.11)$$

这是一个简洁、匀称、美丽的方程，圆的高度对称性在这里得到了充分体现.

2. 单位圆与三角函数

单位圆作为一种特殊的圆，有其特殊的重要功能. 犹如原子的核子，蕴藏着巨大的

能量；恰似物质的细胞，孕育着无穷的活力．其在数学上的重要性还在于，单位圆揭示了解析几何、三角函数、平面几何、初等代数、复变函数的深刻联系，体现了数学结构的和谐与一致性．

三角函数源自于直角三角形三边长的比值关系，在直角三角形中，只要一个锐角确定了，相应的比值也就确定了．三角形与单位圆关系密切．例如，三角形内角和正好等于单位圆的面积π，而三角形外角和正好等于单位圆的周长 2π；直角三角形与单位圆关系更加密切，以直径为其一边的内接三角形一定是直角三角形．这样的关系背后应该潜藏着更深刻的道理．例如，把三角函数用单位圆中的有向线段来定义（如图 4.12 所示），各种关系就更加直观．圆方程 $x^2 + y^2 = 1$ 直接孕育着三角恒等式

$$\cos^2 \alpha + \sin^2 \alpha = 1$$

众多的三角恒等式都借助于单位圆的匀称、稳定与和谐而显现出其对称、和谐之美．

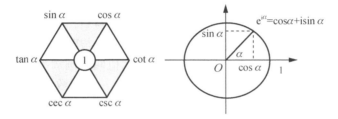

图 4.12　单位圆与三角函数

在图 4.12 中，灰色三角形顶部两顶点处的三角函数平方和等于其底部顶点三角函数的平方；任何一个直径上两端点三角函数的积等于中间数值 1．

瑞士数学家欧拉在 1748 年建立的欧拉公式（参考图 4.12）

$$e^{ix} = \cos x + i \sin x \tag{4.12}$$

不仅建立了指数函数与三角函数的本质联系，事实上涵盖了所有的三角公式．例如

$$\cos^2 x + \sin^2 x = \left(\cos x + i \sin x\right)\left(\cos x - i \sin x\right) = e^{ix} e^{-ix} = e^0 = 1$$

再如

$$\cos 2x + i \sin 2x = e^{2xi} = \left(e^{xi}\right)^2 = \left(\cos x + i \sin x\right)^2 = \cos^2 x - \sin^2 x + 2i \sin x \cos x$$

由此得到

$$\cos 2x = \cos^2 x - \sin^2 x, \qquad \sin 2x = 2 \sin x \cos x$$

更重要的是，这个公式也在复数域内把所有三角函数都归结为指数函数，从而所有的初等函数都归结为指数函数及其反函数的加减乘除．例如

$$\sin z = \frac{e^{iz} - e^{-iz}}{2i}, \qquad \cos z = \frac{e^{iz} + e^{-iz}}{2}, \qquad z^n = e^{n \ln z}$$

这再一次体现了数学的和谐与统一之美．

3. 圆周率之美

圆周率是圆的周长与圆的半径的不变比值，它是在科学技术中最著名、最常用的常

数之一，一直扮演着重要角色. 瑞士数学家欧拉在 1737 年引入记号 π 来代表圆周率. 1761 年德国数学家兰伯特（Lambert，Johann Heinrich，1728—1777）证明了 π 是无理数，1794 年勒让德（Legendre，Adrien-Marie，1752—1833）证明 π² 也是无理数，1882 年德国数学家林德曼（C.L.F.Lindemann，1852—1939）证明 π 是超越数.

（1）问 π 之源

圆是人类最早认识的几何图形，也是最重要、最美丽的曲线，而且在自然界中随处可见.

据数学家考证，人类最早是用树权来画圆的. 他们将树权的一端固定，另一端旋转一周而画出圆形. 在公元前 3—4 世纪，我国战国时代的《墨经》记载了圆的定义："圆，一中同长也."它与现代的定义是一致的.

人类乐于使用圆形，不仅因为它美丽，更因为它具有许多重要性质. 圆形的车轮，由于其轮上各点到轮心（轴）的距离相等，使车子行走轻便、平稳；盘子做成圆形，是因为圆形没有棱角，不易损坏，而且，使用同样大小的材料，做成圆形时容量最大.

在长期的实践中人们发现，不论圆有多大，圆的周长与圆的直径（圆周上两点之间的最大距离）之比总是一样的. 人们把这个不变的比值叫做圆周率. 瑞士数学家欧拉在 1737 年引入记号 π 来代表圆周率. 在此之前的 1632 年，英国数学家奥特雷德（William Oughtred，1574—1660）注意到希腊文中"圆周"为 "αιερεφιρεπ"，"直径"为 "ζορτεμαιδ"，因此以 "π/δ" 来表示圆周率，但他的用法未被重视.

（2）求 π 之因

人们发现，不仅圆的周长与圆周率有确定关系，圆的面积也可以使用半径与圆周率来表达. 于是，如何具体算出圆周率是自古以来数学家努力的目标.

对于 π 的近似值计算，时间上从古到今，地域上遍及世界各地，方法上从观察、测量到利用数学表达式逼近计算，工具上从手算（心算）到计算机，形成了科学史上的马拉松，得到了从古代的 3 到现在的 3 后面超过 5 亿位小数的数字.

在古代，π 的计算一度成为反映人的智力和一个国家数学发展水平的重要标志. 那么现代人为什么又热衷于把 π 值算得那么精细？为什么 π 的小数值有如此大的魅力呢？主要原因或兴趣在于：

1）它可以检验超级计算机的硬件和软件的性能；

图 4.13　阿基米德
（公元前 287—前 212）

2）计算方法和思路可以引发新的概念和思想；

3）探讨 π 的数值展开的模式或规律.

对 π 的探索，数学家们好比登山运动员，正在奋力向上攀登.

（3）追 π 之路

关于圆周率的估计，从古到今，没有间断过. 据公元前 1 世纪左右出版的中国最早的数学著作《周髀算经》记载，古代中国与古埃及很早就有了"周三径一"的说法. 也就是说，人们认为圆周率大约为 3. 公元前 1900 年的古巴比伦人也有了同样的认识. 这个数字大概是通过长期观察、测量而得到的.

在古希腊，公元前 250 年左右，阿基米德（如图 4.13 所示）

（Archimedes，公元前 287—前 212）采用了圆内接与外切正多边形"两面夹攻"的方法，得到

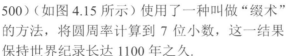

$$3.140\ 845\ 070\ 42\cdots = \frac{223}{71} < \pi < \frac{22}{7} = 3.142\ 857\ 142\ 857\cdots \qquad (4.13)$$

在中国，公元 3 世纪中期，魏晋时期数学家刘徽（如图 4.14 所示）就创造了割圆术．这一方法就是用圆内接正多边形的边长近似代替圆周长，进而算出圆周率的方法．具体做法是：先作一个半径为 1 的单位圆，然后作圆内接正六边形，由此逐步算出内接正 $2^n \times 6$ 边形的周长（$n = 1，2，3，\cdots$）．刘徽认为："割之越细，所失越少，割之又割，以至于不可割，则与圆合体而无所失矣！"他一直算到圆内接正九十六边形，算出 $\pi \approx 3.141\ 24$．

图 4.14 刘徽
（约 250 年生）

公元 5 世纪中期，我国南北朝时期著名数学家祖冲之（429—500）（如图 4.15 所示）使用了一种叫做"缀术"的方法，将圆周率计算到 7 位小数，这一结果保持世界纪录长达 1100 年之久．

图 4.15 祖冲之
（429—500）

由通过考虑圆内接与外切正多边形来计算圆周率的"两面夹攻"方法，一直持续到 17 世纪初．1596 年，长期居住于荷兰的德国数学家鲁道夫（Ludolph van Ceulon，1540—1610）（如图 4.16 所示）计算了正 60×2^{33} 边形的周长，将 π 的近似值准确计算到了小数点后 20 位．1610 年，鲁道夫在临死之前又计算了正 2^{62} 边形的周长，把 π 准确计算到了小数点后 35 位．这也是采用古典方法算出的最高精度．德国人以此感到自豪，德语中把圆周率称为鲁道夫数．

关于 π 的计算，古典的方法以鲁道夫的 35 位小数为最精确．后来，依靠圆周率的几个特殊表达式产生了新的计算方法与工具，π 的小数位数不断推进．17 世纪算到 72 位；18 世纪到 137 位；19 世纪达 527 位；1948 年 1 月，费格森与雷思奇合作，算出 808 位小数的 π 值．

电子计算机问世后，π 的人工计算宣告结束．20 世纪 50 年代，人们借助计算机算出了 10 万位小数的 π；70 年代又突破这个纪录，算到了 150 万位；1989 年，日本数学家金田康正算出 536 870 000 位．现在，这个惊人的纪录又一次次被刷新．

图 4.16 鲁道夫
（1540—1610）

由于 π 是超越数，因此圆周率的绝对精确值是不可能得到的，这个过程将永远没有穷尽．

实际上，从应用的角度来讲，并不需要将 π 的值精确到小数点后几十位、几百位，以致几千、几万、几亿位，只要有十几位就足够了．比如，在知道地球精确直径的情况下，要计算精确到 1cm 的地球赤道周长，只要 π 的 9 位小数即可．如果要计算以地球为心，以从地球到月亮距离为半径的圆周长，利用 π 的 18 位小数，其误差不超过 0.0001mm，这种精度实在是不必要的．人们对 π 穷追不舍，更大的意义在于发现方法与锻炼智力．

（4）算 π 之奇

祖冲之出生在河北省涞水县，其祖父与父亲都先后在南朝为官，家族中有人从事天文历法研究，有人热衷于文学创作，也有人从事工程建筑，其家庭有着良好的学术传统. 祖冲之自幼学习刻苦勤奋，兴趣广泛，治学严谨，毅力超群. 在数学、天文学和机械设计等方面都作出了突出贡献.

祖冲之在数学上的最重要的贡献是对圆周率的近似计算. 公元 5 世纪中期，他使用"缀术"将圆周率计算到 7 位小数. 他指出

$$3.142\ 592\ 6 < \pi < 3.141\ 592\ 7$$

并提出用分数近似代替圆周率的密率

$$355/113 \approx 3.141\ 592\ 920\ 35 \tag{4.14}$$

与疏率

$$22/7 \approx 3.142\ 857\cdots \tag{4.15}$$

以密率表示圆周率的分数比，可以说是祖冲之的神来之笔.

1）准确：误差小于 0.000 000 27.

2）简单：在所有分母不超过 16 603 的分数当中，最接近 π 的就是密率，更精确一点儿的最小也要 52 163/16 604 ≈ 3.141 592 387…它仅比密率精确一点点，但分母却要大上百倍.

3）易记：祖率的分母、分子 6 位数刚好是前 3 个奇数重复后的连续排列：113 355.

4）奇妙：将上述数字倒写组成 6 位数再加 1，即 553 311+1=553 312，中间断开相除得

$$553/312 = 1.772\ 435\ 897$$

这便是 $\sqrt{\pi}$ 的近似值，$\sqrt{\pi} \approx 1.772\ 453\ 851\cdots$

为了表彰祖冲之的这一贡献，日本数学史家三上义夫（Mikami Yoshio）建议把密率称为**祖率**.

祖冲之所使用的"缀术"方法记录在他与他的儿子合著的《缀术》一书中，可惜该书由于深奥难懂，渐遭冷落，在北宋天圣、元丰年间（1023—1078）失传，现已无从考证. 人们推测，其"缀术"可能就是刘徽的"割圆术". 如果如此，要算出 7 位小数的圆周率，需要计算圆内接正 24 576 边形的周长和面积，又要进行开方运算，这在没有纸、笔和阿拉伯数字，没有运算器的当时，仅靠筹算来进行，何其艰巨，又何其神妙！

祖冲之的卓越贡献，使他享誉世界. 他的名字在世界许多国家被广为宣传，激励着后人. 1959 年 10 月 4 日，苏联发射了第 3 颗宇宙火箭，揭开了月球背面的奥秘. 为了纪念祖冲之在圆周率计算方面的突出贡献，苏联科学院把月球背面的一座环形山命名为"祖冲之山".

（5）表 π 之道

由于 π 是超越无理数，人们不可能得到它的精确值. 但由于它反映了圆这个高度对称图形的本质，其中一定蕴含着无穷的奥秘，一定有其内在规律！ 16 世纪以后，人们

开始关注并陆续得到圆周率的一些无穷表达式. 特别是 17 世纪微积分的发明, 使人们能够用无穷级数、积分等来表达圆周率, 这也为圆周率的近似计算提供了强有力的支持. 以下几个特殊表达式就充分表现了她的美丽与神奇!

1592 年, 法国数学家韦达 (Vieta, Francis, 1540 —1603) 利用半角公式给出了 π 的如下无穷乘积表达

$$\pi = 2 \times \frac{2}{\sqrt{2}} \times \frac{2}{\sqrt{2+\sqrt{2}}} \times \frac{2}{\sqrt{2+\sqrt{2+\sqrt{2}}}} \times \cdots \times \frac{2}{\sqrt{2+\sqrt{2+\sqrt{2+\cdots+\sqrt{2}}}}} \times \cdots \quad (4.16)$$

1655 年, 英国数学家瓦里斯 (Wallis, John, 1616—1703) 在用极小长方形近似计算 1/4 圆面积时, 利用二项式定理给出 π 的如下无穷乘积表达

$$\pi = 2 \lim_{m \to \infty} \left(\frac{(2m)!!}{(2m-1)!!} \right)^2 \frac{1}{2m+1} \quad (4.17)$$

1658 年, 英国皇家学会第一任主席布龙科尔 (Brouncker, Lord) 给出了 $4/\pi$ 的如下连分数表达

$$\frac{4}{\pi} = 1 + \cfrac{1}{2 + \cfrac{9}{2 + \cfrac{25}{2 + \cfrac{49}{2 + \cfrac{81}{2+\cdots}}}}} \quad (4.18)$$

英国数学家牛顿先后给出了 π 的多种无穷级数表达, 以下是其利用反正弦级数而得到的

$$\frac{\pi}{6} = \frac{1}{2} + \frac{1}{2}\left(\frac{1}{3 \times 2^3}\right) + \frac{1 \times 3}{2 \times 4}\left(\frac{1}{5 \times 2^5}\right) + \frac{1 \times 3 \times 5}{2 \times 4 \times 6}\left(\frac{1}{7 \times 2^7}\right) + \cdots \quad (4.19)$$

1671 年, 苏格兰数学家格雷哥里 (Gregory, James, 1638—1675) 发表了以下级数表达式

$$\tan^{-1} x = x - \frac{x^3}{3} + \frac{x^5}{5} - \frac{x^7}{7} + \frac{x^9}{9} - \frac{x^{11}}{11} + \cdots \quad (4.20)$$

接着, 在 1674 年, 德国数学家莱布尼兹根据上式给出了

$$\frac{\pi}{4} = \sum_{n=0}^{\infty} \frac{(-1)^n}{2n+1} = 1 - \frac{1}{3} + \frac{1}{5} - \frac{1}{7} + \frac{1}{9} - \cdots \quad (4.21)$$

由此又得到

$$\frac{\pi-3}{4} = \frac{1}{2 \times 3 \times 4} - \frac{1}{4 \times 5 \times 6} + \frac{1}{6 \times 7 \times 8} - \cdots \quad (4.22)$$

利用反正切函数求圆周率的近似值是近代使用的主要方法, 得到过许多表达式. 比如, 英国数学家梅钦 (Machin, John, 1680 —1751) 于 1706 年得到

$$\frac{\pi}{4} = 4\arctan\frac{1}{5} - \arctan\frac{1}{239} \quad (4.23)$$

利用此式及 "格雷哥里公式" (4.20), 梅钦计算出圆周率小数点后的 100 位数值.

瑞士数学家欧拉也先后建立了多种表达式，例如

$$\pi = 2\sqrt{3}\sqrt{\frac{1}{1^2} - \frac{1}{2^2} + \frac{1}{3^2} - \frac{1}{4^2} + \frac{1}{5^2} - \cdots + \frac{(-1)^{n-1}}{n^2} + \cdots} \tag{4.24}$$

$$\pi = \int_{-\infty}^{+\infty} \frac{1}{1+x^2}\mathrm{d}x = \int_{-\infty}^{+\infty} \frac{\sin x}{x}\mathrm{d}x = \left(\int_{-\infty}^{+\infty} \mathrm{e}^{-x^2}\mathrm{d}x\right)^2 \tag{4.25}$$

$$\begin{cases} \dfrac{\pi^2}{6} = 1 + \dfrac{1}{2^2} + \dfrac{1}{3^2} + \dfrac{1}{4^2} + \cdots \\[2mm] \dfrac{\pi^4}{90} = 1 + \dfrac{1}{2^4} + \dfrac{1}{3^4} + \dfrac{1}{4^4} + \cdots \\[2mm] \dfrac{\pi^6}{945} = 1 + \dfrac{1}{2^6} + \dfrac{1}{3^6} + \dfrac{1}{4^6} + \cdots \\[2mm] \dfrac{\pi^8}{9450} = 1 + \dfrac{1}{2^8} + \dfrac{1}{3^8} + \dfrac{1}{4^8} + \cdots \\[2mm] \qquad\qquad \cdots\cdots \end{cases} \tag{4.26}$$

（6）记 π 之方

在实际应用中，只需要 π 的十几位小数就足够了．因此，很多国家都对 π 的十几位小数有特殊的记忆方法．

我国流传一个有趣的故事：山脚下一所小学的一个数学老师，每天都要爬上山顶的一座寺庙与和尚对饮．一天，上山前他布置学生背圆周率，要求每个学生必须背出 22 位小数，否则不准回家．老师走后，一个聪明的学生把老师上山喝酒的事编成一段顺口溜："山颠一寺一壶酒，尔乐苦煞吾，把酒吃，酒杀尔，杀不死，乐尔乐．"按照汉语谐音，这段话就是：3.141 592 653 589 793 238 462 6，恰好为 π 的前 22 位小数的近似值．等老师从山上下来后，同学们个个倒背如流．

英语中也有人编出一句话来记忆 π 的 7 位小数："May I have a large container of coffee?"（我可以要一大杯咖啡吗？）这句话中各个单词所包含的字母数就是 π 的中各位数字的数值．

（7）撮 π 之术

图 4.17　蒲丰
（1707—1788）

π 还可以通过实验的方法得到．18 世纪法国数学家、博物学家蒲丰（Comte de Buffon，1707—1788）（如图 4.17 所示）就曾经用投针的方法算出了圆周率．

1777 年的一天，蒲丰邀请了一些朋友到他家里，他向朋友们展示了一个实验：在一张白纸上画上间距为 2 个单位长度的许多平行线，将 1 个单位长度的小针一枚一枚地从高处随意投到纸上．这些针有的落在白纸上的两条平行线之间，不与直线相交；有的与某一直线相交．投完小针之后，朋友们计数得知，所投小针总次数为2212次，其中小针与平行线相交的交点数为704次．最后，蒲丰做了一个简单的除法：2212÷704 ≈ 3.142，计算结果非常接近圆周率．这就是著名的"蒲丰投针问题"．如图 4.18 所示．

为什么投针的结果会算出圆周率呢？其实,这是一个概率问题. 有两点需要说明：首先,小针与直线相交的交点数与针的长度成正比,与针是否弯曲以及弯曲的方式无关；其次,对于一个弯曲成圆周的小针,如果其直径等于平行线宽度,则每投一次都要与平行线有两个交点. 因此,在平行线间距为 2 个单位长度,小针长度为 2π 时,投针次数 n 与针和平行线的相交的交点数 $k_1(n)$ 之比为 $n : k_1(n) \approx 1 : 2$. 所以,若记小针长度为 1 时,投 n 次针所得针和平行线相交的交点数为 $k(n)$,则 $k_1(n)/k(n) = 2\pi$,从而从概率的角度讲

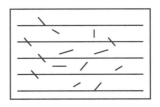

图 4.18　蒲丰投针实验

$$\frac{n}{k(n)} = \frac{n}{k_1(n)/2\pi} = 2\pi \frac{n}{k_1(n)} = \pi \tag{4.27}$$

1901 年,意大利数学家拉茨瑞尼（Lazzerrini）进行了 3408 次投针,由此给出圆周率的近似值 3.141 592 9. 另外, π 还与素数或整数的互质性有关. 1904 年,数学家 R.查特指出,随意写两个自然数,两数互质的概率为 $\frac{6}{\pi^2} \approx 0.607\ 927\ 1$.

（8）论 π 之理

1） **π 是无理数**. 1761 年,德国数学家兰伯特证明 π 是无理数,后来勒让德证明 π^2 也是无理数. 事实上,对所有自然数 n, π^n 都是无理数.

2） **π 是超越数**. 在无理数中有一类数,它们不是任何整系数多项式的根,称这类数为**超越数**. 法国著名数学家刘维尔（J.Liouville,1809—1882）于 1844 年证明超越数是存在的. 1882 年,德国数学家林德曼证明了 π 是超越数,随即解决了"化圆为方"这一历史难题的不可能性.

3） **五阶幻方与 π**. 图 4.19 左边是一个五阶幻方,按照该幻方中从 1—25 的数字顺序,依次换为圆周率 π 的前 25 位数 3.141 592 6…,可得右边数阵,该数阵的特点是行列同和,即其各行数字之和（从上到下）与其各列数字之和（从右到左）分别相同,它们是 24、23、25、29、17.

17	24	1	8	5
23	5	7	14	16
4	6	13	20	22
10	12	19	21	3
11	18	25	2	9

2	4	3	6	9
6	5	2	7	3
1	9	9	4	2
3	8	8	6	4
5	3	3	1	5

图 4.19　五阶幻方

4） **π 与音乐**. 一位日本教师将 π 的前若干位按照不同数字代表不同的音高,谱写出一段美妙音乐.

5） **利用取整记号,一切整数都可以通过为数不多的 π 的运算来表达**.

例如

$$17 = \left[\pi \times \pi \times \sqrt{\pi}\right], \qquad 18 = [\pi] \times [\pi + \pi], \qquad 19 = [\pi(\pi + \pi)]$$

$$20 = \left[\pi^{\pi} / \sqrt{\pi}\right], \qquad 1 = \left[\sqrt{\pi}\right], \qquad 2 = \left[\sqrt{\pi + \sqrt{\pi}}\right]$$

等，其中[x]代表 x 的整数部分.

4.3.3　矩形之美与黄金分割

1. 方形之本 $\sqrt{2}$

自古以来，人类一直把圆与方看作是天地之理. 天圆地方，是人类对天地形态最原始的假想；没有规矩，不成方圆，圆与方成为人类和谐与规则的标志；方代表直，圆代表曲，直为刚，曲为柔，刚柔相济；圆意味着无限，方则暗示着有穷，圆与方是对立的统一. 难怪早在古希腊时期，数学家就留下了化圆为方的著名难题.

其实，"圆"是自然，许多自然现象都以圆形呈现；而"方"则极为罕见，基本是人为所致. 圆形虽然是曲边图形，但人类很早就能够准确地画出各种大小的圆形. 而要画出方形则极为困难，它需要测量和计算. 最简单的画圆方法是借助圆规来实现的.

圆形不论大小，其周长与直径之比是一个定值——圆周率，这个圆周率 π 蕴涵了自然的奥秘；方形不论大小，其直径（对角线）与边长之比也是一个定值，这就是 $\sqrt{2}$，可以看到，这个 $\sqrt{2}$ 也反映了自然的和谐.

作为方形的重要特征之数，作为人类历史上第一个被认识的无理数，$\sqrt{2}$ 在数学与生活中发挥着重要作用. 当复印资料时，如果希望复印对象放大为两倍，例如把 A4 大小的材料放大到 A3，不能选择放大成 200%，而是只能选择为 141%≈$\sqrt{2}$；同样，在缩小为 50%时，也只能选择为 70.7%≈$\sqrt{2}/2$ =1/$\sqrt{2}$ 而不是 50%. 量一量各种规格的复印纸，不论是 A3、A4，还是 B4、B5，它们的长宽之比大体上是 1.4，即 $\sqrt{2}$ 的近似值. 例如 A4：29.7/21=1.414 285 714 29；量一量各种书本，不论是 32 开，还是 16 开，它们的长宽之比也大体上是 $\sqrt{2}$ 的近似值，比如 16 开：26/18.4 =1.413 043 478 26. 通常印制书本的纸张整纸的规格为 1092×787（小）或 1168×890（大），也符合这种规则. 这是为什么呢？

原来印制的所谓的 32 开本图书，是将整张纸对开 5 次而得到的尺寸. 要想使整张纸适合对开、4 开、8 开、16 开、32 开、64 开等各种开本，也就是各种开本形状大体相同，长 x、宽 y 之比应当满足

$$x : y = y : (x/2)$$

即

$$x : y = 2y : x$$

因此 $x = \sqrt{2}y$，即 $x : y = \sqrt{2}$，这种要求是必需的.

上述纸张尺寸的确定确实为人们开本提供了方便，但其形状却未必是美观的.

人们做平面设计（门窗、桌面、茶几等）、印制书本，还应该具有视觉上的和谐性. 如果说上述的 $\sqrt{2}$ 反映了科学之理的话，下面的黄金矩形则反映了精神之情.

2. 黄金矩形与黄金分割

研究发现，一个矩形如果从中截去一个以其宽度为边长的正方形后，余下的矩形与原矩形相似，这样的矩形看起来是最美的，称为**黄金矩形**. 如图 4.20 所示.

图 4.20　黄金矩形

黄金矩形的美，源自于其宽与长的恰当比例. 假设黄金矩形长度为 1，宽度为 x，截去一个以其 x 为边长的正方形后，余下的矩形长度为 x，宽度为 $1-x$. 二者相似意味着

$$\frac{x}{1}=\frac{1-x}{x} \quad \Rightarrow x^2+x-1=0 \quad \Rightarrow x=\frac{\sqrt{5}-1}{2}\approx 0.618 \tag{4.28}$$

由于余下的小矩形与原矩形相似，因此小矩形再截去一个小正方形后，余下的更小的矩形仍与原矩形相似，这一过程可以无限进行下去.

人们把黄金矩形的宽、长之比 $\bar{\omega}=\dfrac{\sqrt{5}-1}{2}\approx 0.618$ 叫作**黄金分割数**，简称**黄金分割**或**黄金数**.

古希腊毕达哥拉斯学派称赞其是最美、最巧妙的比例；16 世纪威尼斯数学家帕丘欧里称它为"神赐的比例"；17 世纪德国天文学家开普勒（Kepler，Johannes，1571—1630）称赞它是"造物主赐予自然界传宗接代的美妙之意". 黄金分割与勾股定理一起被誉为几何学的两大宝藏.

人类视觉或其他感觉中许多美丽与舒心的事物、现象都与黄金分割数有关. 例如，各种书本、扑克牌、窗户、照片、房间、桌面；雄伟的建筑、盛开的花朵、健美的形体、舒适的气温；舞台报幕、讲台演讲、动植物繁殖等.

许多国家的国旗都使用五角星（如图 4.21 所示），因为五角星能给人以美感，其各部位比值中多处出现黄金分割数. 它的边互相分割为黄金比，不论横看、竖看，它都是匀称的. 人们制作五角星时的口诀，如：九五顶五九，五八两边分；一六中间坐，五八两边分等，也都反映了五角星中的黄金分割美.

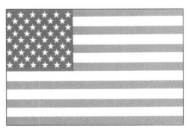

图 4.21　国旗中的五角星

3. 黄金数与斐波那契数列

（1）兔子繁殖问题与斐波那契数列

中世纪的意大利数学家斐波那契（Fibonacci[1]，Leonardo，约 1170—1250）（如图 4.22

---

[1] Fibonacci 是 Filius Bonacci 的缩写，意思是波那契（Bonacci）的儿子。

所示），其最早、最重要的著作是《算盘书》（1202 年完成），在其 1228 年的修订本中记载着一个有趣的，并且后来成为非常著名的问题"兔子繁殖问题".

图 4.22　斐波那契

（约 1170—1250）

兔子繁殖问题：兔子在出生两个月后就具有生殖能力. 设有一对兔子每个月都生一对兔子，生出来的兔子在出生两个月之后，也每个月生一对兔子. 那么，从一对小兔开始，满一年时可以发展到多少对兔子？

按照这种规律，不难算出，每个月的兔子数构成一个数列

$$1,\ 1,\ 2,\ 3,\ 5,\ 8,\ 13,\ 21,\ 34,\ 55,\ 89,\ 144,\ \cdots \tag{4.29}$$

这一数列被称为斐波那契数列，是由数学家 Lukas 为纪念斐波那契而建议命名的. 容易看出，斐波那契数列 $\{a_n\}$ 满足

$$a_{n+2} = (a_{n+1} - a_n)（上个月新生的兔子，本月暂不能生育）$$
$$+ 2a_n（上上个月已有的兔子，它们在本月又生产出同样数量的兔子） \tag{4.30}$$
$$= a_{n+1} + a_n$$

也就是说，该数列从第 3 项开始，每一项都是其前面两项之和.

（2）斐波那契数列的生成函数与通项公式

对于给定的数列 $\{a_n\}$，它的生成函数是指下述幂级数函数

$$f(x) = \sum_{n=0}^{+\infty} a_n x^n \tag{4.31}$$

生成函数是研究数列性质的一个有力工具. 记 $\{a_n\}$ 为斐波那契数列，其生成函数为 $f(x) = \sum_{n=0}^{+\infty} a_n x^n$，则

$$f(x) = 1 + x + \sum_{n=2}^{+\infty} a_n x^n$$
$$= 1 + x + \sum_{n=2}^{+\infty} (a_{n-1} + a_{n-2}) x^n$$
$$= 1 + x + \sum_{n=2}^{+\infty} a_{n-1} x^n + \sum_{n=2}^{+\infty} a_{n-2} x^n \tag{4.32}$$
$$= 1 + x + x \sum_{n=2}^{+\infty} a_{n-1} x^{n-1} + x^2 \sum_{n=2}^{+\infty} a_{n-2} x^{n-2}$$
$$= 1 + x f(x) + x^2 f(x)$$

由此可得

$$f(x) = \frac{1}{1-x-x^2} = \frac{1}{1-\alpha x} \cdot \frac{1}{1-\beta x} = \frac{1}{\alpha-\beta}\left(\frac{\alpha}{1-\alpha x} - \frac{\beta}{1-\beta x}\right) \tag{4.33}$$

其中

$$\alpha = \frac{\sqrt{5}-1}{2},\ \beta = \frac{-\sqrt{5}-1}{2} \tag{4.34}$$

是方程 $x^2 + x - 1 = 0$ 的两个根.

通过求 $\dfrac{\alpha}{1-\alpha x}$ 和 $\dfrac{\beta}{1-\beta x}$ 的幂级数展式，有

$$f(x) = \sum_{n=0}^{+\infty} a_n x^n = \sum_{n=0}^{+\infty} \frac{\alpha^{n+1} - \beta^{n+1}}{\alpha - \beta} x^n \qquad (4.35)$$

因此

$$a_n = \frac{\alpha^{n+1} - \beta^{n+1}}{\alpha - \beta} = \frac{1}{\sqrt{5}}\left[\left(\frac{\sqrt{5}-1}{2}\right)^{n+1} - \left(\frac{-\sqrt{5}-1}{2}\right)^{n+1}\right] \qquad (4.36)$$

这就是斐波那契数列的通项公式. 这一式子是由法国数学家比内（Binet）最先证明的. 奇妙的是，式子的左端是整数，而右端却是完全由无理数表示. 这一通项公式对于研究斐波那契数列性质具有重要意义.

（3）斐波那契数列的一些性质

利用斐波那契数列的通项或生成函数可以得到它的一些重要性质.

1）1634 年，Kilate 得到

$$a_{n+m} = a_n a_m + a_{n-1} a_{m-1} \qquad (4.37)$$

这是因为

$$\begin{aligned}
\sum_{n=0}^{+\infty} a_{n+m} x^{n+m} &= f(x) - (1 + x + a_2 x^2 + \cdots + a_{m-1} x^{m-1}) \\
&= f(x)\left[1 - \left(1 - x - x^2\right)\left(1 + x + a_2 x^2 + \cdots + a_{m-1} x^{m-1}\right)\right] \qquad (4.38) \\
&= f(x)\left(a_m x^m + a_{m-1} x^{m+1}\right)
\end{aligned}$$

对比式（4.38）两端关于 x^{m+n} 的系数即得式（4.37）.

2）1680 年，Kashini 得到

$$a_{n+1} a_{n-1} - a_n^2 = (-1)^n \qquad (4.39)$$

事实上，有

$$\begin{aligned}
a_{n+1} a_{n-1} - a_n^2 &= (a_n + a_{n-1})a_{n-1} - a_n^2 \\
&= a_{n-1}^2 - a_n^2 + a_n a_{n-1} \\
&= a_{n-1}^2 - a_n a_{n-2} \\
&= (-1)(a_n a_{n-2} - a_{n-1}^2) \\
&= (-1)^2 (a_{n-1} a_{n-3} - a_{n-2}^2) \\
&= \cdots\cdots \\
&= (-1)^n (a_3 a_1 - a_2^2) \\
&= (-1)^n \qquad (4.40)
\end{aligned}$$

这正是式（4.39）.

3）与 $2^0 + 2^1 + 2^2 + \cdots + 2^n = 2^{n+1} - 1$ 类似的等式为

$$a_0 + a_1 + \cdots + a_n = a_{n+2} - 1 \qquad (4.41)$$

这因为

$$f(x)(1 - x - x^2) = 1 = f(x)(2 - x - x^2) - f(x)$$

即

$$f(x) = f(x)(2 + x)(1 - x) - 1$$

从而

$$\frac{f(x)}{1-x} = f(x)(2 + x) - \frac{1}{1-x} \qquad (4.42)$$

利用 $f(x) = \sum_{n=0}^{+\infty} a_n x^n$ 和 $\frac{1}{1-x} = \sum_{n=0}^{\infty} x^n$ 相乘再比较式（4.42）两端关于 x^n 的系数即可证

得式（4.41）. 比较等式 $2^0 + 2^1 + 2^2 + \cdots + 2^n = 2^{n+1} - 1$，会发现该式的有趣之处.

4）通项的行列式表示

$$a_n = \begin{vmatrix} 1 & 1 & 0 & 0 & \dots & 0 & 0 \\ -1 & 1 & 1 & 0 & \dots & 0 & 0 \\ 0 & -1 & 1 & 1 & \dots & 0 & 0 \\ 0 & 0 & -1 & 1 & \dots & 0 & 0 \\ \vdots & \vdots & \vdots & \vdots & & \vdots & \vdots \\ 0 & 0 & 0 & 0 & \dots & -1 & 1 \end{vmatrix} \quad (n > 0) \qquad (4.43)$$

这可以用数学归纳法来证明.

（4）斐波那契数列与黄金分割

根据 Kashini 公式容易看出

$$\frac{a_{n-1}}{a_n} - \frac{a_n}{a_{n+1}} = \frac{(-1)^n}{a_n a_{n+1}} \qquad (4.44)$$

因此数列 $x_n = \dfrac{a_n}{a_{n+1}}$ 是 Cauchy 列，而它又显然是有界列（<1），故收敛. 记 $\bar{\omega} = \lim_{n \to \infty} x_n$，

则由 $a_{n+2} = a_n + a_{n+1}$ 可得 $\bar{\omega} = \dfrac{1}{1 + \bar{\omega}}$，从而由于显然应有 $|\bar{\omega}| < 1$，知 $\bar{\omega} = \dfrac{\sqrt{5} - 1}{2}$，这就是黄

金分割数.

（5）斐波那契数列的其他性质

后来的数学家发现了许多关于斐波那契数列的重要特性. 例如，在数列

$$1，1，2，3，5，8，13，21，34，55，89，144，\cdots$$

中，第 3、6、9、12 项的数字能够被 2 整除；第 4、8、12 项的数字能够被 3 整除；第 5、
10、15、20 项的数字能够被 5 整除. 依此类推.

4. 黄金数之数字奥秘

（1）黄金数与无穷迭代

注意到黄金数是方程 $x^2 + x - 1 = 0$ 的一个根，可以得到它的如下两种表达式.

首先，黄金数可以表示为 $x = \sqrt{1-x}$，反复利用此式可得

$$x = \sqrt{1-x} = \sqrt{1-\sqrt{1-x}} = \sqrt{1-\sqrt{1-\sqrt{1-x}}}$$

$$= \sqrt{1-\sqrt{1-\sqrt{1-\sqrt{1-\cdots}}}} \approx 0.618$$

（4.45）

其次，黄金数还可以表为 $x = \dfrac{1}{1+x}$，反复利用此式可得

$$x = \frac{1}{1+x} = \frac{1}{1+\dfrac{1}{1+x}} = \frac{1}{1+\dfrac{1}{1+\dfrac{1}{1+x}}} = \frac{1}{1+\dfrac{1}{1+\dfrac{1}{1+\dfrac{1}{1+\cdots}}}}$$

（4.46）

（2）黄金数三胞胎

黄金数 $\bar{\omega}$ 的奇妙之处还在于它与它的两个哥哥 $\bar{\omega}+1$ 和 $\bar{\omega}+2$ 构成非常和谐的如下关系，被人们称为是奇妙的无理数三胞胎.

$$\bar{\omega} = \frac{\sqrt{5}-1}{2}$$

$$\bar{\omega}+1 = \frac{\sqrt{5}+1}{2} = \frac{1}{\bar{\omega}}$$

$$\bar{\omega}+2 = \left(\frac{\sqrt{5}+1}{2}\right)^2 = \frac{1}{\bar{\omega}^2}$$

（4.47）

5. 黄金数之自然美

黄金比例是人类发现的几何产物，在自然界中处处可以发现它的影子.

植物学家发现，向日葵的外形就包含了这种黄金分割或斐波那契数列的原理. 如图 4.23 所示向日葵的花盘上有一左一右的螺旋线，每一套螺旋线都符合黄金分割的比例，如果有 21 条左旋，则有 13 条右旋，总数是 34 条——这是斐波那契数列中相邻的 3 个数，13 与 21 的比值约为黄金分割的比值 0.618；此外向日葵的花盘外缘有两种不同形状的小花，即管状花和舌状花，它们的数目分别是 55 和 89，比值也约为 0.618. 研究发现，在这种斐波那契数列的分布下，向日葵能让每一片叶子、枝条和花瓣互不重叠，从而最大限度地吸收阳光和营养，进行光合作用. 不仅向日葵如此，许多植物和花木都如此，其实这种最美的表现形式也是最优化的功能. 比如，植物叶片上下两层叶子之间相差 137.5°，这个度数有什么奥妙呢？原来圆周角为 360°，而 360°−137.5° = 222.5°，137.5：222.5 = 222.5：360 ≈ 0.618. 研究发现，这样便于光合作用. 植物花瓣中也体现黄金比，花瓣数目大多为 3、5、8、13、21 等. 例如，百合花、蝴蝶花、延龄草为 3 瓣；洋紫荆、黄蝉、蝴蝶兰、金凤花、飞燕草、野玫瑰等为 5 瓣；血根草、翠雀花为 8 瓣；而金盏草、雏菊、万寿菊则为 13 瓣，紫菀为 21 瓣，它们都符合斐波那契数列规律.

动物学家也发现，不仅兔子繁殖遵从斐波那契数列规律，蜜蜂等其他动物也具有这一特点．另外，蝴蝶身长与双翅展开后的长度之比也接近 0.618；如果以牛、马、虎的前肢为界作一垂直虚线，将躯体分为两部分，其水平长度之比也符合黄金比率．如图 4.24 所示．

图 4.23　植物：向日葵的果实分布　　　　图 4.24　动物：螺的结构

人体中也充满了黄金分割数．人体有几个重要器官处于相应部位的黄金分割点上：相貌端正匀称的人脸，鼻孔处是一个黄金分割点；眼睛是心灵的窗户，它的水平位置位于脸部的两个黄金分割点上，其垂直位置也是黄金分割点；心脏是生命的发动机，心脏中心处在胸膛的黄金分割点上；咽喉是头顶到肚脐的黄金分割点；而肚脐又是全身的黄金分割点．另外，下半身中以膝盖为界，上臂以肘关节为界的比值都接近黄金分割数．人的生理及精神方面也有黄金分割比，医学专家观察到，人在精神愉快时的脑电波频率下限是 8Hz，而上限是 12.9Hz，上下限的比率接近于 0.618；人们正常血压的舒张压与收缩压的比例关系（70：110）也接近黄金分割．这些都说明黄金比率在人的身体健康、健美、精神愉悦等方面扮演重要角色．

黄金分割数也出现在天体中．例如，月球密度 3.4g/cm^3，地球密度 5.5g/cm^3，而 3.4：5.5 = 0.618．

我们所居住的地球环境同样可以体现黄金分割之美．地球表面的纬度范围在 0°—90°，如果对其黄金分割，则 34.38°—55.62° 是地球的黄金地带．在这一黄金地带，全年的平均气温、日照时间、降水量、相对湿度等都是适于人类生活和植物生长的地区．而从这一地区分布的国家来看，有很多世界上的发达国家．排除社会、历史和制度等各种人为的因素，自然的黄金分割是不能否认的原因之一．打开地图就会发现那些好茶产地大多位于北纬 30° 左右．特别是红茶中的极品"祁红"，产地在安徽的祁门，也恰好在此纬度上．这不免让人联想起许多与北纬 30° 有关的地方．奇石异峰、名川秀水的黄山、庐山、九寨沟等．

炎热的夏天，当将空调的温度调到 37℃（人的正常体温是 37℃）×0.618（黄金分割比）≈23℃ 时，我们就会感到最为舒适．实验证明，人处于这种温度下，机体内的新陈代谢和各种生理功能处于最佳状态．比如各种酶的代谢、人的消化功能、人体抗御疾病的免疫功能等都很好．这也是为什么人们总是感到平均温度在 23℃ 左右的春、秋季是最好的季节的原因之一，也是为什么绝大多数重大的运动会选择在春、秋季召开的原因之一，因为运动员在这样的温度下最容易赛出成绩.

为什么具有黄金比的现象能够长期发展，给人愉悦？笔者尚未发现有人对此进行研究. 但依据本人对自然与数学的理解，似乎可以说明一些问题. 自然与社会是在不断变化的，但是在变化中又要追求平稳才能长期健康发展，于是这种变化多表现为一种迭代系统，也就是说，按照一种模式不断重复变化，螺旋上升. 体现在数学上，就是一个函数的迭代问题，而黄金矩形就是一个在其中截去一个正方形后保持形状不变的矩形，这种做法可以一直延续下去，永无止境；同样斐波那契数列就是新的一项由前两项叠加而成的，往复不断的数列.

6. 黄金数之应用

人类在生活、生产实践中，为了追求和谐、平衡，赏心、悦目、悦耳，都在自觉、不自觉地应用黄金数.

（1）黄金数与艺术设计

建筑师们发现，黄金比例可除去人们视觉上的凌乱，加强建筑形体的统一与和谐. 遵循黄金分割去设计殿堂，殿堂就更加雄伟庄重；去设计别墅，别墅将更加使人感到舒适. 因此，许多世界著名建筑，无论是古埃及的金字塔、古希腊雅典的帕德农神庙，还是巴黎的圣母院、印度的泰姬陵，以至近世纪法国的埃菲尔铁塔都有不少与黄金分割有关的数据. 例如，金字塔的几何形状有 5 个面、8 个边，总数为 13 层面，棱长为 5813 英寸（inch）（5-8-13，1inch ＝2.54cm），其高与底座的边长之比、底面积与侧面积之比为 0.618；艾菲尔铁塔的最低两层的高与塔高之比也是 0.618；目前世界最高的建筑物是加拿大多伦多电视塔，高 553.33m，其观景楼以上和以下的长度之比率就是 0.618.

在音乐、美术等以体现美为基本宗旨的艺术作品中，黄金分割数更是发挥得淋漓尽致. 音乐家发现，将手指放在琴弦的黄金分割点处，乐声就益发洪亮，音色就更加和谐；二胡要获得最佳音色，其"千斤"则须放在琴弦长度的 0.618 处；许多著名音乐作品，高潮的出现位置大多与黄金分割点接近；莫扎特正是有意识地把"黄金分割"应用到了自己的音乐作品之中，才使他的作品演奏起来悦耳动听、流传至今. 美术家发现，按照黄金分割比去设计绘画作品，作品更具感染力. 意大利画家达·芬奇在创作中大量运用了黄金矩形来构图，他的黄金矩形的"迷人面容"《蒙娜丽莎的微笑》给数以亿万计的人们带来美的艺术享受，整个画面和谐自然，优雅安宁. 节目主持人报幕，绝对不会站在舞台中央，而总是站在舞台左侧近于黄金分割的位置；独唱演员在舞台正面前沿的"黄金分割点"处演唱时，显得自然大方，效果最佳；芭蕾舞是一种舞姿优美的舞蹈，演员表演时，会踮起脚尖，显得身材高挑，舞姿轻盈飘逸，给人以美的艺术享受. 摄影师在拍照时把主要景物置于"黄金分割点"处，可以使画面显得更加协调、悦目. 如图 4.25 所示.

图 4.25　舞台艺术

（2）黄金数与优选法（比优劣）

煮饭时，水放多了会煮成烂饭，水放少了又会煮成夹生饭，该放多少水才合适呢？需要多做尝试. 这次烂了，下次少放点水，若又生了，下次再多放点水. 多次反复试验，终会找到"最优水量". 在工程技术、科学实验等方面，人们经常会遇到类似上述煮饭问题的反复试验问题，人们总是希望用最简单的方式、最少的时间和最低的成本，来获取最好的效果. "优选法"就是寻求最好的方式来解决问题. 在众多的优选法中，"黄金分割法"是常用的一种方法. 这也是我国著名数学家华罗庚教授在 20 世纪五六十年代在我国工农业战线上广泛开展的一种方法. 例如，要稀释一种农药进行杀虫，只知道稀释倍数应该在 1000 — 2000 之间，但不知道何时有最佳效果，如果各种数据都试一遍既费时又费钱. 采用黄金分割法只需要 10 次就够了. 其方法是：在 1000 — 2000 之间的两个对称的 0.618 位置，即 1382 与 1618 处作两次试验，比较效果，去掉效果差的半边. 比如若 1382 较差，则留下从 1500 — 2000 的这一段，再取该段上的 0.618 位置做试验，与留下的（较好的）实验数据对比，再去掉效果差的半边，如此下去，如果进行 10 次，则可以把数据缩小到 1/1000 以内. 如图 4.26 所示.

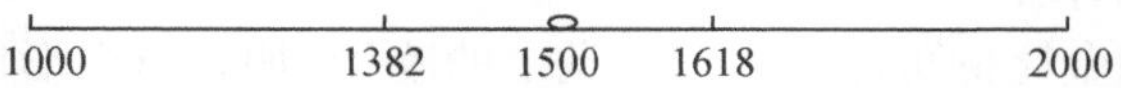

```
1000        1382   1500  1618        2000
```

图 4.26   稀释农药

（3）黄金数与爬楼梯的方法

要爬上一个有 n 阶台阶的楼梯，允许每次跨 1 阶或 2 阶，有多少种不同的走法？

假设要爬上一个有 n 阶台阶的楼梯，有 a_n 种不同的走法，则

$$n = 0, \quad a_n = 1; \quad n = 1, \quad a_n = 1$$
$$n = 2, \quad a_n = 2; \quad n = 3, \quad a_n = 3$$
$$\cdots\cdots$$

一般要走到第 n 阶，最后一步的起始方式有两种：一种是已经走到第 $n-2$ 阶，再一次走两阶，到达第 n 阶；另一种是已经走到第 $n-1$ 阶，再一次走一阶，到达第 n 阶. 因此有 $a_n = a_{n-2} + a_{n-1}$.

4.3.4   自然对数的底与五个重要常数

e 就是大家熟悉的"自然对数的底"，称其为"自然"，实在是因为它反映了万物生老病死的自然规律. 为了认识 e，看一个实际问题. 下面的最大复利问题是浅显易懂的.

中国人民银行决定，从 2005 年 9 月 21 日起，银行存款将采取新的计息方式：活期存款将由按年结息调整为按季结息. 原来活期存款都是一年结一次利息，即每年 6 月 30 日为结息日，7 月 1 日计付利息. 调整后，每季度末月的 20 日为结息日，次日付息. 那么这种调整对储户利益有什么影响呢？

假定银行活期存款年利率为 100%，那么 1 元存款到年底可得本息和为 2 元.

如果某人希望年底得到更多利息，可以在存入半年时将存款取出，年中本息和为 1+1×50% = 1.5（元），然后再将该 1.5 元存入银行，年底本息和就是 1.5+1.5×50% = （1.5）^{2}= 2.25（元）.

如果他希望年底获得再多一些的利息，可以在每季度取出，再存入，此时年底本息和为（1.25）$^4 \approx$ 2.44（元）.

可以证明，一年分期越多，年底得到的本息和也就越多. 那么，会不会随着期数的增多，收益变得非常惊人呢？下面考查一下.

一般来说，如果一年分为 n 期计息，则每期利率为 $1/n$，存款 1 元，年底本息和为$(1+1/n)^n$ 元. 人们发现，$(1+1/n)^n$ 随着 n 的增大而增大，但是决不会超过 3，它的极限是一个超越无理数，即

$$e = \lim_{n \to \infty} \left(1 + \frac{1}{n}\right)^n \approx 2.718\,28 \cdots \tag{4.48}$$

由此看来，在年利率为 100% 的情况下，一元存款一年的最大可能的收益为 e. 依据这种理由，银行家们可以科学地确定活期与各种定期的利率差异.

上述 e 的极限式涉及小数的高次方，是不容易让人把握的. 下面这个无穷级数表达式则相当明确，而且收敛速度很快，不失一个美丽而友善的表达式

$$e = 1 + \frac{1}{1!} + \frac{1}{2!} + \cdots + \frac{1}{n!} + \cdots \tag{4.49}$$

1. e 的来历与自然对数的引入

e 的来历，先得从对数谈起. 我们知道对数与指数是一对互逆的运算，但是，最初的对数并非来自于指数. 16 世纪末到 17 世纪初，纳皮尔（Napier, John, 1550—1617）发明了对数，布立格斯（Briggs, Henry, 1561—1631）发明了常用对数，他们都是英国人. 纳皮尔从三角函数积化和差公式中受到启发，研究如何把乘除运算简化为加减运算的问题，至少花费了 20 年时间，终于在 1614 年发表了著作《惊人的对数规则》，向世人公开了对数的计算方法. 那时，指数定律还不完善，纳皮尔并没有注意到对数与指数是一对互逆的运算. 在稍后的一段时间，能掌握对数基本原理并能用它来造表的唯一数学家是瑞士的别尔基（Justus Byrgius, 1552—1632）. 他在 1620 年（比纳皮尔晚 6 年）出版了《算术与几何级数表》，其中认识到了算术级数与几何级数之间有一种对应关系. 可以认为别尔基那时已经认识到了对数与指数的互逆性，从此对数与指数才被视为一对互逆的运算.

人们认识到 e 的重要性是在有了对数函数和微积分以后. 要计算对数函数 $y = \log_a x$ 的导数，需要考察极限，即

$$
\begin{aligned}
\frac{dy}{dx} &= \lim_{\Delta x \to 0} \frac{\log_a(x + \Delta x) - \log_a x}{\Delta x} \\
&= \lim_{\Delta x \to 0} \frac{\log_a(1 + \Delta x / x)}{\Delta x} \\
&= \lim_{\Delta x \to 0} \frac{\log_a(1 + \Delta x / x)}{x(\Delta x / x)} \\
&= \frac{1}{x} \lim_{\Delta x \to 0} \log_a \left(1 + \frac{\Delta x}{x}\right)^{\frac{\Delta x}{x}}
\end{aligned}
\tag{4.50}
$$

记 $h = \dfrac{\Delta x}{x}$，上述导数的计算归结为极限

$$\lim_{h \to 0}(1+h)^{\frac{1}{h}} \tag{4.51}$$

的计算，这个极限就是 e. 最早发现此值的是瑞士数学家欧拉，他在 1727 年发现 e 并算出小数点后 23 位数，于是以自己姓名的字头小写 e 来命名这个无理数. 根据这个 e，容易得到对数函数 $y = \log_a x$ 的导数为

$$\frac{dy}{dx} = \frac{1}{x}\log_a e \tag{4.52}$$

由于 $\log_e e = 1$，自然对数也就顺理成章地被引入了.

2. e 是无理数和超越数

欧拉证明过任何有理数都能被写成一个有限的连分数，这意味着，由无限连分数表示的一定是无理数. 欧拉发现

$$e = 2 + \cfrac{1}{1 + \cfrac{1}{2 + \cfrac{2}{3 + \cfrac{3}{4 + \cfrac{4}{5 + \cdots}}}}} \tag{4.53}$$

因此，欧拉成为第一个指出并证明 e 为无理数的人.

法国著名数学家刘维尔证明了 e 不可能是有理系数二次方程的根，法国另一位著名数学家厄米特（Hermite，Charles，1822—1901）于 1873 年进一步证明了 e 为超越数. 他采用的是反证法，颇具启发性，基本思路如下.

假设 e 不是超越数，那么它是代数数，即存在不全为零的整数 a_0，a_1，$\cdots$，a_m 使

$$a_0 + a_1 e + a_2 e^2 + \cdots + a_m e^m = 0 \qquad (a_0 \neq 0) \tag{4.54}$$

由于对任意 n，任意 n 次多项式 $f(x)$，总有 $f^{(n+1)}(x) = 0$，从而由分部积分公式得

$$\int_0^b f(x)e^{-x}dx = \left\{ -e^{-x}\left[f(x) + f'(x) + \cdots + f^{(n)}(x) \right] \right\}\Big|_0^b$$

记 $F(x) = f(x) + f'(x) + \cdots + f^{(n)}(x)$，则上式表明

$$e^b F(0) = F(b) + e^b \int_0^b f(x)e^{-x}dx \tag{4.55}$$

在其中依次令 $b = 0$，1，2，$\cdots$，m 得

$$e^0 F(0) = F(0)$$

$$e^1 F(0) = F(1) + e^1 \int_0^1 f(x)e^{-x}dx$$

$$e^2 F(0) = F(2) + e^2 \int_0^2 f(x)e^{-x}dx$$

$$\cdots\cdots$$

$$e^m F(0) = F(m) + e^m \int_0^m f(x)e^{-x}dx$$

将以上各式依次乘以 a_0，a_1，$\cdots$，a_m 并相加，由式（4.54）得到

$$0 = F(0)(a_0 + a_1\mathrm{e} + a_2\mathrm{e}^2 + \cdots + a_m\mathrm{e}^m)$$

$$= a_0F(0) + a_1F(1) + \cdots + a_mF(m) + \sum_{i=1}^{m} a_i\mathrm{e}^i \int_0^i f(x)\mathrm{e}^{-x}\mathrm{d}x. \tag{4.56}$$

该式对任意 n（$n=1$，2，3，$\cdots$）次多项式 $f(x)$ 均成立.

特别地，若取多项式

$$f(x) = \frac{1}{(p-1)} x^{p-1}(x-1)^p(x-2)^p \cdots (x-m)^p$$

其中 p 是大于 m 和 $|a_0|$ 的素数. 在 $F(x) = f(x) + f'(x) + \cdots + f^{(n)}(x)$ 的各项中，$f(x)$ 及其前 $p-1$ 阶导数在 $x = 1$，2，$\cdots$，m 处均为零，而且其 p 阶或更高阶导数具有整系数，且这些系数能被 p 整除，故 $F(1)$，$F(2)$，$\cdots$，$F(m)$ 都是 p 的整数倍. 另一方面，在 $x = 0$ 点容易知道

$$f(0) = f'(0) = \cdots = f^{(p-2)}(0) = 0$$

且 $f^{(p-1)}(0) = [(-1)^m m!]^p$ 不能被 p 整除，因此 $F(0) = f^{(p-1)}(0) + f^p(0) + \cdots + f^{(mp+p-1)}(0)$ 不能被 p 整除. 又因为 p 是大于 m 与 $|a_0|$ 的素数，当然 a_0 不能被 p 整除，从而 $a_0F(0)$ 不能被 p 整除，故式（4.56）后一行前半部分 $a_0F(0) + a_1F(1) + a_2F(2) + \cdots + a_mF(m)$ 是不能被 p 整除的整数，因而不为 0，从而有

$$|a_0F(0) + a_1F(1) + a_2F(2) + \cdots + a_mF(m)| \geqslant 1 \tag{4.57}$$

再考查该行后半部分 $\sum_{i=1}^{m} a_i\mathrm{e}^i \int_0^i f(x)\mathrm{e}^{-x}\mathrm{d}x$，在区间 $[0, m]$ 上，有

$$\left| \int_0^i f(x)\mathrm{e}^{-x}\mathrm{d}x \right| < \frac{m^{mp+p-1}}{p-1} \int_0^i \mathrm{e}^{-x}\mathrm{d}x < \frac{m^{mp+p-1}}{(p-1)!}$$

若令 $a = |a_0| + |a_1| + \cdots + |a_m|$，则有

$$\left| \sum_{i=1}^{m} a_i\mathrm{e}^i \int_0^i f(x)\mathrm{e}^{-x}\mathrm{d}x \right| < a\mathrm{e}^m \cdot \frac{m^{mp+p-1}}{p-1} = a\mathrm{e}^m m^m \frac{(m^{m+1})^{p-1}}{(p-1)!}$$

因 $\lim\limits_{p \to \infty} \frac{(m^{m+1})^{p-1}}{(p-1)!} = 0$，所以当 p 充分大时，$\sum_{i=1}^{m} a_i\mathrm{e}^i \int_0^i f(x)\mathrm{e}^{-x}\mathrm{d}x$ 可任意小，比如小于

1. 于是，根据式（4.56）和式（4.57）可知式（4.56）后一行不会等于零. 这就产生了矛盾，所以 e 不是代数，从而是超越数.

其实，e^π 也是超越数，但 π^e、$\mathrm{e}+\pi$、$\mathrm{e}\pi$ 等尚不清楚.

3. e 的奥秘

在数学内部，e 扮演着极为重要的角色，比如由它定义的指数函数 $y = \mathrm{e}^x$ 具有许多美妙的性质：是超越函数，是增函数，其增长速度（导数）与其自身函数值相同，即 $(\mathrm{e}^x)' = \mathrm{e}^x$，其反函数 $y = \ln x$ 也是一个超越函数，但其导数则是有理函数 $1/x$.

在数论里，像 2、3、5、7、11、13 等这样的素数是自然数的基本元素. 早在两千多年前，古希腊大数学家欧几里得就巧妙地证明了素数有无穷多个. 那么素数的分布状况

如何呢？从最初的几个素数可以看到素数之间的间隔可以很小，比如 2、3、5，但后面有越来越大的趋势. 其实，相邻两个素数之间的距离也可以要多大就有多大. 事实上，对于任何自然数 n，如果想找到连续 n 个自然数都是合数，只要考虑从 $(n+1)!+2$ 开始的 n 个数即可，它们是 $(n+1)!+2$、$(n+1)!+3$、$(n+1)!+4$、…、$(n+1)!+(n+1)$. 如此看来，素数分布规律难寻. 但是，德国数学家高斯在 15 岁时就发现素数的分布与 e 密切相关，如果记 $\pi(n)$ 为不超过 n 的素数的个数，则有

$$\lim_{n \to \infty} \frac{\pi(n)}{n/\ln n} = 1 \qquad (4.58)$$

另外，渥太华大学生物化学家 R.G.Duggleby 发现 $\pi^4 + \pi^5 \approx e^6$（精确到 4 位小数），这是一个联系 π 和 e 的近似关系，其中奥秘还没有被人类充分揭示. 还可以证明，要将一个数若干等分，如果要求各部分乘积最大，应使每份尽量接近 e. 可以充分相信，e 还有许多奥秘未被揭开，比如 G.Shombert 曾经提出猜想：π 的数字中必有 e 的前 n 位数字；同时 e 的数字中必有 π 的前 n 位数字. 要想确定这一猜想正确与否，肯定还有漫长的路要走.

在应用方面，e 不仅描述了银行利息的计算问题，它也反映了许多事物的发展规律，比如，人口增长问题、鱼类养殖与捕捞问题，电子、生物、经济、化学等各方面都包含 e 的奥秘.

4. 五个重要常数的关系

在"数"的王国里，有无穷多个成员. 在它们当中，有些数我们非常熟悉和了解，可以运用自如，比如自然数、整数；有些数我们虽然经常见面，却难识其真面目，比如 π、$\sqrt{2}$、e 等；更多的数是从未谋面. 但是，数虽有无穷之多，地位却不相同. 人们现在认识的数中，有五个数地位非凡、意义重大，也趣味无穷. 它们分别是来自算术的 1 和 0，来自几何的 π，来自代数的 i 和来自分析的 e.

在式（4.12）欧拉公式 $e^{ix} = \cos x + i \sin x$ 中取 $x = \pi$，则得到一个美丽的恒等式

$$e^{i\pi} + 1 = 0 \qquad (4.59)$$

她利用数学的 3 个最基本的运算：加法、乘法、指数，一个体现公平的等号，把这五个重要常数 0、1、i、e、π 有机地联系在一起，充分体现了数学的符号美、抽象美、统一美和常数美.

在这五个常数中，数字 0 来自于算术，在数学中起着举足轻重的作用. 单独来看，0 可以表示没有；在记数表示中，0 表示空位；在整数后面添上一个 0，恰为原数的 10 倍；从算术运算的角度来讲，它是加法的单位元，乘法的消失元，也就是说，在加减运算下，加 0 和减 0 都不改变运算结果，在乘法运算下，任何数乘以 0 都得 0；从几何上来看，它是坐标原点，是正、负数的分界点……

除此之外，0 还有特殊、丰富的含义. 常说气温是 0℃；海平面的海拔高度为 0m. 那么，在这里，0℃表示什么呢？能不能说 0℃表示没有温度，0m 表示没有高度？一定不能. 其实，它们在这里起着表示一个数量界限的作用. 另外还有 $0!=1$、$a^0=1$，0 没有辐角也没有对数.

数字 1 也来自于算术，是整数单位. 从算术运算的角度来讲，它是乘法的单位元或

哑元，也就是说，在乘除运算下，乘以 1 和除以 1 都不改变运算结果. 在四则运算下，由 1 可以生成所有的有理数，它是有理数集的唯一生成元. 为了不同的用处，"1"常以各种不同的方式出现，例如

$$\sin^2 x + \cos^2 x = 1, \qquad \tan \cdot \cot x = 1, \qquad \sin x \cdot \csc x = 1$$
$$\sec^2 x - \tan^2 x = 1, \qquad \cos x \cdot \sec x = 1, \quad \csc^2 x - \cot^2 x = 1$$
$$a / a = a^0 = \log_a a = \lg 10 = \ln e = \log_a b \cdot \log_b a = 1$$
$$\tan \frac{\pi}{4} = \cot \frac{\pi}{4} = \sin \frac{\pi}{2} = \cos 0 = 1$$

关于"1"，还有一个没有解决的猜想——

角谷猜想 一切自然数都可以借助"2"、"3"，经过加、减、乘、除回归为"1". 其法则为任给一个自然数，若是偶数，则将它除以 2，若是奇数则将它乘以 3 后再加 1，如此循环进行，经过有限步后，它的结果必为 1.

有人用计算机对小于 100×2^{50} 的自然数进行验算时，结果无一例外. 但其正确性至今无人证明.

i 是虚数单位，是复数的两个生成元之一（另一个是 1），它来自于代数中对负数的开方运算. 由 i 所建立起来的复数系统在加、减、乘、除、乘方、开方、指数、对数等基本运算下成为一个完备的封闭系统. 在这个系统下可以实现指数函数与三角函数的统一，可以看清幂级数理论的本质，这些都是在实数系统下无法实现的. 全体复数可以在平面坐标系下完全表示出来，x 轴上的点就是全体实数，而 y 轴上的点就是全体纯虚数，i 位于 y 轴上坐标为 1 的位置，是 y 轴上的单位. 任何数乘以它相当于该数围绕原点逆时针旋转π/2 角度.

4.3.5 方圆合一，自然规律

1. 方中有圆，面积揭示宇宙大法则

犹太人经济学家巴特莱（Pateler）在总结事物主次关系时发现：正方形内切圆面积与正方形除去其内切圆后剩余部分面积之比为

$$\pi : (4 - \pi) \approx 78 : 22$$

这一比值被称为"**宇宙大法则**". 如图 4.27 所示. 自然中有许多这样的构成：空气中的氮、氧之比，人体中的水分与其他物质之比，地球表面水陆面积之比.

意大利经济学家曾据此提出一个近似原理：

事物中琐碎的多数与重要的少数之比适合 80:20，或事物 80%的价值集中于其 20%的组成部分中.

图 4.27 方圆面积揭示宇宙大法则

人们称之为**八、二法则**. 现实生活中有许多这样的例子. 例如：

1）世界上 80%的财富集中在 20%的人手上；

2）逛商店的人中的 20% 购买了全部销售商品的 80%；

3）人的 10 个指头中的右手（或左手）的两个指头（拇指和食指，占 20%）担负了全部手指 80% 的劳动；

4）字典里 20% 的词汇可以应付 80% 的使用；

5）80% 的生产量来自 20% 的生产线；

6）80% 的病假来自 20% 的员工；

7）80% 的菜来自 20% 的菜色；

8）80% 的时间所穿的衣服来自衣柜中 20% 的衣物；

9）80% 的看电视时间花在 20% 的电视频道上；

10）80% 的阅读书籍来自书架上 20% 的书籍；

11）80% 的看报时间花在 20% 的版面上；

12）80% 的电话通话时间来自 20% 的发话人；

13）80% 的外出吃饭都前往 20% 的餐馆；

14）80% 的讨论出自 20% 的讨论者；

15）80% 的投诉针对 20% 的产品；

16）80% 的科研成果来自本单位 20% 的员工；

……

2. $\sqrt{2}$、π、e 的联手

作为方圆静态特征的 $\sqrt{2}$、π，反映自然变化的动态规律的 e，是 3 个深刻而又奇妙的常数，三者的结合可以有力地揭示自然与社会的法则.

在统计学中有一条重要曲线叫正态曲线（如图 4.28 所示），其标准正态曲线的函数表达式为

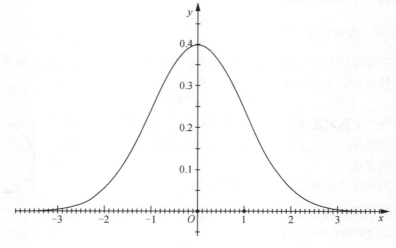

图 4.28　标准正态分布

$$y = \frac{1}{\sqrt{2\pi}} e^{\frac{-x^2}{2}} = \frac{e^{-\left(\frac{x}{\sqrt{2}}\right)^2}}{\sqrt{2\pi}} \tag{4.60}$$

其中包含了 $\sqrt{2}$、π、e 三个常数. 这一曲线从一个侧面揭示了圆（π）方（$\sqrt{2}$）的规矩效应.

图 4.28 所示的曲线有很大的普适性，它可以用来描述自然与社会中的许多现象. 例如，自然生长的各种动植物的高度、重量、体积的分布；人类的身高、体重、血压……以至一些非数量性的指标如智力、心理素质；凭直觉截取某一计划长度的绳子时实际截取结果的分布等.

第五章　数学之趣

数学之趣　引人入胜

数学，由于其抽象性和逻辑性，使其披上了神秘与深奥的面纱，甚至给人枯燥、乏味的感觉．然而，也正因为其抽象性和逻辑性，数学才包含更丰富的内涵、揭示更深刻的规律，才会给人带来出乎意料的发现、耐人寻味的惊奇和奇妙无穷的变幻，趣味盎然，引人入胜．

数学是数量与空间的组合．数与形蕴藏着大自然的奥秘，吸引着人们去探索．勾股定理乃千古第一定理，是数形结合的典范，其各式各样的证明令人感叹；勾股方程简洁对称，其引出的无数组勾股数，蕴涵的规律和奇妙让人叫绝．

数学是思维的体操．思维中的悖论是一座无际迷宫，是挑战智力的魔方、启发思考的游戏和孕育真理的沃土．悖论在荒诞中蕴涵哲理，在理性中充满魅力，既让你乐在其中、回味无穷，又使你焦躁不安、欲罢不能．

数学是结构与模式的科学．数学有集合、有结构，游戏有道具、有规则，二者形式相仿，关系密切．游戏较具体，数学较抽象，不同的游戏可能具有相同的数学结构与原理，因此数学较游戏更高一筹．游戏是智慧的象征，数学游戏更能发展智慧．数学二进制符号0与1，简单明了却内涵丰富、寓意广泛，是许多游戏的共同道具．

数学的结论、方法、思维，以其稚趣的形式"娱人"，以其丰富的内容"引人"，以其无穷的奥秘"迷人"，以其潜在的功能"育人"，充满趣味性．

第一节 勾股定理与勾股数趣谈

几何学有两大珍宝，一个是毕达哥拉斯定理，另一个是黄金分割. 前者我们可比之为黄金，后者我们可称之为宝石.

——开普勒

5.1.1 千古第一定理——勾股定理

三角形是平面几何中最简单的直边封闭图形，许多平面图形乃至立体图形的计算和应用都可以归结为三角形来解决. 而在三角形中，直角三角形是一类极端重要的特殊三角形，也是人类最早认识和感兴趣的一类三角形，任何三角形都可以分解为两个直角三角形. 关于直角三角形三边长度的关系有著名的**勾股定理**：直角三角形斜边的平方等于两直角边的平方和，即

$$x^2 + y^2 = z^2$$

反过来，三边长满足上述关系的三角形，也一定是直角三角形. 这是人类认识最早、关注最多、证明最多、应用最广的一个定理，堪称千古第一定理. 勾股定理作为数学中的第一个重要定理，与黄金分割一起，被誉为几何学的两大宝藏.

什么是"勾、股"？在中国古代，人们把弯曲成直角的手臂的上半部分称为"勾"，下半部分称为"股". 我国古代学者把直角三角形较短的直角边称为"勾"，较长的直角边称为"股"，斜边称为"弦".

1. 勾股定理的历史

在西方，传说这个定理是由古希腊的著名学派——毕达哥拉斯（Pythagoras，约公元前 560 —前 480）（如图 5.1 所示）学派发现的，因而被称为毕达哥拉斯定理. 据传，当时毕达哥拉斯学派发现这个定理时，信徒们异常高兴，为此杀了 100 头牛以表庆贺，因此又称为"百牛定理". 其实，有许多真凭实据表明，早在毕达哥拉斯之前，许多民族都在一定程度上发现了直角三角形的这一重要关系. "毕达哥拉斯定理"之名之所以得到公认，是因为现代数学与科学来源于西方，西方数学与科

图 5.1 毕达哥拉斯
（约公元前 560 —前 480）

学来源于古希腊，古希腊流传下来的最古老的著作是欧几里得的《几何原本》，而《几何原本》中称该定理为毕达哥拉斯定理.

作为几何学的两大宝藏之一，勾股定理在古代世界各民族的实践活动中都不同程度地得到认识. 有确凿的证据表明，号称四大文明古国的中国、印度、埃及、巴比伦，都对勾股定理有一定程度的认识. 特别值得提出的是古代中国和古巴比伦.

在古代中国，成书于公元前 1 世纪左右的《周髀算经》，是一部较早记载勾股定理的著作. 那里记载了，在公元前 1100 年左右，周武王的弟弟周公姬旦求教当时的学者（官居大夫）商高如何测量天有多高、地有多大时，商高提供了被称为"勾股术"的测量方法："数之法出于圆方，圆出于方，方出于矩，矩出于九九八十一（泛指数学计算）. 故折矩，以为勾广三，股修四，径隅五……"这里最后一句意思是说，在方尺上截取勾宽为三、股长为四，则这端到那端的径长（弦长）为五. 从这里可以看到，我国人民那时就已掌握了直角三角形勾三、股四、弦五的基本规律，因此我国人民又称勾股定理为"商高定理". 《周髀算经》中还记载了陈子（公元前 6—7 世纪）测量地球到太阳距离时提到："勾股各自乘，并而开方除之，得斜至日"，这应是对勾股定理的完整叙述. 在中国后来的其他数学著作《九章算术》、《缉古算经》等中，还记载了其他一些具体的整数边长的直角三角形并有一定的讨论. 公元 3 世纪初，我国数学家赵爽（字君卿）在《周髀算经注》中给出了勾股定理的一般形式和几何证明，其中还附了一张证明勾股定理的"弦图"（如图 5.4 所示）.

最令人吃惊的是，1945 年，人们在对古巴比伦留下的一块泥板文书（普林顿 322 号，如图 5.2 所示）的研究中发现，那里竟清楚地记载着 15 组具有整数边长的直角三角形的边长. 该泥板现收藏于美国哥伦比亚大学. 据考证，泥板文书的年代在公元前 1900 —前 1600 年之间，这表明，古巴比伦人认识勾股定理至少有将近四千年的历史了.

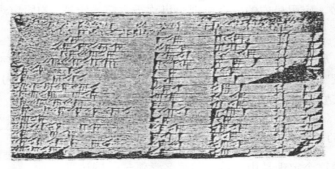

图 5.2　古巴比伦泥板文书"普林顿 322 号"

普林顿 322 号中的 15 组整数边长的直角三角形边长列表（修正版）如表 5.1 所示.

表 5.1　修正表

x	119	3367	4601	12 709	65	319	2291	799	481	4961	45	1679	161	1771	56
y	120	3456	4800	13 500	72	360	2700	960	600	6480	60	2400	240	2700	90
z	169	4825	6649	18 541	97	481	3541	1249	769	8161	75	2929	289	3229	106

2. 勾股定理的重要性

勾股定理是证明方法最多的一个定理，已公开发表的证明方法超过 370 种——卢米斯（Loomis）在他的《毕达哥拉斯定理》第二版中，收集了勾股定理的 370 种证明方法并加以分类，其重要性不言而喻. 归纳起来，勾股定理的重要性主要体现在以下方面：

1）勾股定理是联系数学中最基本也是最原始的两个对象——数与形的第一定理. 没有勾股定理，也就没有平面上两点间距离公式，就不会有一般欧几里得空间上两点间距离公式，不会有微积分，不会有一般度量空间的概念与理论，也就没有数学的今天.

2）勾股定理导致了不可通约量的发现，深刻揭示了有理数与量的区别，导致了无理数的发现，促进了数系的发展.

3）勾股定理开始把数学由实验数学（计算与测量）阶段转变到演绎数学（推理与证明）阶段.

4）勾股定理的三边关系式是最早得到完满解答的不定方程，它也导致了包括费马大定理在内的各式各样的不定方程的研究.

尼加拉瓜在 1971 年发行了一套 10 枚的纪念邮票，主题是世界上"10 个最重要的数学公式"，勾股定理位列其中. 甚至还有人提出过这样的建议：在地球上建造一个大型装置，以便向可能会来访的"天外来客"表明地球上存在智慧生命，最适当的装置就是一个象征勾股定理的巨大图形，因为人类相信，一切有知识的生物都必定知道这个非凡的定理，所以用它来做标志最容易被外来者所识别. 美国宇航局在 1972 年 3 月 2 日发射的星际飞船"先锋 10 号"就带着证明勾股定理的"出入相补图"（如图 5.7 所示）飞向太空.

5.1.2 从几何观点看勾股定理

勾股定理作为联系数与形的第一定理，包含了几何与代数两个方面. 在几何方面，一个正实数的平方代表了以此数为边长的正方形的面积. 勾股定理表明，以直角三角形斜边长为边的正方形的面积等于分别以两直角边为边的正方形的面积之和. 这一思想引发了勾股定理的多种几何证明，《几何原本》命题 47 中给出的证明是这一定理有记录的第一个证明，其方法就起源于这一思想. 许多几何证明是形象直观的，这里给出几例证明供读者参考.

1. 几何原本的证明

欧几里得的《几何原本》是用公理方法建立演绎数学体系的最早典范. 本证明取材自《几何原本》第一卷命题 47. 如图 5.3 所示.

作三个边长分别为 a、b、c 的正方形，把它们拼成如图 5.3 所示的形状，使 H、C、B 三点在一条直线上，连接 BF 和 CD. 过 C 作 $CL \perp DE$，交 AB 于点 M，交 DE 于点 L. 因为

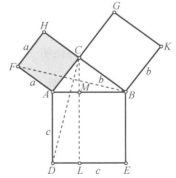

图 5.3 欧几里得的证明

$$AF = AC，AB = AD，\angle FAB = \angle CAD$$

故 $\triangle FAB \cong \triangle CAD$.

由于 $\triangle FAB$ 的面积等于 $\dfrac{1}{2}a^2$，$\triangle CAD$ 的面积等于矩形 $ADLM$ 的面积的一半，因此矩形 $ADLM$ 的面积为 a^2；同理可证，矩形 $MLEB$ 的面积为 b^2. 又因为

正方形 $ADEB$ 的面积= 矩形 $ADLM$ 的面积 + 矩形 $MLEB$ 的面积

所以 $c^2 = a^2 + b^2$，即 $a^2 + b^2 = c^2$.

这种证法是现存的最古老的证明，它随《原本》在世界广泛流传，成为两千年来《几何学》教科书中通用证法. 这个证明很精彩，证明中只用到面积的两个基本观念：

1）全等形的面积相等；

2）一个图形分割成几部分，各部分面积之和等于原图形的面积.

2. 弦图

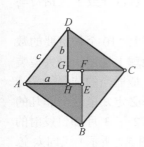

图 5.4　赵爽的弦图

赵爽，名婴，字君卿，东汉末至三国时代吴国人. 他在为《周髀算经》作注时，在《勾股圆方图注》中画出了以直角三角形的弦（斜边）c 为边的正方形——**弦图**（如图 5.4 所示），这里他以 a、b 为直角边（$b > a$），以 c 为斜边作四个全等的直角三角形，把这四个直角三角形拼成图 5.4 所示的形状. 其中直角三角形的面积 $\dfrac{1}{2}ab$ 称为**朱实**，中间边长为 $b-a$ 的小正方形的面积 $(b-a)^2$ 称为**黄实**. 他写道："案弦图，又可以勾股相乘为朱实二，倍之为朱实四，以勾股之差自乘为中黄实，加朱实四，亦成弦实." 用式子表达就是

$$c^2 = (a-b)^2 + 4\left(\dfrac{1}{2}ab\right) = a^2 - 2ab + b^2 + 2ab$$

故 $c^2 = a^2 + b^2$，这就证明了勾股定理.

赵爽的这个证明可谓别具匠心，极富创新意识. 他用几何图形的截、割、拼、补来证明代数式之间的恒等关系，既具严密性，又具直观性，为中国古代以形证数、形数统一、代数和几何紧密结合、互不可分的独特风格树立了一个典范.

3. 美国总统的证明

美国众议员加菲德（James A. Garfield，1831—1881）（如图 5.5 所示）在 1876 年给出勾股定理一个如图 5.6 所示的证明，发表在《新英格兰教育杂志》上. 其实，其基本思想与赵爽证法是一致的. 由于他于 1881 年成为美国第 20 任总统，该证法便引起关注.

以 a、b 为直角边，c 为斜边作两个全等的直角三角形，则每个直角三角形的面积等于 $\dfrac{1}{2}ab$. 把这两个直角三角形拼成如图 5.6

图 5.5　加菲德
（1831—1881）

所示的形状，使 A、E、B 三点在一条直线上.

由于 Rt$\triangle EAD \cong$ Rt$\triangle CBE$，有 $\angle ADE = \angle BEC$；又因 $\angle AED + \angle ADE = 90°$，故

$$\angle AED + \angle BEC = 90°$$

$$\angle DEC = 180° - 90° = 90°$$

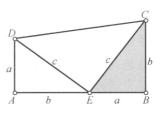

图 5.6 加菲德的证明

所以 $\triangle DEC$ 是一个等腰直角三角形，它的面积等于 $\dfrac{1}{2}c^2$.

又由于

$$\angle DAE = 90°, \quad \angle EBC = 90°$$

故 $ABCD$ 是一个直角梯形，它的面积等于 $\dfrac{1}{2}(a+b)^2$. 由此可知

$$\frac{1}{2}(a+b)^2 = 2 \times \frac{1}{2}ab + \frac{1}{2}c^2$$

即 $a^2 + b^2 = c^2$.

加菲德的这种证法利用了梯形的面积公式，简明易懂，具有初等数学知识的人都可接受.

4. 勾股定理的出入相补证明

我国三国魏晋时期数学家刘徽（生于公元 3 世纪），在魏景元四年（即 263 年）为古籍《九章算术》作注释. 在此著作中，他提出以"出入相补"的原理来证明勾股定理. 后人称该图为"青朱入出图". 这个证明是用剪贴的方式以形证数，他把勾股为边的正方形上的某些区域剪下来，移到以弦为边的正方形的空白区域内（入），结果刚好填满，完全用图解法就解决了问题，如图 5.7 所示.

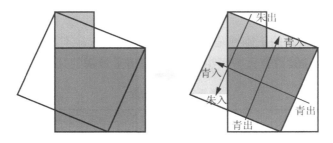

图 5.7 青朱入出图

出入相补法是中国古代数学家常用的一种解法，其操作性强、简明易懂. 读者也可以利用另外的割法，得到不一样而本质相同的其他证明.

5.1.3 从代数观点看勾股定理——勾股数与不定方程

作为三角形的 3 条边长，其数值可以是任意正实数. 然而，人们更关心的是边长为

整数的情况. 西方人把满足

$$x^2 + y^2 = z^2$$

的三整数组（ x, y, z ）称为**毕达哥拉斯数组**，我们称之为**勾股数（组）**.

这是人们从代数方面来认识与研究勾股定理，上述方程也是人类第一个充分研究过并给予完满解答的不定方程，具有重要意义与价值.

谈到不定方程，不能不提到古希腊数学家、代数学鼻祖丢番都（Diophantos，约 246—330）. 他是第一个系统而广泛研究不定方程的数学家. 关于他的一生，人们知之甚少，只知道他在亚历山大住过至少几年.

对于上述关于勾股定理而形成的不定方程，一个简单而明显的事实是：如果 (a,b,c) 是一组解，即勾股数，则对于任意整数 k， (ka, kb, kc) 也是一组勾股数. 这说明，勾股数如果存在，就有无穷多组，而要求所有的勾股数，只需要寻求那些三数互素的**素勾股数**即可. 应当注意的是，在勾股数中，三边长互素意味着三边长两两互素；反过来，三边长中有两边长互素也就意味着三边长互素，这一点不难由方程 $x^2 + y^2 = z^2$ 直接看出. 因此，要判断一组勾股数是否是素勾股数，只需要看其是否有两边长互素即可.

一个自然的问题是：素勾股数有多少？一个、还是多个？有限多个、还是无穷多个？素勾股数有没有统一的表达式？

显然，（3，4，5）和（5，12，13）都是素勾股数，这说明素勾股数不只一个. 那么，素勾股数有没有统一的表达式呢？从数学发展的角度来看，找出这样的表达式是一个质的飞跃. 公元前 6 世纪的毕达哥拉斯学派就已找到了一个表达式，这就是

$$\begin{cases} a = m \\ b = \dfrac{1}{2}(m^2 - 1) \\ c = \dfrac{1}{2}(m^2 + 1) \end{cases} \quad (5.1)$$

其中 m 为奇数. 要验证它的正确性是不难的，但要发现它却不是一件容易的事. 这一表达式也同时说明了素勾股数有无穷多组. 表 5.2 列出了最初的几组素勾股数.

表 5.2 素勾股数

$a = m$	3	5	7	9	11	13	15
$b = \dfrac{1}{2}(m^2 - 1)$	4	12	24	40	60	84	112
$c = \dfrac{1}{2}(m^2 + 1)$	5	13	25	41	61	85	113

到了公元前四五世纪，主要进行几何学体系和几何学基础方面研究的柏拉图学派也得到一个类似的表达式，即

$$\begin{cases} a = m \\ b = \dfrac{1}{4}m^2 - 1 \\ c = \dfrac{1}{4}m^2 + 1 \end{cases} \tag{5.2}$$

其中 m 是偶数. 例如（8，15，17）就是一组这样的素勾股数.

但是，不论是毕达哥拉斯的表达式，还是柏拉图的表达式，都未能包含所有的素勾股数. 例如

$$65^2 + 72^2 = 4225 + 5184 = 9409 = 97^2$$

即（65，72，97）是一组素勾股数，但却不能由上述两个表达式算出. 事实上，毕达哥拉斯得到的勾股数中弦比股大 1，而柏拉图得到的勾股数中弦比股大 2. 这说明，毕达哥拉斯和柏拉图并没有给出所有素勾股数的表示.

丢番都在研究二次不定方程时，对勾股数问题进行了进一步的研究，给出了如下法则：

若 m、n 是两个正整数，且 $2mn$ 是完全平方数，则有

$$\begin{cases} a = m + \sqrt{2mn} \\ b = n + \sqrt{2mn} \\ c = m + n + \sqrt{2mn} \end{cases} \tag{5.3}$$

是一组勾股数.

值得一提的是，在早于丢番都三四百年的我国古代数学巨著《九章算术》中，也记载了一组求勾股数的公式

$$\begin{cases} a = mn \\ b = \dfrac{1}{2}(m^2 - n^2) \\ c = \dfrac{1}{2}(m^2 + n^2) \end{cases} \tag{5.4}$$

其中 $m > n$，且奇偶性相同. 与丢番都同时代的我国魏晋时期数学家刘徽，在公元 263 年对《九章算术》注释时用几何方法对这一公式进行了严格证明. 这一结果是迄今为止人们对勾股数的最为完美的表示之一. 毕达哥拉斯的表示是此处 $n=1$ 的特例.

公元 7 世纪初，印度数学家给出了全部素勾股数的下述统一表达式

$$\begin{cases} a = 2mn \\ b = m^2 - n^2 \\ c = m^2 + n^2 \end{cases} \tag{5.5}$$

其中 m 和 n 互素，且奇偶性不同. 我国清代数学家罗世琳也给出了同样的表示. 下面给出该表达式的证明.

1. 上述公式中每一个数组都是素勾股数

首先，直接验证可以知道，它们都是勾股数；

其次，证明 $(a,\ b,\ c)$ 中三数互素，只需要证明 $(b,\ c)=1$ 即可.

反证法：由于 m、n 互素，且奇偶性不同，有 $(m,\ n)=1$，从而 $(m^2,\ n^2)=1$，而且 $b=m^2-n^2$ 与 $c=m^2+n^2$ 都是奇数. 如果 $(b,\ c)\neq1$，则 m^2-n^2 与 m^2+n^2 有公共奇素数因子 p，$p|m^2+n^2$ 且 $p|m^2-n^2$，从而 $p|2m^2$，且 $p|2n^2$，由此知 $p|m^2$，且 $p|n^2$，这与 $(m^2,\ n^2)=1$ 相矛盾，结论得证.

2. 任一素勾股数均可以由上述公式表出

素勾股数中勾股两数不可能同时为偶数，也不可能同时为奇数，因此必然为一奇一偶，从而弦为奇数. 设 $(a,\ b,\ c)$ 是一组素勾股数，即

$$a^2+b^2=c^2$$

且 $(a,\ b,\ c)=1$，可以设 b、c 为奇数，从而 $\dfrac{c+b}{2}$ 和 $\dfrac{c-b}{2}$ 均为整数，而且二者互素，于是由于

$$\left(\frac{c+b}{2}\right)\left(\frac{c-b}{2}\right)=\frac{c^2-b^2}{4}=\left(\frac{a}{2}\right)^2$$

知 $\dfrac{c+b}{2}$ 和 $\dfrac{c-b}{2}$ 均为完全平方数，记

$$\frac{c+b}{2}=m^2,\frac{c-b}{2}=n^2$$

则容易验证，所述表达式成立.

5.1.4 勾股数的特殊性质

根据勾股数的统一表达式（5.5），可以导出勾股数许多美妙的性质，例如
◆ 不存在勾股同是奇数而弦为偶数的配合；
◆ 勾股中必有一个数是 3 的倍数；
◆ 勾股中必有一个数是 4 的倍数；
◆ 勾股弦必有一个数是 5 的倍数；
◆ 弦与勾股中某一数之和、之差均为完全平方数；
◆ 弦与勾股中某一数之算术平均为完全平方数.

以上各条中，第 1、2、3、5、6 条都可以从素勾股数的表达式直接看出. 对于第 4 条，注意到任何一个自然数的平方要么是 5 的倍数，要么是模 5 余 ±1，因此，如果 m^2、n^2 之一是 5 的倍数，则 $a=2mn$ 是 5 的倍数；如果 m^2、n^2 都不是 5 的倍数，若余数相同，则 $b=m^2-n^2$ 是 5 的倍数，若余数相异，分别为 1 和 -1，则 $c=m^2+n^2$ 是 5 的倍数.

具有整数边长的三角形一直是一个有趣的话题，而由勾股定理表现的直角三角形是其中最有趣的. 下面仅举几例.

1. 边长随你选

除了 1 与 2 外，每一个自然数都可以作为整数边长直角三角形的一个直角边边长.

实际上，对于奇数 A，总是可以将 A 写成两数之积（因子可以是 1），令大数为 $m+n$，小数为 $m-n$，显然可以通过联立方程简单地解出 m 和 n 的值，此时取

$$\begin{cases} a = 2mn \\ b = m^2 - n^2 = A \\ c = m^2 + n^2 \end{cases} \quad (5.6)$$

则 A 是一个直角边边长，由此可以得到一组素勾股数. 例如，$A=7=7×1$，得 $m = 4$，$n = 3$，相应的勾股数组为（24，7，25）.

这样一来，对所有大于 2 的形如 2（$2k+1$）=$4k+2$ 的偶数 6、10 等，都可以作为一个（非素）勾股数的一元. 例如，$A=14=2×7$，则（48，14，50）是一组（非素）勾股数.

对于偶数 $A = 4k$，令 $2k = mn$，可以假定 m、n 奇偶性不同且互素（可以是 1），于是取

$$\begin{cases} a = 2mn = A \\ b = m^2 - n^2 \\ c = m^2 + n^2 \end{cases} \quad (5.7)$$

则 A 是一个直角边边长，由此可以得到一组素勾股数. 例如，$A=8=2×4×1$，得 $m = 4$，$n = 1$，相应的勾股数组为（8，15，17）.

通常，对于一个给定的自然数，以它为直角边边长的三角形可以有多个，这是由于上述 m 和 n 可以有多种取法的原因.

2. 姐妹边长

（1）一直角边与斜边为连续整数的直角三角形

在勾股数的表达式中，只要满足 $m = n+1$，得到的勾股数就符合这一要求，例如表 5.3 所示.

表 5.3 一直角边与斜边为连续整数

a	3	5	7	9	11	13	15
b	4	12	24	40	60	84	112
c	5	13	25	41	61	85	113

（2）两直角边为连续整数的直角三角形

要盲目地去寻找这样的三角形并非易事，但一个最简单的、大家都熟悉的勾股数（3，4，5）就是一组. 可以依靠这一特殊勾股数组，按如下较简单的方法来寻找此类其他的一些三角形. 方法是：把勾股数组表达式中的 m 和 n 称为这组勾股数的母数，对于已知的一组此类勾股数，设其母数 $m>n$，则可以证明，以 $2m+n$ 与 m 为母数可以产生另一组此类勾股数.

例如，（3，4，5）的母数为 $m = 2$，$n = 1$，于是，以 5 和 2 为母数产生的勾股数为（21，20，29）；再下一组勾股数为（119，120，169）.

3. 平方数边长

在整数边长直角三角形中，各种边长均可能为平方数，而且还存在一边长为平方数且另两边为连续整数的直角三角形.

（1）斜边（最大边）为平方数的直角三角形（如表 5.4 所示）

表 5.4　斜边为平方数

$m=?$，$n=?$	4，3	12，5	24，7	40，9
$a=2mn$	24	120	336	720
$b=m^2-n^2$	7	119	527	1519
$c=m^2+n^2$	25	169	625	1681

（2）最小边为平方数且另两边为连续整数的直角三角形（如表 5.5 所示）

表 5.5　最小边为平方数

$m=?$，$n=?$	5，4	13，12	25，24	41，40
$b=m^2-n^2$	9	25	49	81
$a=2mn$	40	312	1200	3280
$c=m^2+n^2$	41	313	1201	3281

（3）中等长边为平方数的直角三角形（如表 5.6 所示）

表 5.6　中等长边为平方数

$m=?$，$n=?$	9，8	2，1	25，18	49，32
$b=m^2-n^2$	17	3	301	1377
$a=2mn$	144	4	900	3136
$C=m^2+n^2$	145	5	949	3425

第二节　悖论及其对数学发展的影响

逻辑是不可战胜的，因为要反对逻辑还得要使用逻辑.

——布特鲁（Pierre Leon Boutroux）

让她无法说 NO 的约会

一次，美国滑稽大师马丁·格登纳根据哈佛大学数学教授贝克先生告诉他的办法，成功地邀请了一位年轻姑娘一起吃晚饭.

格登纳对这姑娘说："我有 3 个问题，请你对每个问题只用 'Yes' 或 'No' 回答，不必多做解释. 第一个问题是：你愿意如实地回答我的下面两个问题吗？"

姑娘答："Yes！"

"很好，"格登纳继续说："我的第二个问题是，如果我的第三个问题是'你愿意和我一道吃晚饭吗'，那么，你对这后两个问题的答案是不是一致的呢？"

可怜的姑娘不知如何回答是好. 因为不管她怎样回答第二个问题，她对第三个问题的回答都是肯定的. 那次，他们很愉快地在一起吃了一顿很好的晚饭.

事实上，如果她回答 "yes"，这自然表明她同意与他一起共进晚餐；但是，如果她回答 "no"，说明她对第三个问题的答案与此不同，那就是 "yes"，同样表明她同意这次约会.

格登纳问题的巧妙之处在于，他把第二和第三个问题嵌套在一起，犹如数学中的复合函数，于是姑娘对第二个问题的回答就不可避免地包含了两层意思：一个是对第二问题本身的答案，另一个是对二者关系的答案，这种圈套设计巧妙，使得姑娘无法逃脱.

5.2.1　悖论的定义与起源

在"让她无法说 NO 的约会"这个故事里，姑娘陷入了滑稽大师的圈套"不能自拔". 这种现象让人感觉迷惑，不知所措. 在数学与哲学中，有一种称作"悖论"的语句，更让人惊奇：它是亦真亦假，真假难辨！

1. 悖论的定义

"悖论"（英语：Paradox，俄语：Парадокс ）的字面意思是荒谬的理论，然而其内涵远没有这么简单，它是在一定理论系统前提下看起来没有问题的矛盾.

关于悖论，目前并没有非常权威性的定义，存在着各种不同的说法. 有人认为，悖论是一种导致逻辑矛盾的命题，这种命题，如果承认它是真的，可以导出它又是假的；如果承认它是假的，又可以导出它是真的. 也有人认为，悖论是指这样的推理过程，看上去它是没有问题的，但结果却得出了逻辑矛盾. 更多的人认为，一个论断，如果不论是肯定还是否定它，都会导出一个与原始判断相反的结论，而要推翻它却又很难给出正当的根据，这种论断称为悖论；或者，如果一个命题及其否定命题均可以用逻辑上等效的推理加以证明，而其推导又无法明确提出错误，这种自相矛盾的命题就叫做悖论.

上述关于悖论的种种说法，有它合理的成分，但都是表征性的. 因为任何一个悖论在实质上都被包含在某一个理论体系之中，因此在给悖论下定义时，应该有"相对于某一理论体系"这个前提. 悖论最后总是推出矛盾，但这种矛盾的表现形式是多种多样的，它既可能表现为同时证明了两个互相矛盾的命题，也可表现为证明了两个互相矛盾命题的等价形式. 所以徐利治教授主张采用 A.A.富兰克尔（A.A.Fraenkel，1891—1965）和 B.希勒尔（Y.Bar-Hillel）的说法较合理.

定义 如果某种理论的公理及其推理规则看上去是合理的，但在这个理论中却推出了两个互相矛盾的命题，或者证明了这样一个复合命题，它表现为两个矛盾命题的等价式，称这个理论包含了一个**悖论**.

这里强调了悖论是依赖于一定的理论体系的，只是说某个理论体系包含了悖论，并没有言明什么是悖论.

悖论不同于通常的诡辩或谬论. 诡辩、谬论可以通过已有的理论说明其错误的原因，是与现有理论相悖的；而悖论虽感其不妥，但从它所在的理论体系中，不能阐明其错误的原因，是与现有理论相容的. 悖论是在当时解释不了的矛盾.

看一个诡辩的例子，关于"讼师和他徒弟的约定"的故事.

一个讼师招收徒弟时约定，徒弟学成后第一场官司如果打赢，则交给师傅一两银子，如果打输，就可以不交银子. 后来，弟子满师后却无所事事，迟迟不参与打官司. 老讼师得不到银子，非常生气，告到县衙里，和这位弟子打官司. 这位弟子却不慌不忙地说："这场官司如果我打赢了当然不给您银子，如果打输了按照约定也不交给您银子，反正我横竖不交银子." 一句话把老讼师给气死了.

其实，这是一种诡辩，很容易找到其错误原因：当他官司打赢时，他按照官司本身的规则不给银子；当他官司打输时，他又按照入师时的约定不给银子. 二者采用了不同的标准. 事实上，老讼师也可以按照类似的诡辩方法，当徒弟官司打赢时，按照收徒时的约定可以得到银子；当徒弟官司打输时，按照官司本身的规则也应该得到银子，从而，这场官司不论输赢都可以得到银子.

悖论蕴涵真理，但常被人们描绘为倒置的真理；它在"荒诞"中蕴涵着哲理，可以给人以智慧的启迪，给人以奇异之美感.

悖论富有魅力，既让您乐在其中，又使您焦躁不安，欲罢不能；深入其中，可以启发思维，回味无穷.

数学历史中出现的悖论为数学的发展提供了契机.

2. 悖论的起源

关于悖论的起源问题. 一般认为，悖论早在古希腊时期就出现了，对此有两种不同的说法.

起源之一：芝诺悖论（公元前 5 世纪）

芝诺（Zenon Eleates，约公元前 490 —前 429）出生于意大利南部的埃利亚（Elea）城，是古希腊埃利亚学派的主要代表人物之一. 他是古希腊著名哲学家巴门尼德（Parmennides）的学生. 他否定现实世界的运动，信奉巴门尼德关于世界上真实的东西只能是"唯一不动的存在"的信条. 在他那个时代，人们对时间和空间的看法有两种截然不同的观点. 一种观点认为，空间和时间无限可分，运动是连续而又平顺的；另一种观点则认为，时间和空间是由一小段不可分的部分组成，运动是间断且跳跃的. 芝诺悖论是针对上述两个观点而提出的. 他关于运动的四个悖论，被认为是悖论的起源之一. 其中前两个悖论是针对那种连续时空观而提出的，后两个悖论则是针对间断时空观提出的.

（1）运动不存在

一物体要从 A 点到达 B 点，必先抵达其 1/2 处之 C 点；同样，要到达 C 点，必先抵达其 1/4 处之 D 点；而要到达 D 点，又必先抵达其 1/8 处之 E 点. 如此下去，它必定要先到达无穷多个点，这在有限时间内做不到，因此运动不可能存在. 如图 5.8 所示.

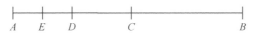

图 5.8　运动不存在例子

据说，在芝诺作关于运动不存在这个悖论的演讲时，当时有一个反对者在气急之下也只是在听众席前默默地走来走去.

问题：要到达无穷多个位置，是否就需要无限长的时间？

（2）阿里斯追不上乌龟

阿里斯与乌龟赛跑，阿里斯的速度是乌龟速度的 10 倍，乌龟先行 100m，阿里斯开始追赶；等到阿里斯走过 100m 时，乌龟又走了 10m；等到阿里斯再走过 10m 时，乌龟又走了 1m……，阿里斯永远也追不上乌龟.

问题：无穷多个时间段，是否就是无限长的时间？

（3）飞矢不动

"飞着的箭静止着". 飞箭在任一瞬间必然静止在一个确定的位置上，所以，箭一直是静止.

问题：什么叫运动？

（4）运动相对性

三个物体 A、B、C 依次等距并行排列，B 不动，A 以匀速左行，C 以同样的速度匀速右行；于是，在 B 看来，A（相对于 B）运动一个长度单位所用的时间等于对 C 而言，A（相对于 C）运动两个长度单位所用的时间. 悖论：一半时间等于整个时间.

结论：运动是相对的.

起源之二：说谎悖论（约公元前 6 世纪）

说谎悖论是一个语义上的悖论. 多年来通过对它的分析、研究，逐步澄清了语言学在逻辑、语义上存在的混乱和不清，推动了逻辑学、语义学的发展. 说谎悖论产生较早，也被认为是悖论的起源之一.

（1）埃比曼尼德悖论

公元前 6 世纪，克里特岛上的哲学家埃比曼尼德（Epimenides）说："所有的克里特人都是说谎者."

如果假定说谎者永远说谎，并假定所有克里特人要么都说谎，要么都讲真话，这句话就是一个悖论. 这是因为：如果这句话是真的，由于埃比曼尼德本人也是克里特人，他应是说谎者，于是他说的上述话应该是假的；如果这句话是假的，这说明埃比曼尼德本人在说谎，因此所有的克里特人都是说谎者，他说的上述话应该是真的.

如果没有前述假定，这句话并不构成悖论. 但在公元前 3 世纪，欧几里得把上述语句修改为："我正在说谎." 这倒是一个标准的悖论了.

（2）柏拉图悖论

A: 下面 B 的话是假的；

B: 前面 A 说了真话.

（3）二难论

鳄鱼问孩子的母亲：你猜我会不会吃掉你的孩子，猜对了我就不吃，猜错了，我就吃掉他.

母亲说：你是要吃掉我的孩子的.

问题：鳄鱼能否吃掉孩子？

5.2.2 悖论对数学发展的影响——三次数学危机

从哲学上来看，矛盾无处不在. 即便以确定无疑者著称的数学也不例外.

数学中充满矛盾：正与负、实与虚、圆与方、直与曲；有限与无限、连续与离散、常量与变量、具体与抽象；指数与对数、微分与积分、乘方与开方、收敛与发散，等等. 在整个数学发展史上，始终贯穿着矛盾的斗争与解决. 而在矛盾激化到涉及整个数学基础时，就产生了数学危机. 要消除矛盾，就要对旧的理论加以审视，找出矛盾根源，建立新的理论体系. 这样当矛盾消除，危机解决时，又往往给数学带来新的内容和新的进展，以致革命性的变化.

在数学发展史上，一般认为从公元前 6 世纪古希腊的毕达哥拉斯学派算起，到 20 世纪初的 2600 年间，经历了三次重大危机. 第一次数学危机发生在公元前 470 年左右，由无理数的发现所导致；第二次数学危机发生在 17 世纪，是由于实用但不够严密的微积分而产生；1902 年，英国数学家罗素（B. Russell，1872—1970）关于集合悖论的发表标志着第三次数学危机的到来. 每一次数学危机的出现，都源于数学新思想与传统思想的激烈冲突，因此都是以数学悖论的出现为特征的. 而危机的解决则扩大了对数学对象、数学理论与数学方法的认识，从而促进了数学新的发展.

1. 第一次数学危机

公元前 5 世纪，无理数的发现导致了数学的第一次危机.

（1）毕达哥拉斯学派的"万物皆数"信条

数学是研究数与形的科学. 远在文字出现之前，人类祖先就已经有了数的概念. 人类最早认识的是自然数.

到了公元前 6 世纪，古希腊的毕达哥拉斯学派坚信：任何一条线段的长度都可以表示为两个整数之比，世界上除了整数和分数（有理数）之外，再也没有别的数了. 这就是第四章提到的"万物皆数"信条的自然解释. 毕达哥拉斯学派信奉"万物皆数"这一信条，认为宇宙中的一切现象都能归结为"数"——即有理数. 因此所有的几何量：长度、面积、体积等均可以由整数或整数之比来表示，或者说任何两个量之间都是"可公度"的——即可以找到一个较小的量去公度它们. 当时他们信奉这一信条是有其充分根据的. 他们已经清楚，**有理数全体具有稠密性与和谐性**. 所谓稠密性是说，任意两个有理数之间，必然存在第三个有理数，而不管这两个有理数有多么接近，从而必然有无穷多个有理数存在. 所谓和谐性，是指有理数之间相处得亲密无间，对任意一个给定的有理数，你永远找不到一个与之最接近的有理数. 因此，毕达哥拉斯学派自然地认为，（有理）数就是所有的量.

（2）无理数的发现与第一次数学危机

毕达哥拉斯学派一个最重要的研究成果就是所谓的毕达哥拉斯定理，即勾股定理. 按照这一定理，直角边边长为 1 的等腰直角三角形的斜边长作为一个几何量也应该是一个分数. 可是，毕达哥拉斯和他的门徒们费了九牛二虎之力也找不到这个分数. 该学派有个成员叫希帕索斯（Hipasus），他对这一问题很感兴趣，并花费很多时间苦心钻研这类问题，最终发现边长为 1 的正五边形的对角线的长度也是一个人们还没有认识的新数，就是现在所说的"无理数".

像正方形的对角线的长度 $\sqrt{2}$ 这样的几何量，却不是一个数（量），这自然是一个悖论，后人把它叫做毕达哥拉斯悖论. 这一悖论的出现，动摇了毕达哥拉斯万物皆数的信条，推翻了毕达哥拉斯学派的基础，引起了毕达哥拉斯学派的恐慌，直接导致数学的第一次重大危机.

据说当时毕达哥拉斯学派为了维护该学派的威信，下令严密封锁希帕索斯的发现. 希帕索斯则由于泄露了这一秘密而被追杀，他因此流浪国外数年. 后来，在地中海的一条海船上，毕达哥拉斯的信徒们发现了希帕索斯，他们残忍地把希帕索斯扔进海中，结束了希帕索斯的生命. 最终希帕索斯为发现真理而献出了宝贵的生命，成为第一次数学危机的殉葬品. 但是希帕索斯的发现却是淹没不了的, 它以顽强的生命力被广为流传, 迫使人们去认识和理解自然数及其比值是不能包括一切几何量的.

（3）第一次数学危机的产物——公理几何与逻辑的诞生

毕达哥拉斯悖论把"离散"与"连续"的问题突出显现出来. 因为整数实际上是表示离散的量, 而可公度比实际上也是站在把每个量看作是单位量的离散的集合基础上表示两个离散量的关系. 但是现实的量除了离散量, 还存在着连续量, 毕达哥拉斯试图用离散量去精确地度量一切连续量, 这就是不可公度比产生的原因. 由此看来, 毕达哥拉斯悖论是由于主观认识上的错误而造成的.

希帕索斯的发现, 一方面促使人们进一步去认识和理解无理数, 另一方面导致了公理几何学和古典逻辑的诞生.

几何量不能完全由整数及其比表示, 反之, 数都可以由几何量表示, 整数受人尊崇的地位开始动摇, 几何学由此在希腊数学中占有特殊地位. 随着时间的推移, 更多的无理数被发现, 也逐渐被人们所接受.

大约在公元前 370 年, 古希腊数学家、毕达哥拉斯学派的欧多克斯（Eudoxus, 公元前 408—前 355）建立了新的比例理论, 标志着这一悖论的彻底解决, 同时无理数得以普遍承认, 数学向前推进一大步. 欧多克斯的理论和德国数学家戴德金（Julius Wilhelm Richard Dedekind, 1831—1916）于 1872 年给出的无理数的解释与现代解释基本一致.

第一次数学危机同时也反映出: 直觉和经验不一定靠得住, 推理证明才是可靠的. 在此之前的各种数学, 无非都是"算", 也就是提供算法. 比如泰勒斯预测日食, 利用影子距离计算金字塔高度, 测量船只离岸距离等, 都是属于计算技术范围的. 从此希腊人开始重视几何的演绎推理, 并由此建立了几何的公理体系. 这是数学思想上的一次巨大革命.

2. 第二次数学危机

数学史上把 18 世纪微积分诞生以来在数学界出现的混乱局面叫做数学的第二次危机. 17 世纪建立起来的微积分理论在实践中取得了成功的应用, 大部分数学家对于这一理论的可靠性深信不移. 但是, 当时的微积分理论主要是建立在无穷小分析之上的, 而后来发现无穷小分析是包含逻辑矛盾的. 这就是所谓的"**贝克莱悖论**". 粗略地说, 贝克莱（G.Berkeley, 1685—1753）悖论可以表述为"无穷小量究竟是否为 0"的问题: 就无穷小量的实际应用而言, 它必须既是 0, 又不是 0; 但从形式逻辑的角度看, 这无疑是一个矛盾, 因而产生悖论.

（1）微积分的建立

进入 17 世纪, 科学技术发展迅猛, 给数学提出了四类问题:

1）瞬时速度问题;

2）曲线的切线问题;

3）函数极值问题;

4）求积问题（曲线长度、图形面积等）.

这四类问题吸引了大批数学家去研究，并产生了新的数学工具——坐标解析几何，进而使微积分的产生由必要成为可能. 17 世纪末，在众多数学家多年工作的基础上，英国数学家牛顿和德国数学家莱布尼兹分别独立地建立了微积分. 当时牛顿研究的叫流数法，他在 1669 年建立，1711 年发表；而莱布尼兹建立的是微积分算法，他在 1673—1676 年建立，1684 年发表. 应当指出，在牛顿和莱布尼兹之前，有关微积分的思想方法就已经部分地形成了，而且由此思想部分地解决了一些实际问题. 因此，恩格斯说："微积分大体上是由牛顿和莱布尼兹完成的，但不是他们发明的."牛顿、莱布尼兹对微积分的主要贡献表现在以下四个方面：

1）澄清概念——特别是建立导数（变化率）的概念；

2）提炼方法——从解决具体问题的方法中提炼、创立出普遍适用的微积分方法；

3）改变形式——把概念与方法的几何形式变成解析形式，使其应用更广泛；

4）确定关系——确定微分和积分互为逆运算.

牛顿、莱布尼兹对微积分的贡献，与欧几里得对欧几里得几何的贡献相当，他们都是数学史上最伟大的数学家. 微积分的建立具有划时代的意义，它使得人们可以研究各个领域所涉及的运动物体的速度和加速度，曲线的切线以及所围成的区域的面积等，使数学从常数数学时代进入变量数学时代，极大地推动了整个科学技术的发展.

（2）贝克莱悖论与第二次数学危机

微积分建立之后，很快在许多方面找到了有效应用，引起科学界极大关注. 但是在很长一个时期内其内容是十分粗糙、不严密的，它的一些定理和公式在推导过程前后出现逻辑矛盾，使人们感到难以理解，这种矛盾集中体现在对无穷小量的理解与处理中. 微积分的基本思想就是无穷小（这与我国古代刘徽割圆术的思想是一致的），因此对无穷小量的理解与处理中出现的矛盾使得微积分的基础出现了危机.

通过一个具体的例子来看一下牛顿是怎样对无穷小量进行处理的.

对一个具体给定的函数 $y = x^2$，有

$$y + \mathrm{d}y = (x + \mathrm{d}x)^2 = x^2 + 2x\mathrm{d}x + (\mathrm{d}x)^2$$

从而有

$$\mathrm{d}y = 2x\mathrm{d}x + (\mathrm{d}x)^2$$

忽略不计式子中的 $(\mathrm{d}x)^2$，得到 $\mathrm{d}y = 2x\mathrm{d}x$，因此有 $\dfrac{\mathrm{d}y}{\mathrm{d}x} = 2x$.

在上述推导过程中，有两点突出矛盾. 首先，他把无穷小看作可以忽略不计的 0，去掉包含它的项；然后他又把无穷小量（看作不等于 0 的项）作分母进行除法运算；最后，得到希望的公式. 这表明在同一个式子中，他对无穷小量 $\mathrm{d}x$ 的处理前后矛盾.

$\mathrm{d}x$ 到底是什么？它究竟是不是 0？引起了极大的争论. 牛顿本人对此也无法给出合理的解释，这使他十分困惑. 这就是所谓的微积分悖论. 由于这个悖论是在 1734 年由爱尔兰主教贝克莱致分析学者或不信教的数学家的一封公开信中提出的，故又称为**贝克莱悖论**. 这个悖论的出现导致了第二次数学危机.

（3）第二次数学危机的产物——微积分的严密化与集合论的建立

为了解决第二次数学危机，数学家们做了大量工作. 危机的最终解决是在 100 年之

后的 19 世纪，它以法国数学家柯西建立、并由德国数学家魏尔斯特拉斯完善的严格的极限理论为起点，以严密的实数理论的建立为标志. 危机的解决不仅促进了集合论的诞生，并由此把数学分析的无矛盾性问题归结为实数系统的无矛盾问题，为 20 世纪的数学发展奠定了坚实基础.

1820 年，柯西把有极限的、特别是以 0 为极限的变量概念作为微积分的起点，从而把极限原理和无穷小量、无穷大量原理综合起来. 其基本线索是：变量、函数→变量的极限→无穷小量、无穷大量→函数的连续性概念→导数的定义、性质、应用→积分的定义、性质、应用等. 其中起着关键作用的是极限概念. 这样微积分理论的基础完全建立在严格的极限理论之上，从而使微积分有一个可以被大多数数学家接受的逻辑基础. 但在柯西的极限定义中，尚有许多不严格的地方. 例如，"无限趋近"、"想要多么小就多么小"、"一个变量趋于它的极限"等之类的话不是严格的逻辑叙述，而是依靠了运动、几何直观的东西.

魏尔斯特拉斯进一步改进了柯西的工作，把微积分奠基于算术概念的基础上. 他认为"一个变量趋于一个极限"的说法还留有运动观念的痕迹，如果把一个变量简单地解释为一个字母，让字母可代表它可以取值的集合中的任何一个数，这样一来，运动的观念就不见了. 魏尔斯特拉斯用 ε-δ 语言来给函数极限的定义作了精确的阐述. 具体定义如下.

若任给 $\varepsilon>0$，存在一个正数 δ，使得对于当 $|x-x_0|<\delta$ 且 $x\neq x_0$ 时，都有 $|f(x)-A|<\varepsilon$，则称 $f(x)$ 在 $x=x_0$ 处有极限 A.

把极限理论建立在 ε-δ 准则之上就使极限理论精确化，而且这是用可靠的静态关系去描述动态现象. 事实上，在上述定义中，$f(x)$ 代表了一个潜无限的过程，而 A 则是这一过程的结果，即实无限性的表现. 因此，所谓的 ε-δ 准则，实质上就是过程和结果之间联系的反映，而依据这一准则，就可以通过对过程的分析来把握相应的结果. 而这种动态过程是通过 ε-δ 这种静态的有限量为路标来刻画的. 恩格斯曾说过，运动应当从它的反面即从静止找到它的量度，用 ε-δ 方法定义函数的极限，实质上就是用相对稳定的方式来描述一个变量的运动变化情况. 这具体反映在 ε 的任意给定上，给定 ε 反映了运动的相对静止，它静态描述了函数 $f(x)$ 的特征；但是 ε 又是任意的，可以取 ε 的一系列趋于零的正数，这一系列的"静态"描述恰好反映了函数 $f(x)$ 的"动态"特性. 正如放电影一样，一系列的静态画面使人有动态的感觉.

由于在严格的极限理论中，极限是作为一种"定义对象"出现的，而不再被看成是相应结果的直接表现，这样一来，作为一个单独从过程来考察的极限理论，就不再包含任何直接的矛盾，而无穷小量则完全排除掉了.

由于第二次数学危机，促使数学家深入探讨数学分析的基础——实数理论. 19 世纪 70 年代初，魏尔斯特拉斯、康托、戴德金等人独立地建立了实数理论. 而极限理论又是建立在实数理论的基础上的，从而使数学分析奠定在严格的实数理论的基础上，并进而导致集合论的诞生.

3. 第三次数学危机

第三次数学危机产生于 19 世纪末和 20 世纪初，当时正是数学空前兴旺发达的时期. 首先是逻辑的数学化促使数理逻辑这门学科诞生. 19 世纪 70 年代康托尔创立的集合论是现代数学的基础，也是产生危机的直接来源. 1902 年，英国数学家、逻辑学家、哲学家罗素（B. Russell，1872—1970）悖论的发表标志着第三次数学危机的到来.

（1）康托集合论的建立

到了 19 世纪后期，以微积分为主的高等数学，以多项式、矩阵和行列式为主的线性代数，以及以射影几何为主的几何学已经发展得十分完备. 在此基础上，数学向着更具普遍意义的结构数学和抽象数学的方向发展，出现了泛函分析、抽象代数、拓扑学，以及建立在它们基础和交叉之上的各个新的数学分支. 德国数学家康托（G .Cantor，1845—1918）在 1874—1885 年间建立了集合论，这是用公理化方法或直觉法研究集合性质的一个数学分支. 由于数学的许多基本问题归根结底都是集合论的问题，因此集合论问世以后，很快获得了很大发展与广泛应用，对物理学、化学、生命科学等产生了巨大的推进作用，也促进了法国著名的布尔巴基结构数学学派的形成，成为现代数学的基础.

（2）罗素悖论与第三次数学危机

由于康托的集合论解决了数学基础的问题，所以 1900 年在巴黎召开的国际数学会议上，大数学家庞加莱（Poincare，Henri，1854—1912）宣称："数学的严格性，看来直到今天才可以说是实现了."事实上，当时的数学界为此而喜气洋洋，一片乐观. 可是在庞加莱胜利宣告数学的严格性已达到还不到两年，1902 年罗素宣布了一条惊人的消息：集合论是自相矛盾的，不具备相容性！这就是罗素在集合中发现的矛盾，数学史家称为**罗素悖论**. 由于这一新发现，使刚刚平静的数学界，又掀起轩然大波. 当罗素马上把这一消息告诉德国数学家弗雷格（Frege，Friedrich Ludwig Gottlob，1848—1925）时，弗雷格大为伤心. 他说："一个科学家所遇到的最不合心意的事，莫过于在他的工作即将结束时，其基础却崩溃了，罗素先生的一封信正好把我置于这个境地."整个数学界也为之大震，许多大数学家大惊失色，不知所措. 在罗素提出悖论之前，已出现了布拉里－福蒂"最大序数悖论"（1897 年）和康托"最大基数悖论"（1899 年），可是由于这两个悖论牵涉到的概念较多，没引起大家注意. 而罗素悖论则不同，它仅涉及到集合的最基础概念，明确暴露了集合论理论体系内部的矛盾，冲击了数学基础的研究工作.

集合论中最基础的概念之一是集合，康托把**集合**定义为满足一定属性的一切事物的全体，并把其中的事物叫做该集合的**元素**. 在集合论中康托坚持一个基本原则：一个元素要么属于该集合，要么不属于该集合，二者必居其一. 按照这种定义与原则，罗素定义了一个集合：所有不以自己为元素的集合所组成的集合为 $R=\{x \mid x \notin x\}$. 罗素的问题是：作为一个集合，R 本身是否是 R 的元素？如果 $R \notin R$，则按照 R 的定义有 $R \in R$；如果 $R \in R$，则按照 R 的定义又有 $R \notin R$. 这就构成了一个悖论，叫做**罗素悖论**. 这一悖论不仅关系到集合论理论本身，而且涉及逻辑推理，直接在数学界产生了灾难性的影响，导致了数学的第三次危机.

（3）对数学发展的影响——ZFC 系统的建立

罗素认为解决集合悖论的关键在于确定这样的条件，在这种条件下，使相应的集合存在. 罗素指出了分析这种条件的三种可能方向："量性限制理论"、"曲折理论"和"非集合理论". 后来悖论研究基本上按着罗素所指引的方向前进.

为了解决这一悖论，演化出了逻辑主义、直觉主义和形式主义等数学学派，产生出了集合论的公理化. 1908 年，德国数学家 E.策墨罗（Zermelo，Ernst Friedrich Ferdinand，1871—1953）等人建立了第一个集合论公理化系统，可以视作量性限制理论的一个具体体现. 策墨罗认为，悖论的出现是由于使用了太大的集合，因此必须对康托尔的朴素集合论加以限制，限制到足以排除悖论，同时要保留这个理论所有有价值的东西. 策墨罗等人研究的结果，后来经富兰克尔等人努力，形成了 ZF 系统. 在这个系统中能把布拉里-福蒂悖论、康托悖论等予以排除. 如果在 ZF 系统中再加上选择公理，就构成 ZFC 系统，只要这个系统无矛盾，那么严格的微积分理论就能在 ZFC 公理集合论上建立起来. 然而 ZFC 系统本身是否有矛盾至今还没有得到证明. 因此，不能保证这一系统中不会出现新的悖论. 数学家庞加莱说：我们建造了一个围栏来放养羊群，以防止它们被狼侵害，但我们不知道在围栏中是否已经有狼.

图 5.9　哥德尔
（1906—1978）

作为对罗素悖论的研究与分析的一个间接结果就是，1931 年由奥地利数学家哥德尔（Kurt Godel，1906—1978）（如图 5.9 所示）得到的哥德尔不完备性定理.

哥德尔不完备性定理：任意足以包含自然数算术的形式系统如果是无矛盾的，则它一定包含着这样一个命题，该命题与其否定在该系统中都不能证明，亦即该系统是不完备的.

这一定理是数理逻辑发展史上的重大研究成果，是数学与逻辑发展史上的一个里程碑. 也说明悖论不可避免,从方法论角度来研究和解除悖论具有重要意义.

5.2.3　几种常见悖论

1. 语义学悖论

（1）永恒性撒谎者悖论

人们根据说谎悖论构造了如下的"永恒性撒谎者悖论"：

"在本页本行里所写的这句话是谎话".

由于上述行里除了这句话本身之外别无它话，因此，若该话为真，则要承认说话的结论，从而推出该话为假. 反之，若该话为假，则应肯定该话结论的反面为真，从而推出该话为真.

这个悖论的症结在于作论断的话与被论断的话混二为一. 要排除这种悖论在于语言的分层，这正是语义学所研究的内容.

（2）意料之外的考试

20 世纪 40 年代初，一位教授宣布：下周的某一天要进行一次"意料之外的考试"，没有一个学生能在考试那天之前推测出考试的日期.

一个学生证明了：考试不会在最后一天进行，因为，否则在倒数第二天晚上就可以推测出考试的日期. 依此类推：考试不能在任何一天进行. 因此考试是不存在的. 而事实上教授确实在这一周内进行了一次考试.

问题的症结在于：能够断定日子的考试都应是意料之内的考试，因而并不能断定这个意料之外的考试不会在最后一天进行. 若这么说，那么在任何一天进行的考试都是"意料之外（相当于没能推测出）的考试".

此悖论的实质在于，概念（认识）的完成性与过程性（即发展可能性）的绝对对立.

（3）梵学者的预言

印度一个预言家的女儿在一张纸上写了一件事（一句话），让她的父亲预言这件事在下午 3 点钟以前是否发生，并在一张卡上写上"是"或"否"以代表他的判断.

该预言家在此卡片上写了一个"是"字.

他的女儿在纸上写的一句话是："在下午 3 点钟以前，你将在此卡片上写上一个'否'字."

该悖论的实质与谎言悖论相同，症结都在于语义的自我否定.

2. 由无穷导致的悖论

人类认识上的一个最大障碍是从有限到无穷的过度. 悖论的起源与此有关，第一次数学危机中的无理数悖论的本质也在于此. 事实上，整数是容易理解的，有理数作为两个整数之比，是有限小数或无限循环小数，也是清晰的，可以理解的，但无理数作为无限不循环小数，不能通过对整数进行有限次四则运算表达出来，让人很难了解其真面目. 有限的事物有很多直观的性质到了无限多事物的时候不再成立. 例如，有限多的事物总可以排序、有头有尾，有限的整体总大于部分，等等. 于是，当人们把有限的观念简单地应用于无穷的时候，就可能产生悖论. 以下是几个著名的例子.

（1）关于时空的悖论

"一盏灯，打开 1min，关闭 1/2min；再打开 1/4min，关闭 1/8min；再打开 1/16min，关闭 1/32min；一直下去. 问 2min 结束时，灯是开着还是关着？"无论从实验和逻辑上都无法确定. 但事实上又必须有一种确定的状态：开或关.

类似的问题还有："设有两车相距 20km，两车以同速、匀速 10km/h，相对而行. 一只飞虫在两车之间匀速 20km/h 来回飞行. 问两车在中点相遇时，飞虫面向哪一方？飞虫共走了多少路程？" 这里"飞虫共走了多少路程"的问题是容易回答的，困难在于飞虫面向哪一方，这又是一个无限次的不断变化而又似乎必有确定状态的问题. 它其实就像询问数学问题：判断函数 $\sin\dfrac{1}{x}$ 在 $x=0$ 的右侧是什么符号？一方面，由于实数的完备性，在 $x=0$ 的右侧没有最靠近它的点；另一方面，函数 $\sin\dfrac{1}{x}$ 以 $x=0$ 为振荡间断点，它既没有左极限，也没有右极限，问题是不可判定的.

有趣的是前述问题的反问题："三者同时从中点出发，二车相背而行，当二车到达两端时，飞虫在何处？"答案是：可以在任何一点. 这个奇怪的答案，其实可以通过反向思维来得到：在两车以同速、匀速 10km/h，相对而行时，不论飞虫从两车之间任何一点出发，匀速 20km/h 来回飞行，最终两车必在中点相遇，而此时飞虫必在中间，因此，再倒回时又会回到其开始的任意出发点.

（2）伽利略悖论

1638 年，伽利略指出如下事实. 如果在正整数和正整数的平方数之间建立如下的一一对应

$$1, \quad 2, \quad 3, \quad \cdots \quad n, \quad \cdots$$
$$\updownarrow \quad \updownarrow \quad \updownarrow \quad \cdots \quad \updownarrow \quad \cdots$$
$$1^2, \quad 2^2, \quad 3^2, \quad \cdots \quad n^2, \quad \cdots$$

这样一来，整体和部分就相等了. 但是，人们的传统观念总认为"整体大于部分"，却不知道这只能适用于有限量，而不能应用于无穷量，因此上述论证就被看成是一个悖论. 这就是伽利略悖论.

（3）关于集合的悖论

集合论的创立人德国数学家康托受"有限集的幂集的元素个数一定大于该有限集本身的元素个数"的启发，研究了无限集的类似问题，得到了集合论的重要定理——康托定理.

康托定理 任何集合 A，由它的一切子集构成的集合（称为 A 的幂集）记为 2^A，则其基数的关系为 $\overline{\overline{2^A}} > \overline{\overline{A}}$.

推论 没有最大的基数.

悖论 1（康托最大基数悖论） 若令 A 是一切集合所构成的集合，则其基数又应该是最大的.

悖论 2 [罗素（Russell）悖论（1902 年）] 设 $R = \{x \mid x \notin x\}$，则 $R \in R \Leftrightarrow R \notin R$.

对于悖论 1，问题在于概念的发生是有逻辑秩序的，因而并不存在绝对意义下的"一切集合"这一概念.

对于悖论 2（罗素悖论），要回答的问题是："一切不包含自身的集合所组成的集合"是否包含自身的问题. 如果说它不包含自身，那么它就应当是这个集合的元素，即包含自身；如果说它包含自身，按照该集合的定义，它就不是该集合的元素，因此它就不包含自身. 问题在于"任何涉及到一个集合整体的东西不能是这个集合中的一个元素"，康托在进行集合定义时太过随意，"满足一定属性"首先这些属性不能含有矛盾.

罗素悖论的通俗化如下.

理发师悖论（1918 年）：一天，萨维尔村的理发师挂出了一块招牌——给而且只给村子里不给自己理发的人理发. 于是有人问他："您的头发谁给理呢？"理发师顿时哑口无言.

这个悖论是罗素悖论的通俗的、有故事情节的表述. 这里存在着一个不可排除的"自指"问题. 因此，无论这个理发师怎么回答，都不能排除内在的矛盾. 这与语义学悖论实质相当.

（4）关于级数的悖论（17 世纪末、18 世纪初）

已知级数 $\sum_{n=1}^{\infty} \dfrac{(-1)^n}{n}$ 收敛，设其和为 A，则有

$$
\begin{aligned}
A &= 1 - \frac{1}{2} + \frac{1}{3} - \frac{1}{4} + \cdots \\
&= \left(1 + \frac{1}{3} + \frac{1}{5} + \frac{1}{7} + \cdots\right) - \left(\frac{1}{2} + \frac{1}{4} + \frac{1}{6} + \cdots\right) \\
&= \frac{1}{2}\left(1 + \frac{1}{3} + \frac{1}{5} + \frac{1}{7} + \cdots\right) + \frac{1}{2}\left(1 + \frac{1}{3} + \frac{1}{5} + \frac{1}{7} + \cdots\right) - \frac{1}{2}\left(1 + \frac{1}{2} + \frac{1}{3} + \frac{1}{4} + \cdots\right) \quad (5.8) \\
&= \frac{1}{2}\left(1 - \frac{1}{2} + \frac{1}{3} - \frac{1}{4} + \cdots\right) \\
&= \frac{1}{2} A
\end{aligned}
$$

由此导出 $A = 0$，但另一方面，显然有

$$
A = \left(1 - \frac{1}{2}\right) + \left(\frac{1}{3} - \frac{1}{4}\right) + \left(\frac{1}{5} - \frac{1}{6}\right) + \cdots > \frac{1}{2} \quad (5.9)
$$

这是一个矛盾！

悖论原因：条件收敛级数不满足交换律.

3. 由虚数导致的悖论

人类认识上的另一个障碍是从实到虚的过度. 实数的一些性质到虚数时不再成立. 例如，实数可以比较大小，实数的平方总非负，等等. 于是，当人们把实数的观念简单地应用于虚数的时候，就可能产生悖论. 以下是几个著名的例子.

（1）关于方程的悖论

16 世纪，意大利数学家卡诺得到了三次方程 $x^3 = ax + b$ 的卡达诺公式解，即

$$
x = \sqrt[3]{\frac{b}{2} + \sqrt{\left(\frac{b}{2}\right)^2 - \left(\frac{a}{3}\right)^3}} + \sqrt[3]{\frac{b}{2} + \sqrt{\left(\frac{b}{2}\right)^2 - \left(\frac{a}{3}\right)^3}} \quad (5.10)
$$

同一时期的另一位意大利数学家邦贝利（R.Bombelli，1526—1572）将其用于具体的方程

$$
x^3 = 15x + 4
$$

中得到一个虚数解

$$
x = \sqrt[3]{2 + \sqrt{-121}} + \sqrt[3]{2 - \sqrt{-121}} = \sqrt[3]{2 + 11\mathrm{i}} + \sqrt[3]{2 - 11\mathrm{i}} \quad (5.11)
$$

但直接计算可知 $x = 4$ 与 $x = -2 \pm \sqrt{3}$ 共 3 个实数是它的全部解，怎么会有虚数解呢？其实，上述形式的虚数解本质上都是实数.

（2）关于对数的悖论

1702 年，瑞士数学家约翰·伯努利（Bernoulli, Johann，1667—1748）对函数 $\dfrac{1}{x^2 + 1}$

求积分得到

$$\int \frac{dx}{x^2+1} = \int \frac{dx}{(x+i)(x-i)} = \frac{1}{2i}\int\left(\frac{1}{x-i}-\frac{1}{x+i}\right)dx = \frac{1}{2i}\ln\frac{x-i}{x+i}+C \qquad (5.12)$$

问题是，$\ln\dfrac{x-i}{x+i}$ 是什么？特别当 $x=0$ 时，$\ln(-1)$ 是什么？对此，伯努利与莱布尼兹讨论了 16 个月.

伯努利认为 $\ln(-1)$ 是实数，理由是

$$\frac{dx}{x}=\frac{d(-x)}{-x}, \quad \int\frac{dx}{x}=\int\frac{d(-x)}{-x}$$

从而有

$$\ln(-x)=\ln x, \quad \ln(-1)=\ln 1=0$$

而且按照对数运算法则也得到

$$2\ln(-1)=\ln(-1)^2=\ln 1=0$$

另一方面，莱布尼兹认为 $\ln(-1)$ 是虚数，理由有以下几点：

1）当 $a>0$ 时，$\ln a$ 的取值范围是全体实数，实数被用尽，因此，当 $a<0$ 时，$\ln a$ 必是虚数；

2）若 $\ln(-1)$ 是实数，则 $\ln i=\dfrac{1}{2}\ln(-1)$ 也是实数，这是荒谬的；

3）$\ln(1+x)=x-\dfrac{x^2}{2}+\dfrac{x^3}{3}-\cdots$ 让 $x=-2$，上式发散，故 $\ln(-1)$ 不可能是实数，必是虚数.

瑞士数学家欧拉说：长期以来，这个悖论使我们感到痛苦不堪. 他在 1749 年解决了这个难题，其关键在于他导出了一个 Euller 公式，进而得到

$$e^{i(\pi+2k\pi)}=-1 \qquad (5.13)$$

从而知道 $\ln(-1)$ 是多值虚数.

4. 经济学的悖论——阿洛选举悖论

民主制度认为投票制度是最有效率的政府制度，可肯尼斯·阿洛（K. Arrow，1921— ）偏偏提出了一个"**投票悖论**"（也叫阿洛悖论，Arrow's Paradox）对投票制度的可靠性提出了质疑.

假设有 A、B、C 三个候选人，要求选举人把候选人按优劣排成一个顺序. 民意测验结果是：三种选票结果 A＞B＞C （A 优先于 B、B 优先于 C；含义下同）、B＞C＞A、C＞A＞B 皆为总数的三分之一，因此，三者地位相同.

但是 A 分析：较喜欢 A，而不喜欢 B 的占三分之二；而较喜欢 B，却不喜欢 C 的占三分之二；因此 A 是最受欢迎的人. 当然，B、C 两位候选人也可以同样的理由说明自己是最受欢迎的人. 这就形成了悖论.

此悖论形成的原因是："好、恶"没有传递性，结论应是不确定的. 阿洛悖论导致了不确定性定理的提出，指出了投票制度的缺陷：即个人理性并不一定导致集体理性.

阿洛曾经根据这一统计学悖论及其他逻辑原理证明：一个十全十美的选举系统在原则上是不可能实现的. 他因此而获得 1972 年诺贝尔经济学奖.

5.2.4 如何看待悖论

1. 悖论形成的原因

悖论的形成通常有两方面的原因. 一是认识论方面的因素，由主观认识的局限性或错误造成，也就是它们的构造中隐含着某些错误的前提，这类悖论被称为"内涵悖论". 例如，毕达哥拉斯悖论. 另一种是方法论方面的因素，其前提并没有明显错误，但经过严格的逻辑分析之后得出两个互相矛盾的命题的悖论，这类悖论被称为"逻辑悖论". 例如，罗素悖论.

（1）认识论方面的因素

主观认识上的错误是可能造成悖论的一种原因. 具体地说，由于人的认识的局限性，任何已经建立起来的认识或理论都必然具有一定的局限性和一定的适用范围，即它们只是相对真理. 如果忘却了这样一点而将某种认识或理论无限制地加以应用，就会脱离实际. 这就是主观思维的形而上学性与客观事物的辩证性产生矛盾. 而矛盾在"极限"情况下表现为"没有出路"的程度，就出现了悖论. 对于由此产生的具体悖论，由于科学的不断发展，将在新的理论体系中得到解决，但又会在新的情况下出现新的悖论. 前面提到的悖论中，多数是由于这一原因产生的. 例如，毕达哥拉斯悖论、伽利略悖论、关于方程的悖论、关于对数的悖论等.

（2）方法论方面的因素

主观思维方法的形式化特性与客观事物的辩证性产生矛盾而造成悖论. 由于主观思维方法上的形而上学或形式逻辑化方法的限制，客观对象的辩证性在认识过程中常常遭到歪曲：对立统一的环节被绝对地割裂开来，并被片面地夸大，以致达到了绝对、僵化的程度，从而辩证的统一就变成了绝对的对立；而如果再把它们机械地重新联结起来，对立环节的直接冲突就不可避免，从而产生悖论. 例如，康托造集的任意性就容易产生悖论.

2. 对待悖论的态度

悖论既然是客观实在的辩证性同主观思维的形而上学性矛盾的一种表现形式，因此，产生悖论就是不可避免的，试图一劳永逸地消除数学中悖论的一切努力必将失败. 数学中悖论的历史也说明了这一点：已有的悖论消除了，又产生新的悖论. 又由于人的认识是发展的，所以只要有悖论，迟早能获得解决. 产生悖论—解决悖论—又产生新的悖论，这是一个无穷反复的过程，这个过程也是数学思想获得重要发展的过程.

悖论既然是主客观矛盾的一种表现形式，因此，为了消除悖论，只能是提高主观认识，克服认识过程中的局限性. 就数学而言，就是发展数学，使之更加完善，更符合客观实际. 例如，只要认识到"全体大于部分"仅适用于有穷集合，而不适用于无穷集合，有关无穷的悖论就排除了. 所以解决悖论的过程就是发展人的认识，也是发展数学，以克服历史局限性的过程. 用黑格尔的话说就是:"矛盾正是对认识的局限性的超越和这种局限性的消解. "因此, 研究、解决悖论对于数学思想的发展具有积极意义. 那种把数学中的悖论视为"笑料"的观点是陈旧的、肤浅的;那种把数学视为"安全"的领域、认为数学中的悖论没有影响数学家的正常研究的观点是盲目乐观, 也不符合实际情况. 20 世纪以来的数学哲学家正是意识到了这些问题, 才积极开展对悖论的研究, 并取得了一定成绩. 公理几何、严格的极限理论、集合论的公理化等都是对悖论研究的直接成果. 20 世纪初期基础研究中的三大学派, 虽然都没有实现自己为了避免悖论而设计的改造数学的方案, 但是在他们的工作中却获得大量的新发现和新见解. 例如, 逻辑主义的类型论、直觉主义的能行性理论、希尔伯特的证明论等, 都是直接或间接对悖论研究的产物. 这些"副产品"反比三派预定的目标更为重要. 被人称为"数学和逻辑发展中的一个里程碑"的哥德尔不完备性定理, 也是直接来源于数学基础中悖论的研究. 这些成就都是今天数学大厦的组成部分, 它从一个侧面说明了研究悖论的重要性. 可以认为, 悖论的产生和对其的解决是数学思想方法特别是数学基础发展的形式之一.

第三节　数学与游戏

数学是透过在纸上的无意义的记号，建立简单法则的游戏.

——波利亚

数学类似游戏，高于游戏

一般认为，游戏轻松愉快、趣味盎然，人人乐于参与；而数学则艰深困难、枯燥乏味，大多望而生畏. 其实游戏与数学关系非常密切，二者有类似的元素和结构，同时数学比游戏更高一筹.

数学有两个基本元素：给定的集合以及运算规则. 这里的集合可能是"数的集合"、"几何形体的集合"、"函数的集合"，甚至更为抽象的其他集合；而这里的运算规则可能是加、减、乘、除，微分、积分等.

游戏也有两个基本元素：给定的集合——"道具"，以及游戏规则. 这里的集合或道具是游戏活动范围内某些物体的集合. 例如，一堆棋子、一副扑克牌，甚至更为抽象的数字等；而这里的游戏规则是对游戏活动所作的要求或限制.

说数学比游戏更高一筹是因为游戏较具体，而数学则较抽象，许多看起来完全不同的游戏，在数学家眼里，本质上却是一回事儿.

数学家与其他人一样喜欢玩游戏，但目的不尽相同. 一般人只注重单个的游戏本身，对于两个不同的游戏，玩起来同样入迷；而数学家善于分析与归纳，善于通过给定的法则去解决问题，他们把几个本质相同的游戏看作一个去研究. 一般人玩游戏追求玩的过程的刺激，尽力使每一局都获胜；而数学家不满足于一次偶然的取胜，他们更关心如何找到取胜的秘诀，更热衷于探讨一般规律.

游戏是智慧的象征，数学游戏更能发挥智慧. 数学之所以有强大的生命力，关键在于一旦你深入其中，就会发现其趣味无穷. 数学之所以趣味无穷，关键在于它对思维的启迪. 在某种程度上，游戏精神是数学发展的一种动力. 游戏激发了许多重要数学思想的产生，游戏促进了数学知识的传播，游戏是发现数学人才的一种途径.

5.3.1 一种民间游戏——"取石子"

有一种民间游戏是这样设计的:

地面上摆着若干堆石子,每堆的石子数目任意.甲乙两人轮流从中拿取石子,每人每次只能在其中一堆中取走 1 颗或 2 颗石子.以最后把石子取完者为胜.

请问:有没有必胜的诀窍?

先看一个最简单的情况:只有一堆石子的情况.分析这类问题通常采用逆向思维:要想取到最后一颗石子,按照规则,上一次取后留下的石子数不能是 1 或 2,至少为 3.如果留下 3 颗,那么不论对方按照规则取 1 颗还是 2 颗,自己都一定能将剩下的 2 颗或 1 颗石子取完.把这种不论对方如何操作,自己总能取胜的残局叫做**"赢局"**."留下 3 颗"就是你的赢局.同样的分析知道,要想取得这一赢局,前一次取后应当留下 6 颗,依此类推可得以下结论.

结论 1 在一堆石子的情况下,留下 3 的倍数颗石子就是赢局.

现在看一下有两堆石子的情况.首先考虑一个极端情况:假如其中一堆全部取完了,那么按照一堆石子情况的讨论,赢局就是另一堆剩下 3 的倍数颗石子.但是如何保证一堆取完后,另一堆剩下的恰好有 3 的倍数颗石子呢?其实,只要使得两堆石子数除 3 所得余数相同即可.此时,对方在其中一堆中取走几颗石子,你就从另一堆中取走同样多颗石子,这样就能始终保持留下的两堆石子数除 3 余数相同,从而当一堆取完(余数为 0)后,另一堆石子数是 3 的倍数.所以有下面的结论.

结论 2 在两堆石子的情况下,两堆石子数除 3 所得余数相同,就是赢局.

最后分析一般情况:任意多堆石子.此时有下面的结论.

结论 3 只要除 3 所得余数(1 或 2)相同的石子堆是成对出现的,而被 3 整除的石子堆数量不论多少个,都是赢局.

这是因为,如果一堆石子数能被 3 整除,你总是可以保证最后取完这一堆;而对于除 3 所得余数相同的两堆,你也总是可以保证取到最后一颗的.

5.3.2 改变一下游戏规则

现在保留上面的道具:地面上摆着若干堆石子,每堆的石子数目任意.
游戏规则改为:每人每次可以在其中一堆中取走任意多颗石子.
请问:有没有必胜的诀窍?

如果只有一堆石子,结论是显然的,你只要把它们一次取完就胜利了.

对于两堆石子,首先考虑一个极端的情况:两堆石子数相同.此时,对方取走几子,你就从另一堆中取走同样多的石子,最后一颗石子必然属于你.因此,留下的"两堆石子数相同"就是赢局.如果你面临的两堆石子数不同,只要从较多石子的一堆中取走若干颗,使剩下的两堆石子数相同即可.

对于一般的任意多堆石子的情况，如果是偶数堆石子，按照刚才的分析，只要留下的具有相同数目石子的堆数是成对出现的，就是赢局；如果是奇数堆石子，问题就十分复杂了. 下面以 3 堆为例加以说明.

假设 3 堆石子数分别为 m、n、k，将其记为（m，n，k）. 如果面临的 3 堆中有两堆石子数相同，比如 $m = n$，可以将另外一堆 k 取完，留下的两堆石子数相同，这就是赢局. 如果 3 堆石子数各不相同，怎样产生赢局呢？

这是个有趣的问题，下面分析一下. 由于 3 堆数目不等，不妨设 $m < n < k$，以其中最小的 m 为 "主要线索"，分情况讨论.

1）$m = 1$ 时，即状况为（1，n，k）. 下面再对 n 分情况讨论.

由于 $m < n < k$，因此 n 最小为 2，起始情况是（1，2，3）.

我们说，留给对方残局（1，2，3）就是赢局. 这可以用"穷举法"加以说明，因为对方取子后只有六种情况

$$（0，2，3），（1，0，3），（1，2，0）$$
$$（1，1，3），（1，2，2），（1，2，1）$$

前 3 种情况都只剩下两堆，而且石子数目不同，你总可以从其中一堆中取出若干颗而形成赢局；后 3 种情况中都有两堆石子数相同，你只需把不同的那堆全部取走即可，故也可以产生赢局.

其他情况是（1，2，k），$k > 3$. 此时必先抓者胜. 因为先抓者只要把第 3 堆抓剩 3 个，就转化成（1，2，3）的状况，从而必胜.

下一种情况是（1，3，k），$k > 4$. 此时必先抓者胜. 因为先抓者只要把第 3 堆抓剩 2 个，就转化成（1，3，2）的状况，自然必胜.

结论 1 （1，2，3）为赢局；（1，2，k），$k > 3$，或（1，3，k），$k > 4$，先抓为赢.

还有一种情况是（1，4，k），$k > 5$. 起始情况是（1，4，5），经"穷举法"分析可知，留给对方残局（1，4，5）就是赢局. 这样类似地分析下去，逐渐可以得到结论.

结论 2 （1，2，3）、（1，4，5）、（1，6，7）、（1，8，9）为赢局.

猜想 1 （1，$2m$，$2m+1$）为赢局.

对 m 用数学归纳法可以证明猜想 1，细节留给读者.

2）$m = 2$ 时，即状况为（2，n，k）. 下面再对 n 分情况讨论.

由于 $m < n < k$，因此 n 最小为 3，起始情况是（2，3，k），$k > 3$.

根据 1）的讨论，这种情况很简单，此时必先抓者胜. 因为先抓者只要把第 3 堆抓剩 1 个，就转化成（2，3，1）的状况，从而必胜.

另一种情况是（2，4，k），$k > 4$，起始情况是（2，4，5）. 根据 1）的结论，这种情况必先抓者胜. 因为先抓者只要把第一堆抓剩 1 个，就转化成（1，4，5）的状况，从而必胜.

还有一种情况是（2，4，6）. 经用"穷举法"分析，（2，4，6）为赢局.

猜想 2 （2，$4m$，$4m+2$）或（2，$4m+1$，$4m+3$）都是赢局.

类似地讨论，通过类比、归纳、猜想可以提出以下猜想.

猜想 3 （3，$4m$，$4m+3$）或（3，$4m+1$，$4m+2$）都是赢局.

猜想 4 （4，8m，8m+4）或（4，8m+1，8m+5）或（4，8m+2，8m+6）或（4，8m+3，8m+7）都是赢局.

猜想 2、3、4 都可以用数学归纳法给出证明.

这种解决问题的方法显然是复杂的，而且无法给出统一的判断. 数学家思考问题，不限于一些个别的结论，他需要得到一般的规律，于是要问，能否找到一种新手段、新方法，来解决这一问题. 历史上有过多次类似的情形：笛卡尔引进坐标系，描述了过去难以描述的曲线；牛顿引进微分法和积分法，解决了变速运动的速度、路程问题；伽罗瓦引进"群"的概念，解决了五次方程根式解的问题，等等.

从前面对具体问题的分析中看到，一个残局是否是赢局与两堆石子数是否相同或两堆石子数除 3 所得余数是否相同有关. 这里余数的"相同"与"不同"两种判别状态，使我们想到要应用二进制来解决问题.

5.3.3　用二进制来解决

为方便考虑，仍以 3 堆为例来说明，其原理适用于一般情况. 把各堆的石子数用二进制表示. 例如，残局（1，2，3）表示为（1，10，11）. 为了说明赢局的特征，把各堆石子数用二进制表示后放在一起作不进位竖式加法，例如

$$
\begin{array}{cc}
0\ 1 \\
1\ 0 \\
\underline{1\ 1} \\
2\ 2
\end{array}
\qquad
\begin{array}{ccc}
1\ 1\ 0 \\
0\ 1\ 1 \\
\underline{1\ 0\ 1} \\
2\ 2\ 2
\end{array}
\qquad
\begin{array}{ccc}
0\ 1\ 0 \\
1\ 1\ 1 \\
\underline{1\ 1\ 0} \\
2\ 3\ 1
\end{array}
\qquad
\begin{array}{cccc}
1\ 0\ 1\ 0 \\
1\ 1\ 0\ 0 \\
\underline{1\ 1\ 1\ 1} \\
3\ 2\ 2\ 1
\end{array}
$$

上述前两式的和中每一个数字都是偶数，称相应的残局为**偶型**，而后两式的和中至少有一个数字是奇数，称相应的残局为**奇型**. 比如第一式对应的残局（1，2，3）是偶型.

断言："留下偶型残局"一定是赢局.

事实上，从偶型残局中取子后一定变为奇型残局；而对于一个奇型残局，则一定存在一种取法，使取子后变为偶型残局. 于是，一旦留下一个偶型残局，你就一定有办法永远保持留下偶型残局，这样随着石子一颗颗被取走，最后必然留下最小的偶型残局（0，0，0），这时你就取胜了.

为什么经过一次取子，偶型残局一定变为奇型残局，而奇型残局总有办法变为偶型残局呢？下面来分析一下.

对于一个偶型残局（m，n，k），随便从其中一堆（比如第 3 堆）中取子后，残局变为（m，n，k_1）. 此时 k 的二进制表示中至少有一位数字由 1 变为 0（否则石子不会减少），而 m 和 n 的各位数不变，故其和式中至少有一位由偶数变成奇数，从而（m，n，k_1）是一个奇型残局. 因此，不论对方如何取子，偶型残局一定变为奇型残局.

而对于一个奇型残局，其二进制数不进位竖式加法的和式中，至少有一个数是奇数. 将和式中从左到右的第一个奇数所对应的某一行的 1 变成 0，再把该行后面对应和式奇数的各位 1 变为 0，0 变为 1，其他各位保持不变，就能使和式中偶数保持不变，而奇数变为偶数，从而对应一个偶型残局. 变化后的该行所代表的"新数"一定小于原数（因

为其较左边的一位 1 变成了 0）. 因此只要据此在相应的一堆中取出数量为原数与"新数"之差的石子，也就是说该堆中留下"新数"个石子即可. 所以可以看到，对于任何一个奇型残局，一定能找到一种取法，使取子后变为偶型残局.

根据这一原理，现在可以分析几个具体的残局，来判断其是否是赢局.

前面提到的残局（1，2，3）是偶型残局，因此是赢局.

下面各式分别是残局（1，6，7），（2，5，7），（3，5，6），（4，9，13），（5，9，12）的二进制不进位竖式加法

$$
\begin{array}{ccc}
0 & 0 & 1 \\
1 & 1 & 0 \\
\underline{1 \; 1 \; 1} \\
2 & 2 & 2
\end{array}
\quad
\begin{array}{ccc}
0 & 1 & 0 \\
1 & 0 & 1 \\
\underline{1 \; 1 \; 1} \\
2 & 2 & 2
\end{array}
\quad
\begin{array}{ccc}
0 & 1 & 1 \\
1 & 0 & 1 \\
\underline{1 \; 1 \; 0} \\
2 & 2 & 2
\end{array}
\quad
\begin{array}{cccc}
0 & 1 & 0 & 0 \\
1 & 0 & 0 & 1 \\
\underline{1 \; 1 \; 0 \; 1} \\
2 & 2 & 0 & 2
\end{array}
\quad
\begin{array}{cccc}
0 & 1 & 0 & 1 \\
1 & 0 & 0 & 1 \\
\underline{1 \; 1 \; 0 \; 0} \\
2 & 2 & 0 & 2
\end{array}
$$

它们都是偶型残局，因此都是赢局.

接下来的问题是，偶型残局经过对方取子而变成奇型残局后，我方如何取子能保证再得到偶型残局呢？以上述最后一个偶型残局（5，9，12）为例：对方从其中一堆，比如第一堆中取出几子，比如 2 子，则残局变为（3，9，12），用二进制表示为（0011，1001，1100），这是一个奇型残局，其二进制不进位竖式加法为

$$
\begin{array}{cccc}
0 & 0 & 1 & 1 \\
1 & 0 & 0 & 1 \\
\underline{1 \; 1 \; 0 \; 0} \\
2 & 1 & 1 & 2
\end{array}
$$

要把它变成偶型，应将和式中从左到右第一个奇数 1 所对应的最后一行的 1 变成 0，而把该行后面对应和式另一个奇数 1 的数 0 变为 1，其他各位保持不变，此时 1100 变为 1010，即为十进制的 10. 也就是说，从 12 子的一堆中取出 2 子，留下 10 子，则残局变为偶型（3，9，10）.

5.3.4　"取石子"的变种——"躲 30"游戏

"躲 30"游戏由两人进行. 从 1 开始，双方轮流报数，每人每轮至少报一个数，最多报两个数，以最终数到 30 的人为输. 如果让你先数，你是否能保证取胜呢？

这一游戏相当于有一堆共 30 颗石子的取石子游戏，而以最终取完石子者为输. 这是取石子游戏的变种. 分析这类问题也采用逆向思维：要把 30 留给对方，自己就一定要抓住 29. 而要保证自己抓住 29，又必须抓住前面的什么数呢？按照规则：每人每轮至少报一个数，最多报两个数. 如果自己数到 27 或 28，那么对方分别报两个数或一个数就会抓住 29，这说明抓 27 是不行的. 如果自己数到 26，那么对方按照规则可以数到 27 或 28，于是自己分别报两个数或一个数就必然会抓住 29. 因此，抓住 26 是取胜的关键. 同样的道理，要抓住 26，必须先抓住 23，依此类推，应抓住 20，17，…，8，5，2 等. 因此，只要首先抓住 2，然后保证 5、8、11 等各数，最后就能取胜.

现在从数论的角度来分析一下. 按照本游戏的规则：每人每轮至少报一个数，最多

报两个数，虽然每人报数的个数是不确定的，似乎无法把握，但是每一轮报数的总结果自己总是可以控制为 3 个数的——对方数一个，自己数两个，对方数两个，自己就数一个. 于是要想把 30 留给对方，就应把 3 的各种倍数 27、24 等留给对方，也就是要把除 3 后余 2 的各数 2、5、8、…、26、29 留给自己.

按照这种思想改变游戏规则. 例如，限定每人每轮至少报一个数，最多报 3 个数，或者最后数到 30 者为胜，或者改为其他数字等，都有取胜的策略.

5.3.5 结语

本节讨论表明数学与游戏有类似的结构，但比游戏更高一筹. 对本游戏取胜诀窍的研究过程依次采用了数学的极端原理（特殊化）、穷举（分类）、化归、归纳、演绎等方法，而游戏的变种则采用了数学的类比思想.

本游戏中包含了太多的任意性：堆数、每堆石子数、每次提取数都是任意的，因此具有太大的不确定性，太过一般. 对太一般的问题，往往难以下手，数学家解决它们的手段通常是第一进行特殊化，研究其特例，通过特例寻找可能的结论以及证明结论的方法，而特殊化的选取方式首选**极端状态**，也就是最特殊、最边界的状态，像"一堆石子"就是一个极端，3 堆石子的"（1，2，3）"状态也是一个极端. 第二是**转化（化归）**的方法，对一般问题进行适当的操作，转化为熟悉的特殊情形，比如对"（1，2，k），$k>3$"等状态的转化. 第三是**穷举**的方法，当一个问题所包含的状态为数不多时，可以采用穷举的方法，但也许并不容易，本游戏对"（1，2，3）"状态的解决就是穷举. 第四是**观察、归纳、猜想**，本游戏通过对特例中（1，2，3），（1，4，5），（1，6，7），（1，8，9）等为赢局的观察，归纳提出猜想"（1，$2m$，$2m+1$）为赢局". 第五是**演绎**的方法，本游戏采用二进制解决一般情况，是数学家解决一般问题的通用思想——演绎推理，当然其中仍然是基于观察、类比等手段提出结论（猜想），然后演绎推理加以证明.

本游戏的解决过程在很大程度上反应了数学家在解决数学问题时的一般思维过程.

第六章　数学之妙

数学之妙　出神入化

数学，虽然极其抽象，但却被广泛而有效地应用于人类社会的各个领域，其根本原因不仅是其对象为万物之本，更在于其思考方法的深刻性与普适性.

由于人类生理的原因，人类能够准确认识的对象只能是有限的、静止的、平直的、离散的，但现实中人们又无法避免无限的、运动的、弯曲的、连续的对象. 数学方法为人类认识这些对象提供了有效的可靠手段，奇妙无比、威力无限.

数学归纳法是沟通有限和无限的桥梁，要解决的是与自然数相关的无穷的问题，但该方法只关注两点：一个是起点，另一个是传递关系. 数学归纳法有多种变形，使其适用更广，威力更大.

处理一批看起来毫无关系的对象，往往要用穷举的方法，但当对象多到一定程度时，穷举就几乎无法操作. 数学中的抽屉原理和一笔画定理为此类问题提供了巧妙的处理方法.

纯粹研究整数内在性质与规律的数论，看起来是无用的数学，但在现代密码理论中却派上了大用场，仅仅是关于因子分解的问题，就为密码理论建立了一个安全保险箱.

数学方法以静识动，以直表曲，以反论正，以点知线，尽显神奇之威.

第一节　数学归纳法原理

在数学中，我们发现真理的主要工具是归纳和类比.

——拉普拉斯

万丈高楼平地起

南北朝时，一位印度法师将一部寓言式图书《百喻经》带到中国并翻译成汉语. 其中有一篇题为《三重楼寓》的寓言写道：

一位富翁看到别人建了一座三层楼房，富丽堂皇，宽敞舒适，就萌发一个想法："我的钱财并不比他少，为什么不能建一座这样的楼房呢？"于是他请来工匠，问能否建一座像那人一样的豪华楼房. 那座房子本来就是那位工匠建造的，当然没有什么问题. 于是富翁就请工匠为他设计、施工. 工匠很快做好了规划设计，打好地基，并从地面起一块一块地往上砌砖. 富翁见了，很是纳闷，问道："你这是在造什么样的房子呀？"工匠答到："造你想要的三层楼啊！"富翁连忙强调道："我不要下面的两层，你只给我建造最上面一层就行了."工匠解释说："这是不可能的. 没有第一层怎么建第二层，不建第二层又如何建造第三层呢？"对工匠的解释，富翁还是不理解，并依然固执己见，楼房终于未能建成.

这样一则讽刺寓言说明做任何事情都要打好基础. 在数学上有一个广泛使用的方法：数学归纳法，它所基于的原理也如此. 首先要从头做起；其次，做好前一步能够接着做下一步. 许多关于自然数的性质都可以通过这一方法得以证明.

6.1.1　数学归纳法及其理论基础

"数与形"为万物之本，万事万物的变化及其关系都最终表现为数量关系、位置关系等. 因此以"数与形"为基本研究对象的数学必会经常涉及有关自然数的命题. 对于这种命题，由于自然数有无限多个，人们无法像对有限事物那样一个接一个地验证下去，而数学归纳法则为其提供了一个科学有效的方法，它是沟通有限和无限的桥梁.

"数（shù）"起源于"数（shǔ）"，源自于"序"，自然数是数出来的，是用以计量事物的件数或表示事物次序的数，是人们认识的所有数中最基本的一类，它们由 1 开始，一个接一个，组成一个无穷集合.

为了使数的系统有严密的逻辑基础，19 世纪的数学家建立了自然数的两种等价的理论——自然数的序数理论和基数理论，使自然数的概念、运算和有关性质得到严格的论述.

序数理论是意大利数学家 G.皮亚诺（Peano，Giuseppe，1858—1932）（如图 6.1 所示）提出来的. 皮亚诺总结了自然数的性质，用两个不定义的概念"1"和"后继者"及四个公理来定义自然数集. 这些公理最初于 1889 年出现在皮亚诺的名著《算术原理新方法》（Arithmetices principia，nova methodo exposita）中. 两年后，他创建了《数学杂志》（Rivista di Matematica），并在这个杂志上用数理逻辑符号写下了这组自然数公理，且证明了它们的独立性.

图 6.1　皮亚诺
（1858—1932）

皮亚诺自然数公理　自然数集 **N** 是指满足以下条件的集合：

1）**N** 中有一个元素，记作 1；

2）**N** 中每一个元素 n 都能在 **N** 中找到一个元素作为它的后继者 n^+，1 不是任何元素的后继者；

3）不同元素有不同的后继者；

4）（归纳公理）**N** 的任一子集 **M**，如果 $1 \in$ **M**，并且只要由 n 在 **M** 中就能推出 n 的后继者 n^+ 也在 **M** 中，那么 **M** = **N**.

其中第 4）条归纳公理是数学归纳法原理的理论基础.

公理中所谓一个数 n 的"后继者 n^+"，就是这个数加上 1，即 $n^+ = n + 1$.

需要说明的是，"0"是否包括在自然数之内这个问题目前尚存在争议. 有人认为自然数为正整数，即从 1 开始算起；而也有人认为自然数为非负整数，即从 0 开始算起. 目前关于这个问题尚无一致意见. 不过，在数论中，多采用前者；在集合论中，则多采用后者. 目前中小学教材中规定 0 为自然数，1994 年 11 月国家技术监督局发布的《中华人民共和国国家标准，物理科学和技术中使用的数学符号》中也把 0 列入自然数.

根据归纳公理，可以给出如下广泛有用的数学归纳法原理.

数学归纳法原理　设 P_n 是与自然数相关的一种命题，如果

1）当 $n = 1$ 时命题 P_1 是成立的；

2）假设当 $n = k$ 时命题 P_k 是成立的，可以证明当 $n = k+1$ 时命题 P_{k+1} 也是成立的.

那么命题 P_n 对所有自然数 n 都是成立的.

按照归纳公理，令 **M** 是使得命题 P_n 成立的那些自然数 n 的集合，条件 1）说明，1 在 **M** 中，而条件 2）说明，只要 n 在 **M** 中就能推出 n 的后继者也在 **M** 中，因此 **M** = **N**，即命题 P_n 对所有自然数 n 都成立.

这一原理是由法国数学家帕斯卡（Pascal，Blaise，1623—1662）最先以明确的形式加以应用的，如同皮亚诺视其为公理一样，其正确性是不需要证明的. 数学归纳法广泛应用于关于自然数的各种命题中，但有时也可以说明一些不明显涉及自然数的其他问题.

　　数学归纳法中的递推思想在生活实践中经常会遇到. 如家族的姓氏通常按父系姓氏遗传, 即下一代的姓氏随上一代父亲的姓确定, 并且知道了有个家族第一代姓李, 只要明确了这两点, 就可以得出结论: 这个家族世世代代都姓李. 再比如, 把许多砖块按一定的间隔距离竖立起来, 假定将其中任何一块推倒都可以使下一块砖倒掉, 这时你如果推倒了第一块砖, 后面无论有多少块砖, 肯定全部会倒掉.

　　这两个事例告诉我们这样一个道理: 在证明一个包含无限多个对象的问题时, 不需要也不可能逐个验证下去, 只要能明确肯定两点: 一是问题所指的第一个对象成立; 二是假定某一个对象成立时, 则它的下一个也必然成立, 这两条合起来就足以证明原问题.

　　依赖于自然数的命题在数学中普遍存在, 用数学归纳法证明这类命题, 两步缺一不可. 第一步叫奠基, 是基础; 第二步叫归纳, 实际上是证明某种递推关系的存在. 这是用有限来把握无限, 通过有限次的操作来证明关于无限集合的某些命题.

　　数学界把数学归纳法视为沟通有限和无限的桥梁. 假如没有这个桥梁, 很难想象人类如何认识无限集合问题, 数学的发展也将会大打折扣. 所以, 数学家非常重视并经常使用它, 正是这座桥梁使人类实现了从有限到无限的飞跃, 使数学得到一步又一步的发展.

6.1.2　数学归纳法的变形

　　在考虑所有自然数都成立的问题中, 归纳法原理的两个前提缺一不可. 没有第一条, 就无法保证 "$n=1$" 时的正确性, 而第二条则是说明这种性质可以从一开始一个个地传递下去. 但是若是为其他的不同目的, 数学归纳法还可以有许多不同形式.

　　1. 第一个条件中不一定从 "1" 开始

　　数学归纳法原理变形 1　设 P_n 是与自然数相关的一种命题, 如果

　　1) 当 $n=k_0$ 时命题 P_{k_0} 是成立的;

　　2) 假设当 $n=k$ ($k \geq k_0$) 时命题 P_k 是成立的, 可以证明当 $n=k+1$ 时命题 P_{k+1} 也是成立的. 那么命题 P_n 对所有自然数 $n \geq k_0$ 都是成立的.

　　例如, n 边形内角和问题, n 要从 3 开始.

　　2. 第二个条件也可以修改

　　数学归纳法原理变形 2　设 P_n 是与自然数相关的一种命题, 如果

　　1) 当 $n=1$ 时命题 P_1 是成立的;

　　2) 假设当 $1 \leq n \leq k$ 时, 由命题 P_n 成立可以证明当 $n=k+1$ 时命题 P_{k+1} 也成立. 那么命题 P_n 对所有自然数 n 都成立.

　　例如, 有两堆棋子, 数目相等. 两人玩耍, 每人每次可以从其中一堆中取任意多颗棋子, 但不能同时从两堆中提取, 规定取得最后一颗棋子者为胜. 求证: 后取者必胜.

3. 第一、二个条件都可以变更

数学归纳法原理变形 3　设 P_n 是与自然数相关的一种命题，如果

1）当 $n = 1$，2，$\cdots$，k_0 时命题 P_n 是成立的；

2）假设当 $n = k$ 时命题 P_k 是成立的，可以证明当 $n = k+k_0$ 时命题 P_{k+k_0} 也是成立的。那么命题 P_n 对所有自然数 n 都是成立的。

例如，求证方程 $x+2y = n$ 的非负整数解的组数为 $\frac{1}{2}(n+1) + \frac{1}{4}[1+(-1)^n]$；一般地，方程 $x+my = n$ 的非负整数解的组数为 $\left(\frac{n}{m}\right) + 1$，其中 $\left(\frac{n}{m}\right)$ 表示商 $\frac{n}{m}$ 的整数部分。

4. 跷跷板归纳法

数学归纳法原理变形 4　设 A_n 和 B_n 是与自然数相关的两个命题，如果

1）当 $n = 1$ 时命题 A_1 是成立的；

2）假设当 $n = k$ 时命题 A_k 是成立的，可以证明命题 B_k 也是成立的；

3）假设当 $n = k$ 时命题 B_k 是成立的，可以证明当 $n = k+1$ 时命题 A_{k+1} 也是成立的。那么命题 A_n 和 B_n 对所有自然数 n 都是成立的。

例如，假设数列 $\{a_n\}$ 满足：$a_{2n} = 3n^2$，$a_{2n-1} = 3n(n-1)+1$，$n=1$，2，3，$\cdots$，$S_m = a_1+a_2+\cdots+a_m$。求证

$$S_{2n-1} = \frac{1}{2}n(4n^2 - 3n + 1)$$

$$S_{2n} = \frac{1}{2}n(4n^2 + 3n + 1)$$

跷跷板归纳法又叫**螺旋式数学归纳法**，它涉及的是两串与自然数相关的命题，对于三串、四串以至更多串的情形照样有相应的螺旋式数学归纳法。

5. 逆向归纳法

数学归纳法原理变形 5　设 P_n 是与自然数相关的一种命题，如果

1）存在一个递增的无限自然数序列 $\{n_k\}$，使命题 P_{n_k} 成立；

2）假设当 $n = m$ 时命题 P_m 成立，则当 $n = m-1 > 0$ 时命题 P_{m-1} 也成立。那么命题 P_n 对所有自然数 n 都成立。

例如，算术平均与几何平均不等式

$$\sqrt[n]{a_1 a_2 \cdots a_n} \leqslant \frac{a_1 + a_2 + \cdots + a_n}{n} \tag{6.1}$$

的证明。

当 $n = 2$ 时，直接用差平方公式 $\left(\sqrt{a_1} - \sqrt{a_2}\right)^2 = a_1 + a_2 - 2\sqrt{a_1 a_2} \geqslant 0$ 即得结论，由此便得

$$a_1 a_2 \leqslant \left(\frac{a_1 + a_2}{2} \right)^2 \tag{6.2}$$

当 $n = 4$ 时分别对 a_1、a_2 与 a_3、a_4 应用式（6.2）得

$$a_1 a_2 \leqslant \left(\frac{a_1 + a_2}{2} \right)^2, \quad a_3 a_4 \leqslant \left(\frac{a_3 + a_4}{2} \right)^2 \tag{6.3}$$

再利用式（6.2）有

$$a_1 a_2 a_3 a_4 \leqslant \left(\frac{a_1 + a_2}{2} \right)^2 \left(\frac{a_3 + a_4}{2} \right)^2 = \left[\left(\frac{a_1 + a_2}{2} \right) \left(\frac{a_3 + a_4}{2} \right) \right]^2$$

$$\leqslant \left[\left(\frac{\frac{a_1 + a_2}{2} + \frac{a_3 + a_4}{2}}{2} \right)^2 \right]^2 = \left(\frac{a_1 + a_2 + a_3 + a_4}{4} \right)^4 \tag{6.4}$$

即 $n = 4$ 时结论成立.

重复这一方法可以证明命题对一个递增无穷数列 $n = 2$，$2^2 = 4$，2^3，$\cdots$，2^k，$\cdots$ 都是正确的（对 k 用归纳法）.

为证明命题对所有自然数成立，只需证明：假设当 $n = m$ 时命题成立，则当 $n = m - 1 > 0$ 时命题也成立.

事实上，如果

$$\sqrt[m]{a_1 a_2 \cdots a_m} \leqslant \frac{\sum_{i=1}^{m} a_i}{m} \tag{6.5}$$

则对 $a_1, a_2, \cdots, a_{m-1}$，记 $A = \dfrac{a_1 + a_2 + \cdots + a_{m-1}}{m-1}$，便有

$$\sqrt[m]{a_1 a_2 \cdots a_{m-1} A} \leqslant \frac{a_1 + a_2 + \cdots + a_{m-1} + A}{m} \tag{6.6}$$

即

$$a_1 a_2 \cdots a_{m-1} A \leqslant \left(\frac{a_1 + a_2 + \cdots + a_{m-1} + A}{m} \right)^m = \left[\frac{(m-1)A + A}{m} \right]^m = A^m \tag{6.7}$$

由此可得

$$a_1 a_2 \cdots a_{m-1} \leqslant A^{m-1} = \left(\frac{a_1 + a_2 + \cdots + a_{m-1}}{m-1} \right)^{m-1} \tag{6.8}$$

命题得证.

6. 双重数学归纳法

双重数学归纳法是解决含两个任意自然变量命题 $T(n, m)$ 的数学归纳法，表述如下.

数学归纳法原理变形 6　命题 $T(m, n)$ 是与两个独立的自然数 n、m 有关的命题. 如果

1）$T(1, m)$ 对一切正自然数 m 成立，$T(n, 1)$ 对一切正自然数 n 成立；

2）假设 $T(n+1, m)$ 和 $T(n, m+1)$ 成立时，可以导出 $T(n+1, m+1)$ 成立.

那么对所有自然数 n 和 m，命题 $T(n, m)$ 都成立.

6.1.3 归纳法在几何上的一个应用——两色定理

所谓两色定理是指在一张纸上随意画一些直线，这些直线把这张纸分割成若干个区域. 我们把它假想成一张世界地图，两色定理断言：要对其进行涂色以便区分各个不同的国家，只需要两种颜色（比如红色与蓝色）就够了. 如图 6.2 所示.

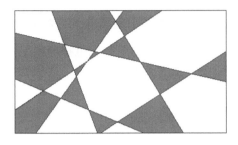

图 6.2 两色定理

亲自去画一画，会发现确实如此. 但是如何证明它？似乎与数学、特别是自然数没有直接关系. 然而，确实可以用数学归纳法给予证明.

考虑画出这幅地图所用直线的条数：如果只用一条直线，那么只能分出两个国家，两种颜色足够了；现在假设对所有用 n 条直线画出的地图，都只需要两种颜色，考虑一个由 $n+1$ 条直线画出的地图 M.

对于这个地图，从中抹去一条直线，此时剩下的地图是由 n 条直线画出的，自然可以由两种颜色——比如红色和蓝色——着色. 再把刚刚抹去的直线添上去，这条直线把整张纸分成两部分，刚才已经绘好颜色的国家中，有些被分开了，有些则没有被分开. 在被这条直线分成的两部分中，一半保留原来的着色，另一半则将各个国家的颜色全部换掉：红换蓝，蓝换红. 于是，这个由 $n+1$ 条直线画出的地图 M 也只需要两种颜色就能区分各个国家了. 根据数学归纳法原理，任何由若干条直线画出的地图都只需要两种颜色就够了.

6.1.4 归纳法趣谈

1. 归纳法的妙用——数不尽的骆驼

有些地方用归纳法或者归纳的思想可以达到意想不到的效果. 下面的故事是巧妙运用归纳法的一个例子.

一位画家招收三个弟子，为了测试徒弟们对绘画奥妙掌握的程度，画家出了一道题目：要求三个弟子各自用最经济的笔墨，在给定大小的纸上画出最多的骆驼.

第一个弟子为了多画一些，他把骆驼画得很小、很密，纸上显示出密密麻麻的一群骆驼；第二个弟子为了节省笔墨，他只画骆驼头，从纸上可以看到许多骆驼；第三个弟子在纸上用笔勾画出两座山峰，再从山谷中走出一只骆驼，后面还有一只骆驼只露出半截身子.

三张画稿交上去，第三个弟子的画因其构思巧妙、笔墨经济、以少含多而被认定为最佳作品.

　　为什么只画出一只半骆驼的这幅画会胜过画出许多骆驼的另外两幅画儿呢？原因在于：第一幅画虽然画出一群骆驼，但可以看出是很有限的；第二幅画只画骆驼头，既节省笔墨，又画出较多的骆驼，但仍然没有本质的变化；这第三幅画就不同了，他的从山谷中走出的一只半骆驼，让人联想到山谷中紧跟的一只又一只的骆驼，似乎是无穷无尽的. 这里实际上是巧妙地利用了人们善于归纳与联想的思想，是归纳法原理的生活化.

　　2. 归纳法的不当使用——秃子世界

　　前面是一个巧用归纳思想的例子. 但有些地方使用不当则会得到荒谬的结论.

　　看一看"秃子"的问题. 对于"秃子"大家一般会有一个大体一致的判别. 现在我们想一想：如果一个人只长了一根头发，估计大家都会认为他是秃子，谁也不会在乎他那一根头发的存在，因此，只长 1 根头发的人是秃子. 其次，如果一个秃子，他头上长了 n 根头发，那么他要是再长 1 根头发，也就是说长了 $n+1$ 根头发的时候，还是不是秃子呢？问一问身边的朋友，会异口同声地说：他还是秃子. 因此，如果长 n 根头发的人是秃子，那么长 $n+1$ 根头发的人也是秃子. 于是根据数学归纳法原理，不论长多少根头发的人都是秃子，这个世界是个秃子世界. 这显然是个荒唐的结论.

　　问题出在什么地方呢？归纳法原理肯定没有问题. 其关键在于"秃子"作为一个一般概念，没有被界定严格的数学意义，没有用"头发的数量"来具体定义，从"秃子"到"非秃子"是一个模糊的渐变过程，因此不能使用数学归纳法.

　　类似地，还有"麦堆"的问题，1 粒小麦当然不是"一堆小麦"；假设 n 粒小麦不是"一堆小麦"，那么显然再加 1 粒而成为 $n+1$ 粒小麦时当然也不是"一堆小麦". 因此，不论多少粒小麦都不是"一堆小麦". 这又是一个荒谬的论断. 其原因与秃子世界是一样的.

　　最后值得说明的是，数学归纳法可以用来证明与自然数 n 有关的数学命题，但并非每一个与自然数 n 有关的数学命题都必须用数学归纳法证明；而且并非任意一个与自然数有关的命题都能用数学归纳法证明（如费马猜想" $n>2$，$x^n+y^n=z^n$ 无正整数解"）.

第二节　抽屉原理与聚会认友

数学科学呈现出一个最辉煌的例子，表明不用借助实验，纯粹的推理能成功地扩大人们的认知领域.

——康德

二桃杀三士

晏婴（？——前500）是古代历史上齐国富有经验的政治家，他足智多谋，在有些事情的处理上用到了一些数学原理. 在《晏子春秋》里记载了一个叫"二桃杀三士"的故事.

齐景公有三名勇士，田开疆、公孙接和古冶子. 这三名勇士都力大无比，英勇善战，为齐景公立下过许多功劳. 但是他们也因此而目空一切，甚至连齐国宰相晏婴都不放在眼里. 晏婴对此极为恼火，便劝齐景公杀掉他们. 齐景公对晏婴言听计从，但却心存疑虑，担心万一武力制服不了他们反被他们联合反抗. 晏婴于是献计于齐景公：以齐景公的名义奖赏三名勇士两个桃子，请他们论功请赏.

三名勇士都认为自己功劳很大，应该单独吃一个桃子. 于是，公孙接讲了自己的打虎功，拿了一只桃子；田开疆讲了自己的杀敌功，也拿了一只桃子. 两人正要吃桃的时候，古冶子讲了自己更大的功劳. 田开疆、公孙接觉得古冶子的功劳确实大过自己而羞愧不已，拔剑自刎. 古冶子见了，后悔不迭. 心想："如果放弃桃子隐瞒功劳，则有失勇士威严；但若争功请赏羞辱同伴，又有损哥们儿义气. 如今两位兄弟都为此绝命，我独自活着还有何意义？"于是，古冶子一声长叹，拔剑结束了自己的生命.

晏子采用借"桃"杀人的办法，不费吹灰之力除去了心腹之患，可谓是善于运用权谋. 汉朝无名氏在一首乐府诗中，曾不无讽刺地写道："……一朝被谗言，二桃杀三士. 谁能为此谋，相国齐晏子！"有趣的是，在这个故事中，晏子除了运用权谋之外，还运用了数学中一个简单而有用的原理：抽屉原理.

6.2.1　抽屉原理的简单形式

前面谈到，晏婴利用了数学中的抽屉原理，借"桃"杀人，除去了心腹之患. 那么什么是抽屉原理呢？

所谓抽屉原理，又叫**鸽笼原理**，它是组合数学中一个最基本的原理，可以用来解决许多涉及存在性的组合问题. 其基本内容如下.

抽屉原理　把 m 个物体放到 n 个抽屉中，如果物体数比抽屉数多（即 $m > n$），那么，必然有至少一个抽屉里放入两个或两个以上的物体.

图 6.3　获利克莱
（1805—1859）

这个原理可以用反证法简单地证明. 它虽然简单，但却有着广泛而深刻的应用，有时有着意想不到的效果. 19 世纪德国数学家获利克莱（P.G.L.Dirichlet，1805—1859）（如图 6.3 所示）最先明确提出这一原理，并用于解决许多数学问题. 故人们又称其为**获利克莱原理**. 这个原理有两个简单变形：

1）把多于 $m×n$ 个的物体放到 n 个抽屉中，那么，必然有至少一个抽屉里放入 $m+1$ 个或 $m+1$ 个以上的物体；

2）把无穷多个物体放到有限多个抽屉中，那么，必然有至少一个抽屉里放入无穷多个物体.

其中 1）的一般形式如下.

抽屉原理 1　把 m 个物体放到 n 个抽屉中，那么，必然有（至少）一个抽屉里放入至少 k 个物体. 这里

$$k = \begin{cases} \dfrac{m}{n}, & \text{当} n \text{整除} m \text{时} \\[2mm] \left(\dfrac{m}{n}\right)+1, & \text{当} n \text{不整除} m \text{时} \end{cases} \qquad (6.9)$$

在用抽屉解决实际问题时，关键是恰当地构造抽屉. 在"二桃杀三士"中，桃子是"抽屉"，只有两个，勇士是"物体"，却有三个. 物体数多于抽屉数，因而产生矛盾.

例如：

1）在任意给定的三个整数中，必定有两个整数，其和是 2 的倍数（即其算术平均值还是整数）；

2）在任意给定的五个整数中，必定有三个整数，其和是 3 的倍数（即其算术平均值还是整数）；

3）任意七个不同的整数中，必有两个数，它们的和或差是 10 的倍数；

4）在坐标平面上任意取五个整点（纵横坐标都是整数），则必定存在其中两个整点，其连线的中点仍是整点；

5）在一般 n 维欧几里得空间中，任意取 2^n+1 个整点，则必定存在其中两个整点，其连线的中点仍是整点；

6）在 3×4 的长方形中，任意放置七个点，必有两个点的距离不超过 $\sqrt{5}$；

7）边长为 1 的正方形中任意放入九个点，在以这些点为顶点的各个三角形中，必有一个三角形，它的面积不大于 1/8.

这些问题听起来很奇妙，甚至感觉不可思议，但利用抽屉原理可以简单地给出证明.

问题 1）把整数分为两类，奇数和偶数，这就是两个可以利用的抽屉，任意三个整数中，必有两个位于同一抽屉，这两数之和就是 2 的倍数.

问题 2）把整数分为三类，被 3 除余 1、余 2、余 0（整除），由此构造三个抽屉；如果五个数三种情况都存在，则各取 1 个便可；如果五个数只出现不超过两种情况，则可以利用其中的两个抽屉，这五个整数必有三个位于同一抽屉，这三数之和就是 3 的倍数.

问题 3）任意整数除以 10 的余数，只能是 0、1、2、3、4、5、6、7、8、9 这十个数中的一个，可以从余数角度出发构造合适的抽屉，由题目分析，要求构造六个抽屉，并且抽屉中的余数和或差只能是 0 或 10，这六个抽屉是{0}，{5}，{1，9}，{2，8}，{3，7}，{4，6}，于是任意七个不同整数除以 10 后所得 7 个余数，任意放入这六个抽屉，其中必有一个抽屉包含有其中两个不同的余数，落入前两个抽屉的两个整数之和、之差均是 10 的倍数，落入后五个抽屉的两个整数，如果余数相同，则之差是 10 的倍数，如果余数不同，则之和是 10 的倍数.

问题 4）在坐标平面个整点依据纵横坐标的奇偶性可以分为四种情况，（奇，奇），（偶，偶），（奇，偶），（偶，奇），由此构造四个抽屉，于是五个整点必有至少两个位于同一抽屉，这两个整点连线的中点就是整点.

问题 5）与问题 4）类似，在一般 n 维欧几里得空间中的整点依据各坐标的奇偶性可以分为 2^n 种情况，由此构造 2^n 个抽屉，于是 2^n+1 个整点必有至少两个位于同一抽屉，这两个整点连线的中点就是整点.

问题 6）把 3×4 的长方形分割为六个 1×2 的长方形，由此构造 6 个抽屉，于是任意放置七个点，必有两个点落入其中一个 1×2 的长方形，其距离不超过该矩形对角线长度 $\sqrt{5}$.

问题 7）只要用对边中点的连线把正方形分成四个面积为 1/4 的小正方形，把九个点放进四个小正方形内，有一个小正方形里至少有三个点，它们组成的三角形的面积不大于 1/8.

抽屉原理不仅在数学上应用很广，在日常生活中，利用抽屉原理常常可以达到意想不到的效果.

6.2.2　聚会问题

1. 聚会认友

我们可能经常会遇到这样的情况：在一桌酒席上，十几个本来不相识的人坐在一起，经过不久的交流，马上会有人找到自己的"知音"，他们可能是校友、同行、同乡、同姓、同年龄、同属相或者是朋友的朋友、朋友的同乡、同乡的朋友等. 这种情况几乎在每次酒席中都会发生，以致让人感觉到这世界真是太小. 难道这都是巧合吗？

其实，这完全可以通过抽屉原理加以解释. 在这里，"校友"、"同行"、"同乡"、"同姓、同年龄"、"同属相"、"朋友的朋友"等都是抽屉，如果单有一种抽屉去装这些人，倒不一定保证两人位于同一抽屉. 例如，"同乡"这个抽屉，全国有三十多个省、直辖市、自治区，相当于三十多个"同乡"抽屉，在场找到同乡的可能性并不是很大. 但是，这里有太多种类的抽屉，而且，参加这种酒席的人本身就隐含了一种特殊的关系，所以某个抽屉内放进两个或两个以上人的可能性就很大，这样，找到某种类型的知音就不足为奇.

2. 聚会的朋友

我们经常会参加各种聚会. 如果有人说：在任何一种聚会中，一定有两个人，他们在场的朋友数是一样多. 你一定会很吃惊. 但是，我们可以用抽屉原理来说明，这是千真万确的.

假设参加聚会的人数为 n，可以假定每个人至少有一个朋友在场（因为如果有些人没有任何朋友在场，可以把他们排除在外，而只考虑有朋友在场的人所构成的聚会）. 在这种情况下，每一个人在场的朋友数只能是 1、2、3、⋯、$n-1$ 这 $n-1$ 个数之一，把这些数字看作"抽屉". 把 n 个人放入 $n-1$ 个抽屉中，至少有一个抽屉内放入的人数多于 1. 也就是说，至少有两个人，他们在场的朋友数是相同的.

当然，这里所能肯定的只是一个**"存在性"**问题，并不能保证到参加聚会的某个具体人. 因此像这类问题，虽然它是肯定的，但我们却从来没有碰到过，甚至从来没有注意过.

类似地，可以肯定：在一个有 367 人参加的聚会中一定两个人生日相同；在一个有 735 人参加的聚会中一定有两个人生日、性别均相同；如果一个大学的入学新生年龄为 17—19 岁，那么在 1100 名新生中必然有两人是同年、同月、同日生.

3. 六个人的聚会

1947 年，匈牙利数学竞赛中有这样一个问题，证明：在任何六个人中，一定可以找到三个人，他们或者互相都认识，或者互相都不认识.

这个问题乍看起来，似乎难以想象. 但是，也可以用抽屉原理来说明，这是肯定的.

把这六个人分别记为 A、B、C、D、E、F，且从中随便找一个. 例如 A，把"与 A 认识"、"与 A 不认识"当作两个抽屉，把 B、C、D、E、F 放入这两个抽屉，至少有一个抽屉内放入三个或三个以上的人. 不妨假定在"与 A 不认识"这个抽屉内有至少三个人，例如：B、C、D. 对于 B、C、D 这三人，有两种可能：一是这三人互相都认识，此时 B、C、D 就是要找的三人，结论自然成立；第二种可能是，这三人中，至少有两人不认识，比如 B 与 C，于是由于 B 与 C 都在"与 A 不认识"这个抽屉中，因此都与 A 不认识，故 A、B、C 这三人是互不认识的. 结论得证.

如果假定在"与 A 认识"这个抽屉内有至少三个人，也完全类似可以证明结论.

但是，如果人数从 6 改为 5，结论就不能保证. 例如：A、B、C、D、E 共五人中，A 与 B、C 与 D、E 与 A、E 与 C 分别认识，而没有其他的认识关系，就不能得出上述结果.

这道试题由于它的形式优美，解法巧妙，很快引起数学界的兴趣，被许多国家的数学杂志转载，它的一些变形或推广题，不断地被用作新的数学竞赛试题.

例如，1964 年在莫斯科举行的国际中学生数学竞赛中有一道试题是：

17 个学者中每个学者都与其余学者通信，他们在通信中一共讨论了三个不同的问题，但每两个学者在通信中只讨论同一个问题．证明：至少有三个学者在彼此通信中都讨论同一问题．

这个问题就是上述问题的直接推广．

在 17 名学者中任取一名，例如 A，其余 16 名学者与他通信分别讨论三个问题中的某一个．根据抽屉原理，对于三个问题 x、y、z，在 16 人中必有 6 个人与 A 讨论某一个，例如 x．如果这 6 个人中还有 B 与 C 两人也通信讨论 x，则 A、B、C 这三人都彼此讨论同一问题 x，命题的结论获证．如果这 6 个人中没有任何两个人是互相讨论 x 的，则他们只讨论 y 与 z 两个问题．把两个讨论问题 y 的人看作互相认识，讨论问题 z 的人看作互不认识，就变成了匈牙利的那道试题．也就证明了命题的结论．

6.2.3 抽屉原理与计算机算命

计算机算命看起来挺玄乎，只要你报出自己出生的年、月、日和性别，一按按键，屏幕上就会出现所谓性格、命运的语句，据说这就是你的"命"．

其实，这不过是一种电脑游戏而已．用抽屉原理很容易说明它的荒谬．

如果人的寿命以 100 年计算，按出生的年、月、日、性别的不同组合而成的数应为 $100 \times 365 \times 2 = 73\,000$，把它作为"抽屉"数．我国现有 13 亿人口，把它作为"物体"数．根据抽屉原理，一定存在至少 17\,800 个人，他们的性别以及出生年、月、日都相同，尽管他们的出身、经历、天资、机遇可能各不相同，但计算机却认定他们具有完全相同的命，这真是荒谬绝伦！

在我国古代，早就有人懂得用抽屉原理来揭露生辰八字之谬．如清代陈其元在《庸闲斋笔记》中就写道："余最不信星命推步之说，以为一时（注：指一个时辰，合两小时）生一人，一日生十二人，以岁计之则有四千三百二十人，以一甲子（注：指六十年）计之，止有二十五万九千二百人而已，今只以一大郡计，其户口之数已不下数十万人（如咸丰十年杭州府一城八十万人），则举天下之大，自王公大人以至小民，何啻亿万万人，则生时同者必不少矣．其间王公大人始生之时，必有庶民同时而生者，又何贵贱贫富之不同也？"在这里，一年按 360 日计算，一日又分为 12 个时辰，得到的抽屉数为 $60 \times 360 \times 12 = 259\,200$．

所谓计算机算命不过是把人为编好的算命语句像中药柜那样事先分别存放在各自的柜子里，谁要算命，即根据出生的年、月、日、性别的不同的组合按不同的编码机械地到计算机的各个"柜子"里取出所谓命运的句子．这种在古代迷信的亡灵上罩上现代科学光环的勾当，是对科学的亵渎．

6.2.4 抽屉原理的推广形式

到目前为止，我们使用的抽屉原理仅仅描述了问题的一个方面，即描述必有一个抽屉里"至少有多少个"；但是，在实际生活中，除了像"至少"这类问题外，还有"至多"这类问题. 关于这一点, 有以下原理.

抽屉原理 2 把 m 个物体放到 n 个抽屉中, 那么, 必然有 (至少) 一个抽屉里放入至多 $\left(\dfrac{m}{n}\right)$ 个物体.

这个原理同样可以用反证法简单地证明.

第三节　七桥问题与图论

读读欧拉，读读欧拉，他是我们大家的老师.

——拉普拉斯

6.3.1　七桥问题

1. 七桥问题

18 世纪，位于现立陶宛内的哥尼斯堡镇，一条河流叫普雷格尔河穿镇而过. 河中有两个相邻的小岛，岛与岛、岛与陆地之间建有七座桥（如图 6.4 所示，A、C 为两岸；B、D 为岛屿）.

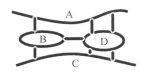

图 6.4　普雷格尔河上的岛与七座桥

哥尼斯堡原来是德国东普鲁士的城市，1945 年根据波茨坦会议决定划给苏联，1946 年改称为加里宁格勒. 当时，哥尼斯堡的居民经常到河边散步，或者去岛上买东西. 有人提出一个问题：一个人能否一次无重复地走遍所有的七座桥，最后回到出发点？

如果对七座桥沿任何路线都走一遍的话，至少有 5040 种走法. 在这 5040 种走法中，是否有一种方法满足上述要求呢？当时，对这个问题谁也回答不了. 这就是著名的"七桥问题".

2. 欧拉的解答——一笔画问题

1736 年，一位小学教师写信给当时著名的数学家欧拉，请教对七桥问题的解答. 这个问题引起了欧拉的极大兴趣. 他用数学方法对七桥问题进行了深入的研究. 他发现：

1）这不是一个代数问题，因代数问题研究量的大小、关系、运算等；

2）这也不是一个平面几何问题，因平面几何问题研究角度的大小、线段的曲直、长短等. 而这里涉及以下这些：

① 陆地、岛屿的大小、形状均无关紧要，桥梁的曲直、长短也对问题的解答亦没有影响；

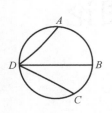

图 6.5 七桥问题的数学模型

② 该问题的解仅依赖于陆地、岛屿、桥梁等的具体个数及其相互位置关系. 因此，可以将陆地看作"点"，将桥梁看作"线"（如图 6.5 所示）.

按照欧拉的思想，七桥问题转化为以下问题.

一笔画问题 在图 6.5 中，能否从图上某一点开始，笔不离纸、不重复地画出整个图形？

这一重要思想，成为近代数学之——图论的基础，同时也是近代数学——拓扑学（位置几何学）的奠基.

6.3.2 图与七桥问题的解决——一笔画定理

欧拉将七桥问题的解决归结为对由点和将它们之间的某些点两两连接起来的线构成的图形的研究. 数学上把这样的图形叫做一个**图**（graph），其中的点称为**顶点**，线称为**边**，顶点集记为 V（vertex），一个顶点记为 v，边的集合记为 E（edge），一条边记为 e. 一条边的两个端点都是顶点，但两个顶点之间未必有边相连. 如果 n 条边 e_1、e_2、…、e_n 首尾相连组成一个序列，其中 e_i 连接顶点 v_i 和 v_{i+1}（$i=1$，2，3，…，n），称该序列为从端点 v_1 到端点 v_{n+1} 的链长为 n 的**链**. 两端点相同的链叫做**圈**. 如果一个图的任意两顶点之间都有链相连，则称为**连通图**. 把一个顶点 v 处引出边的条数叫做该**顶点 v 的次数**，顶点次数为奇（偶）数的顶点叫**奇（偶）点**.

在任一图中，其所有顶点的次数总和必然是偶数. 在偶点处，边线有进有出，进出对应；而在奇点处，必然有一条只进不出或只出不进的边，因而奇点的个数必为偶数.

欧拉通过研究该问题，给出了如下的一笔画定理.

1. 一笔画定理

定理（一笔画定理） 一个图 G 是一条链（可以一笔画）的充要条件是：G 是连通的，并且奇点的个数为 0 或 2.

当奇点数为 2 时，一个奇点为起点，另一个奇点为终点；当奇点个数为 0 时，任取一个顶点，它是起点，也是终点.

证

必要性. 若 G 能一笔画（是一条链），则 G 必是连通的，而且只有在起点处的边才可能只出不进（奇点），也只有在终点处的边才有可能只进不出（奇点），故 G 没有奇点或只有两个奇点.

充分性. 若 G 是连通的，并且奇点的个数为 0 或 2. 对顶点的总次数 $n=2k$（偶数）用数学归纳法证明 G 是一条链.

$n=2$ 时，G 是一条有两个顶点（端点）的线段，或是一条有一个顶点的圈. 因此是一条链.

假设 $n=2k$ 时结论成立，考虑 $n=2(k+1)=2k+2$ 的情况.

如果该图没有奇点，则从中任意去掉一条边，设此边的两端点分别为 v_0 和 v_1，此时，该图仍然是连通的（因为其任一顶点处至少有两条边通过，去掉一条边后，还至少有一条边与其他顶点相连），而且，其顶点的次数总和为 $2k$，其中奇点数最多为 2. 此时剩余图可以从 v_0 出发到 v_1 结束一笔画. 再从 v_1 到 v_0，将去掉的那条边补上，从而原图可以一笔画.

如果该图有两个奇点 v_0 和 v_1，去掉 v_0 出发的一条边. 若 $d(v_0)>1$，则剩余图是一个奇点个数为 0 或 2、顶点次数总和为 $2k$ 的连通图，因而可以一笔画，从而原图也可以一笔画. 若 $d(v_0)=1$，则剩余图是一个奇点个数为 0 或 2、顶点次数总和为 $2k$ 的非连通图，除去 v_0 点后，该图是连通图，可以一笔画，因此原图也可以一笔画.

2. 应用于七桥问题

七桥问题是一个具有四个奇点的图，因此不能一笔画. 由此看出，一笔画定理给出了七桥问题的一个简洁而完满的解决.

思考：如果再增加一座桥，对于八桥问题，结论如何？

可以证明，对于八桥问题，不论第八座桥修在什么地方，八桥问题总是可以一笔画的. 据说，后来人们在那里又增建一座桥梁. 而如今，原来的七座桥只剩下三座了（如图 6.6 所示）.

图 6.6　哥尼斯堡镇上保留至今的三座桥之一

6.3.3　图的其他基本概念与图的简单应用

图论作为数学的一个分支，如今已经形成一个比较成熟的理论体系. 除了上一段介绍的图的最基本的概念外，下列概念在应用上也是很重要的.

1）**顶点的相邻**——有边相连的两顶点.

2）**环**—— 一个顶点 v 与其自身有边相连，这样的边叫做环.

3）**k 重边**——两顶点之间有 k（$k \geq 2$）条边相连，这些边叫 k 重边.

4）**孤立点**——没有相邻点的顶点.

5）**简单图**——既没有环，也没有重边的图.

在简单图中，连接两顶点 v_1 和 v_2 的唯一一条边记为（v_1，v_2）.

6）**完全图**——任意两点均相邻的简单图. 有 n 个顶点的完全图记为 K_n，其边数为 C_n^2.

7）**树**——连通而无圈的图.

现实生活中很多问题可以通过图论的原理来解决. 把具体问题转化为图论问题的**基本思路**是：

把各种事物抽象为点（顶点），把事物之间具有某种关系抽象为有一条边相连.

【例 6-1】 某大型晚会，有 2011 人参加，每人至少认识另外一人，证明必有一人至少认识另外两人.

证 把每一个人看成一个顶点 v_i（i =1，2，3，…，2011）. 如果某两人互相认识，则认为其相应的顶点之间有一条边，上述晚会构成一个图. 问题是：证明必存在一个 v_i，使 $d(v_i) > 1$.

事实上，由于每人至少认识另外一人，故总有 $d(v_i) \geq 1$. 如若结论不然，则对所有 i 有 $d(v_i) = 1$，从而 $\sum\limits_{i=1}^{2011} d(v_i) = 2011$，这与总次数是偶数矛盾.

【例 6-2】 某大型聚会，有 2010 人参加，其中至少有一人没有和其他人都握手. 聚会中与每个人都握手的人数最多有多少？

解 把每一个人看成一个顶点 v_i（i =1，2，3，…，2010）. 如果某两人握手，则认为其相应的顶点之间有一条边，上述聚会构成一个图 G. 现在的条件是，其中至少有一人没有和其他人都握手，即存在一个 i_0，$0 \leq d(v_{i_0}) \leq 2008$，问题是：最多有多少个 v_i，使 $d(v_i) = 2009$.

事实上，上述条件说明 G 不是完全图，其边数最多为完全图 K_{2010} 的边数 $C_{2010}^2 - 1$，去掉这条边的两个端点 v_{i_0} 和 v_{j_0} 肯定没有与所有人握手，故与每个人都握手的人数最多有 $2010 - 2 = 2008$ 个.

【例 6-3】 9 名数学家相遇，其中任意 3 人中至少有 2 人有共同语言，每位数学家最多会讲三种语言. 证明，至少有 3 位数学家可以用同一种语言对话.

证 把每一位数学家看成一个顶点 v_i（i =1，2，3，…，9）. 如果某两位数学家能用某种语言对话，则认为其相应的顶点之间有一条边，并涂上相应颜色. 问题是：证明至少存在 3 个顶点 v_i、v_j、v_k，使边（v_i，v_j）和（v_j，v_k）同色.

考虑 v_1，分两种情况.

（1）v_1 与 v_2，v_3，…，v_9 均相邻

由于每位数学家最多会讲三种语言，故 8 条边（v_1，v_2），（v_1，v_3），…，（v_1，v_9）

至多有三种不同的颜色,因此由抽屉原理可知,至少有 3 条边是同色的,与此 3 条边相关的 4 位数学家是有共同语言的.

(2) 存在 $j > 1$,使 v_1 与 v_j 不相邻

此时,不妨设 $j = 2$,由于任意 3 人中至少有 2 人有共同语言,故 7 位数学家 $v_3, v_4, \cdots, v_9$ 中的每一位必与 v_1 和 v_2 之一相邻,从而其中至少有 4 位与 v_1 或 v_2 相邻,不妨设 v_3、v_4、v_5、v_6 与 v_1 相邻,于是 4 个边 (v_1, v_3),(v_1, v_4),(v_1, v_5),(v_1, v_6) 至多有三种不同的颜色,因此由抽屉原理,至少有 2 条边是同色的,与此 2 条边相关的 3 位数学家是有共同语言的.

注 若将 9 位数学家改为 8 位数学家,结论不真.

【例 6-4】 20 名网球运动员进行 14 场单打比赛,每人至少上场一次. 求证:必有 6 场比赛,其参赛的 12 名运动员各不相同.

证 把每一位运动员看成一个顶点 v_i($i = 1, 2, 3, \cdots, 20$). 如果某两位运动员进行一场比赛,则认为其相应的顶点之间有一条边,如此构成一个图 G. 根据条件知,边数为 14,且

$$d(v_i) \geqslant 1, \quad \sum d(v_i) = 28$$

问题转化为,证明至少有 6 条边的 12 个顶点是互不相同的.

在每个顶点 v_i 处抹去 $d(v_i) - 1$ 条边(一条边可以同时在其两端点处抹去),抹去的边数不超过

$$\sum_{i=1}^{20} [d(v_i) - 1] = 28 - 20 = 8$$

条,故剩下的图 G_1 至少有 $14 - 8 = 6$ 条边. G_1 中每个顶点的次数不超过 1,因此 6 场比赛参赛者各不相同.

第四节　数学与密码

数学是科学的女王, 而数论是数学的女王.

——高斯

韦达破密码

在中国著名古籍《孙子兵法》之《谋攻篇第三》中有一句至理名言:"知彼知己,百战不殆."说明在各种战争中对敌我双方充分了解的重要性. 然而, 了解自己容易, 要了解敌人确非易事. 为了自己不被了解, 人们在战争中总是设法伪装自己, 制造假象, 迷惑敌人. 于是伪装与反伪装, 制造假象与揭露假象, 就成为战争制胜的重要手段. 通信中如何设置密码以及如何破解密码就是实现这种手段的一种具体方法. 而这两点都是依靠数学来实现的.

韦达是 16 世纪法国著名数学家, 也是一个国务活动家. 他在法国和西班牙战争中, 对于法国的取胜起到了决定性的作用. 当时西班牙军队使用非常复杂的密码进行通信联系, 甚至公开用密码与法国国内的特务联系. 虽然法国政府截获了一批秘密信件, 由于无法破解其中的密码而难以了解其内容. 当时法国国王亨利四世请求韦达帮助破译密码, 韦达借助数学知识, 揭开了密码的秘密, 破译了一份数百字的西班牙密文. 于是法国掌握了西班牙的军事秘密, 用两年的时间将西班牙军队打败. 可怜的西班牙国王对法国人在战争中的"未卜先知"十分恼火又无法理解, 认为是法国人使用了魔法, 这是与基督教信仰惯例相违背的违法行为. 于是他们以此为由向教皇控告法国. 后来, 西班牙人得知是韦达破译了他们的密码, 对韦达恨之入骨. 西班牙宗教裁判所以韦达背叛上帝的罪名, 缺席判决韦达死刑. 当然, 宗教的野蛮行径未能实现. 韦达于 1603 年 12 月 13 日在巴黎逝世, 享年 63 岁.

6.4.1　密码的由来

密码并不是什么奇怪的东西. 它只是按照"你知, 我知, 他不知"的原则组成的信号. 一个国家的文字, 对于一个不懂该文字的人来说就是一种密码. 对于不懂汉语拼音的人来说, 拼音就是代替汉字的一种密码. 密码最基本的功能就是保密, 不为外人所知.

简单说来，密码由加密和解密两部分组成. 加密就是通过某种算法对信息进行转换，这样原信息（叫做**明文**）就变成了**密文**，非授权人即使看到该密文信息，也不明白其实际意思. 而合法的接收方是知道密钥的，可以通过密钥把密文转换成明文，这就是解密. 另外密码还涉及非法的第三方，即密码攻击者，他们在信息传输过程中截获密文，然后通过各种攻击手段，想方设法破译出密文对应的明文.

密码的历史源远流长. 据史料记载，在中国，密码的使用可以追溯到三国时期. 当时蜀国考试时有的主考官和考生在考试前约定作弊的暗语（见明朝蒋一葵著《尧山堂外记》）. 在 11 世纪出版的《武经总要》一书中，详细记载了一个军用密码本. 公元前 2000 年古埃及墓碑上刻的一些铭文就是用一些奇怪的符号代替当时使用的文字. 公元前 404 年，斯巴达国（今希腊）北路军司令莱山德在征服雅典之后，接到本国信使献上的一条皮带，上面有文字，通报了敌人将断其归路的企图. 公元前 130 年左右，美索不达尼亚的一些碑文上将一些人名改用数字密写. 公元 4 世纪，希腊出现了隐蔽书信内容的初级密码. 8 世纪古罗马教徒为了传播新教，创造了“圣经密码”. 中世纪末期，西班牙的青年男女，为了冲破封建制度对自由恋爱的束缚，采取种种秘密通信方式，导致了各种原始密码的产生. 1200 年，罗马教皇政府和意大利世俗政府开始系统地使用密码术. 在文艺复兴时期的欧洲，密码被广泛用于政治、军事和外交上. 到 16 世纪末期，多数国家设置了专职的密码秘书，重要文件都采用密码书写.

1832 年 10 月，美国画家塞缪尔·莫尔斯在乘船从法国返回美国途中，看到一个青年医生在摆弄一块环绕着一圈圈绝缘铜丝的马蹄形铁块，铜丝的通电可以产生对铁钉的吸引力，而一旦断电则吸引力消失. 这就是电磁感应现象. 受此启发，莫尔斯在 1844 年 5 月 24 日发明了一种被后人称为“莫尔斯电码”的电报码和电报机，开始了无线电通信. 这种编码后来逐步应用到军事、政治、经济等领域，形成了早期的密码通信. 到第一次世界大战时，密码通信已十分普遍，许多国家成立专门机构，进一步研制和完备密码，并建立了侦察破译对方密码的机关. 目前，信息时代的到来，密码已经成为人人离不开、处处都需要的工具，其安全性也更加先进.

在各种各样的通信传输过程中，人们会通过各种手段截取传输资料，造成传输安全问题. 尤其是在科技高度发达的今天，传送过程几乎无法保证安全. 于是人们就要在如何对内容加密上进行研究，以保证即使对方截获传送资料，也会由于不了解密码而不知所云.

6.4.2　密码联络原理与加密方法

加密或者用密码联络是自古就有的事情，民间使用较多的所谓“暗号”就是最简单的表现形式. “暗号”只是收发双方对某些具体内容进行的事先约定，其方法只适用于特定时间内的特定内容，不具有一般性. 但是“暗号”的基本思想却是一般加密所共有的，这就是“置换”或“代换”的思想——用一种形式取代另外一种形式. 在各种各样的通信中，思想基本依靠文字来表达，因而就要使用各种文字和语言，而各种语言又都可以转化为数字，比如英文的莫尔斯电码，中文汉字的电报码等. 从文字到数字的转换本身就是一种密码，只不过这已经是公开的密码，因此也就不具有保密性了．但是，即便如此，这种转换也是重要的．

文字转换为数字的优越性：首先它把各种复杂的文字用 10 个数字符号来代替，符号的简化便于通信传递；其次，各种文字转化为数字以后，要进行加密研究，只需要对数字加密进行研究，极大地降低了加密难度．

无论何种加密传送，其基本模式都是一样的．

信息传送基本模式：把要传递的内容——"明文"，按照"密钥"加密变成"密文"；将密文按照正常方式发送出去；对方接收到密文后，按照密钥解密再还原成原来的明文．

加密的方法是人为产生的，因此也就各种各样．"代换"或"置换"，是自古以来普遍采用的加密思想．所谓"代换"，就是用一种形式取代另外一种形式．这种方法早在罗马帝国时代就已经使用，当时他们把 26 个字母分别用其后面的第 3 个字母来代替，用"群"的记号就是如下的"矩阵"

$$G = \begin{pmatrix} a & b & c & d & e & \cdots & w & x & y & z \\ d & e & f & g & h & \cdots & z & a & b & c \end{pmatrix}$$

这种代换方法是将上行的每个字母分别用下行的相应字母代替．这样明文"hello"就变成了密文"khoor"，收到密文再转化为明文只需将每个字母换成其前面的第 3 个字母即可．这种方法规律性太强，很容易被破解．后来，人们采用一种变形的置换方法：把字母或数字用其他字母或数字代换时没有明显的代换规律．比如把 0，1，2，…，9 等 10 个数字分别换成 3，5，6，2 等，即如下所列

$$G = \begin{pmatrix} 0 & 1 & 2 & 3 & 4 & 5 & 6 & 7 & 8 & 9 \\ 3 & 5 & 6 & 2 & 7 & 4 & 8 & 1 & 9 & 0 \end{pmatrix}$$

这种密码或其变种在第二次世界大战前被使用很长一段时间．但是它也具有严重缺点，因为，在日常书面语言中，每个字母所使用的频率是不相同的，当人们截取大量信息进行统计分析后，可以通过各个字母的使用频率推测出大体的代换法则，然后再经过检验调整，即可确定正确的代换法则，从而破解出所有信息．

6.4.3 RSA 编码方法与原理

早期的各种加密方法有一个共同的弱点：他们都是封闭式的制解法，即收发双方都必须同时知道这种密码的构造．这些方法有许多不便之处，而且如果在通信系统中有一个联络站被间谍渗入，则密码的机密就会全盘暴露．20 世纪 70 年代后期，美国几个电机工程师用数论知识创造了一种编码方法，可以公开密钥，但他人却难以破解．

密码通信中的加密与解密方法实际上是两个互逆的运算．数学中许多运算是本身容易而逆向困难．比如，乘法容易，除法困难；乘方容易，开方困难等．用两个百位数字相乘得到一个 200 位数字，利用计算机轻而易举．但要把一个 200 位数分解为两个数的乘积，却极其困难．通行做法是用一个个较小的数去试除，其工作量极大．估算可知，要分解一个 200 位数字，用每秒 10 亿次的电子计算机大约需要 40 亿年．即使分解一个 100 位数字，所花时间也要以万年计．这就给数学家一种启示：能否利用这种矛盾编制

密码，使我方编码、译码轻而易举，而敌方破译却极端困难.

1978 年，美国 3 位电机工程师 Rivest、Schamir 与 Adleman 利用这个思想创造了一种编码方法，称为 RSA 方法. 其本质是制造密码与破解密码的方法都是公开的，同时又可以公开编制密码所依赖的一个很大的数 N，这个 N 可由我方通过两个大素数 p、q 乘积而得到，而破解密码则必须依靠这两个素数 p、q. 因此要破解密码则必须首先分解大数 N，但这几乎是不可能的.

1. RSA 编码方法

RSA 方法可以公开用以制造密码与破解密码的方法，它依赖于两个大素数 p、q. 当然，不同的机构应当使用不同的 p、q. 下面是其基本方法.

密钥制作：

1）我方掌握两个大素数 p、q，由此造出一个大数 $N = pq$;

2）选取一个较小的数 n，使得 n 与 $p-1$，$q-1$ 均互素;

3）再选取 m，使得 $mn-1$ 是 $(p-1)(q-1)$ 的倍数;

4）对外公开我们的密钥 N 和 n.

m 与 n 的选取是容易做到的. m 是我们解除密码的唯一秘诀，绝不可以外传. 敌方不了解 p、q，就难以分解出 p、q，因而也就不可能了解我们的唯一秘诀 m.

假如我们的朋友要向我们发送信息，他可以通过查到的我们的密钥 N 和 n，然后按照如下程序发送.

信息加密、发送、接收与解密：

1）对方将要发送的信息（数）由明文 x 转化为密文 y，方法是算出 x^n，设 x^n 被 N 除所得的余数为 y，用数论的记号就是，$x^n \equiv y \pmod{N}$，y 就是要发出的密文;

2）我方收到密文 y 后，要进行解密，方法是计算出 y^m，按照数论的知识便有 $y^m \equiv x \pmod{N}$，即 y^m 被 N 除所得的余数就是对方原本要发出的明文 x.

过程总结：

1）对方把要发的明文 x 转化为密文 y，即 $x^n \equiv y \pmod{N}$;

2）对方发送密文 y;

3）我方收到密文 y 后解密为明文 x，即 $y^m \equiv x \pmod{N}$.

2. RSA 编码原理

问题的关键在于为什么能有 $y^m \equiv x \pmod{N}$？这依赖于数论中的一个基本公式——欧拉定理，这是费马小定理的推广形式.

欧拉定理 设 a、N 为正整数，如果 $(a, N) = 1$，则有

$$a^{\varphi(N)} \equiv 1 \pmod{N} \tag{6.10}$$

其中 $\varphi(N)$ 为欧拉函数，它代表在 1，2，3，$\cdots$，N 中与 N 互素的正整数的个数.

根据欧拉定理，注意到当 $N = pq$ 时，$\varphi(N) = (p-1)(q-1)$，而上述选取的 m、n 满足 $mn = k\varphi(N) + 1$，k 是正整数. 只需证明，对于任意正整数 x，有

$$y^m \equiv x^{nm} \pmod{N} \equiv x^{k\varphi(N)+1} \pmod{N} \equiv x \pmod{N} \tag{6.11}$$

事实上，如果 $(x, N) =1$，由欧拉定理必有 $x^{k\varphi(N)} \equiv 1 \pmod{N}$，从而

$$x^{nm} \equiv x^{k\varphi(N)+1} \pmod{N} \equiv x \pmod{N} \tag{6.12}$$

如果 $(x, N) = p$，即 p 能整除 x，但 q 不能整除 x，即 $(x, q) = 1$. 对 x 和 q 应用欧拉定理得 $x^{q-1} \equiv 1 \pmod{q}$，从而 $x^{k\varphi(N)+1} = x^{k(q-1)(p-1)+1} \equiv x \pmod{q}$；另一方面，显然有 $x^{k\varphi(N)+1} = x^{k(q-1)(p-1)+1} \equiv x \pmod{p}$，这是因为同余式两端都能被 p 整除. 以上两点表明 $x^{k\varphi(N)+1} \equiv x \pmod{pq} \equiv x \pmod{N}$.

如果 $(x, N) = q$，结论同样可证.

最后，如果 $(x, N) = N$，则 $N|x$，故 $x^{nm} \equiv 0 \equiv x \pmod{N}$. 结论得证.

3. 一个具体例子

现在用较小的素数 $p=3$、$q=11$ 来说明这种方法：此时 $N=33$，选取数 n，使得 n 与 $3-1$，$11-1$ 均互素，比如选 $n=7$ 即可. 现在 $N=33$ 与 $n=7$ 是公开的密钥，任何人都可以按照这个密钥给我们发送信息.

为了选取 m，使得 $mn-1=7m-1=k(3-1)(11-1)=20k$，应有

$$m = \frac{k(p-1)(q-1)+1}{n} = \frac{20k+1}{7} \tag{6.13}$$

也就是要选取适当的 k，使得 $20k+1$ 是 7 的倍数，一般应使 k 尽可能的小，以使 m 也较小. 取 $k=1$，得到 $m=3$. 这是我们的密钥. 当 p 和 q 非常大时，敌方是无法得知这个密钥的.

现在假设对方要发送的明文为 8，他可以利用查到的密钥 $N=33$ 与 $n=7$ 将明文 8 转化为密文：$8^7=2\,097\,152 \equiv 2 \pmod{33}$，密文为 2. 然后将密文 2 发给我方.

当我方收到密文 2 时，按照密钥 $N=33$ 与 $m=3$ 把密文再转化为明文：$2^3=8 \equiv 8 \pmod{33}$，明文为 8.

第七章 数学之奇

数学之奇 鬼斧神工

奇异,指数学中的方法、结论或有关发展出乎意料,使人既惊奇又赞赏与折服.数学结论的出乎意料,源于人类感知能力的局限:人类只能感知有限和局部的事物,无法感知、认识和对比无穷、超微观、超宏观的现象.徐利治说:"奇异是一种美,奇异到极度更是一种美."

数学中的奇异性之一来自于人类对无穷的认识.当人们判断有限量的事物时,用一一对应比较多少,整体不可能与部分一一对应.但到了无穷却大不相同:松散的自然数集既可以与其真子集、偶数集,也可以与密密麻麻的有理数集一一对应;在实数集中,人们认识的超越数不过百来个,但事实上,几乎所有的实数都是超越数;著名的连续统假设在算术公理系统中既不能得到证明,也无法得到否定.

数学中的奇异性之二来自于人类对空间的认识.空间认识的基础是一组"自明"的公理,但自明与否相当深刻,也极其主观.当人们理直气壮地说"三角形内角和等于 180°"时,却不知道它其实等价于一个并不那么自信的平行公理,于是当罗巴切夫斯基告诉大家"三角形内角和小于 180°"时,人们感觉惊奇却也无法反驳.三种相互矛盾的几何各自独立,各为真理,各有自己的用武之地.

我国古老的《易经》堪称经典中之经典,哲学中之哲学,智慧中之智慧.由《易经》引出的幻方,优美而神秘,潜藏着无尽的奥秘.

第一节 实数系统

没有任何问题可以向无穷那样深深地触动人的情感，很少有别的观念能像无穷那样激励理智产生富有成果的思想，然而也没有任何其他的概念能向无穷那样需要加以阐明.

——希尔伯特

Hilbert 的旅馆

德国著名数学家大卫·希尔伯特曾经讲过一个精彩故事. 在那里，希尔伯特成为一个旅馆的老板，这个旅馆不同于现实生活中的任何旅馆，它设有无穷多个房间.

一天，该旅馆所有的客房已满. 这时，又来一位客人坚持住下来. 大厅服务员没有办法，只好去找老板. 老板说："没问题，你去让 1 号房间的客人挪到 2 号房间，2 号房间的客人挪到 3 号房间，如此下去，都把前一个房间的客人挪到后一个房间，最后把空出的 1 号房间安排新来的客人就行了." 服务员照办，一个棘手的问题解决了.

不久，该旅馆又来了一批客人要求订房. 这一次不是一个、几十个或几千、几万个，而是无穷多个. 服务员遇到了更大的困难，只好再次找到老板. 老板依然轻松说道："没问题. 你把 1 号房间的客人挪到 2 号房间，2 号房间的客人挪到 4 号房间，如此等等，把每一个房间的客人挪到其两倍房间号的房间内，最后把空出的所有单号房间依次安排新来的客人就行了."

这是一个虚拟的故事，其目的只是要说明，人们对有穷数量的事物与无穷数量的事物，认识方式是有很大不同的.

一般人听到这个故事会有以下疑问：

既然有无穷多个房间，为什么还会客满？这里假定了客人可以有无穷多个.

每个客人都搬到其后面的房间，最后一个客人怎么办？无穷多个是不存在最后的！

7.1.1 数系扩充概述

1. 实数系扩充历史

数究竟产生于何时，由于其年代久远，已经无从考证. 但是根据考古学家发现的种种证据，可以肯定的是：数的概念以及记数的方法早在文字出现之前就已经形成，其历史至少有 5 万年.

原始人类为了生存，须每天外出狩猎和采集果品. 成果的"有"或"无"、"多"或"少"，会直接影响到他们的生活甚至生命. 于是他们对这类有关"数量"的变化逐渐产生了意识，进而又想办法加以表达，这就形成了数的概念.

人类从认识"有"和"无"、"多"与"少"，进而认识到"一"、"二"、"三"和"许多"更加具体的概念与关系，最后形成更多的关于单个数目的概念，如有理数、无理数、负数、复数等，经历了十分漫长的过程.

自然数是"数"出来的. 其历史最早可以追溯到 5 万年前.

分数（有理数）是"分"出来的. 早在古希腊时期，人类已经对有理数有了非常清楚的认识，而且他们认为有理数就是所有的数，这就是"万物皆数"的信条：数就是量，量就是数，数只有有理数.

无理数是"推"出来的. 公元前 6 世纪，古希腊的毕达哥拉斯学派利用他们的一个最重要的研究成果——毕达哥拉斯定理，发现了"无理数"."无理数"的承认（公元前 4 世纪）是数学发展史上的一个里程碑.

负数是"欠"出来的. 它是由于借贷关系中量的不同意义而产生的. 我国三国时期数学家刘徽首先给出了负数的定义并第一次给出了区分正负数的方法，同时刘徽还给出了绝对值的概念和正负数加减法的运算法则.

前面提到的正数与负数、有理数与无理数，都是具有"实际意义的量"，称为"实数"，构成实数系统. 现在已经非常清楚，实数系统是一个没有缝隙的连续系统，任何一条线段的长度都是一个实数.

2. 复数系的产生与发展

复数是"算"出来的. 1484 年，法国数学家舒开（Chuquet，1445—1500）在一本书中将方程 $x^2 - 3x + 4$ 的根写为 $x = \dfrac{3}{2} \pm \sqrt{2\dfrac{1}{4} - 4}$，这是人类历史上第一次对负数开平方. 1545 年，意大利医生波洛尼亚（Bologna）大学数学教授卡达诺（Cardano，1501—1576）（如图 7.1 所示）在《大衍术》（如图 7.2 所示）中写到："要把 10 分成两部分，使二者乘积为 40，这是不可能的，不过我却用下列方式解决了."接着，他把二次方程 $x^2 - 10x + 40 = 0$ 的两个根写成 $5 + \sqrt{-15}$ 和 $5 - \sqrt{-15}$. 这两个"数"就符合上面的要求. 意大利数学家邦贝利对负数开平方这样的"数"很感兴趣，并对此进行进一步探索. 他在遗著《代数术》中勇敢地接受了像 $\sqrt{-1}$ 这样的数的存在. 1637 年，法国数学家笛卡尔把 $\sqrt{-1}$ 这样的数叫做**虚数**，意思是"虚假的、想象中（imaginary）的数". 1777 年，瑞士数学家

图 7.1 卡达诺（1501—1576）

欧拉在其论文中首次用符号"i"（imaginary 的第一个字母）表示 $\sqrt{-1}$，称为虚数单位. 在

此之前的 1748 年，欧拉给出了著名的联系复指数函数与三角函数的欧拉公式 $e^{ix} = \cos x + i\sin x$. 1799 年，德国数学家高斯已经知道复数的几何表示；1831 年，他用"数对"来代表复数平面上的点：(a, b) 代表 $a+bi$. 1873 年，我国数学家华蘅芳（1833—1902）将邦贝利《代数术》翻译为中文，将虚数引入中国.

图 7.2 《大衍术》

复数出现后的两个半世纪内一直遭到怀疑. 18 世纪后期，随着复数与三角函数关系的揭示，复数的平面坐标的表达等，复数的意义逐渐被明确，人们对复数的怀疑才逐渐消失.

复数系是保持四则运算基本性质（加法、乘法的交换律、结合律；乘法对加法的分配律；四则运算的封闭性；0 元、单位元以及负元、逆元的存在性）的最大数系，复数系是数域.

3. 超复数的产生

19 世纪中期，复数已经得到普遍承认和蓬勃发展. 爱尔兰数学家哈密尔顿在长期对复数进行研究后，于 1837 年注意到复数实际上是有序实数对，只要明确有序数对的运算法则，可以完全抛弃 $a+bi$ 这样的表达与运算. 既然实数对（二元数）可以构成一个完备的数系，那么有序三元实数组能否构成完备的数系呢？对这样的问题，从 1830 年后，就有许多数学家进行过探讨，其中包括著名数学家高斯. 1843 年，哈密尔顿发现有序三元实数组不能构成完备数系，但有序四元实数组却完全可以. 他把这类新数叫"**四元数**"，这是一个乘法不满足交换律的数系. 1847 年，英国数学家凯莱（Cayley, Arthur, 1821—1895）（如图 7.3 所示）进一步发现了八元数，这个数系的乘法不满足交换律，也不满足结合律. 可以证明，能够赋予代数结构（运算）并保持运算基本性质的"元数"只能是 1、2、4、8、16 等 2^n 这样的数.

图 7.3 凯莱（1821—1895）

综上所述，数系的发展大体上可以归纳如下：

自然数 **N** $\Rightarrow$ 整数 **Z** $\Rightarrow$ 有理数 **Q** $\Rightarrow$ 实数 **R** $\Rightarrow$ 复数（二元）**C** $\Rightarrow$ 四元数（Hamilton）（乘法不可交换）$\Rightarrow$ 八元数（超复数）（Cayley）（乘法不可交换，也不能结合）.

4. 数系扩充的科学道理

应当说明的是，以上所述的是数系的自然产生顺序. 如果从数学科学自身来说，数系的发展则基本上是依赖于运算的需要. 德国数学家克罗内克（Kronecker, Leopole, 1823—1891）说："上帝创造了自然数，其余的都是人的工作." 自然数有一个最基本的运算：加法. 由一个数的连加而产生乘法运算，由一个数的连乘又产生乘方运算. 加法、乘法和乘方构成了自然数的最基本的运算，自然数在这三种基本运算下是封闭的，即运算的结果仍是自然数. 自然界的许多现象都是有来有回的. 例如，穿衣—脱衣，前进一后退，呼气—吸气等，数的运算也不例外，加法、乘法和乘方运算各有自己的逆运算减法、除法和开方运算. **逆运算在数系的扩充中扮演着极为重要的角色**：逆运算的运算法则来源于正运算，因此比正运算困难，以致可能出现无法进行的现象，从而必须引进新东西，使数系得以扩展. 首先，在自然数中进行减法运算会产生 0 和负数，从而形成整数系统；其次，在整数中进行除法运算，会产生分数，从而形成有理数系统；再次，在自然数中进行开方运算，会产生无理数，从而形成实数系统；最后在负数中进行开方运算，会产生虚数，从而形成复数系统. 大家所熟悉的数系从数学运算的角度就是这样自然产生的.

5. 实数的结构

实数中正、负数、有理数都是容易被认识的，而无理数则是神秘的、复杂的、难以被认识的；实数中，整系数代数多项式的根叫代数数，例如，1、1/2、$3^{1/2}$，其中有理数是整系数一次多项式的根；实数中不是代数数的数叫超越数，例如：π、e 等. 如图 7.4 所示.

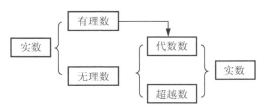

图 7.4　实数结构图

7.1.2　有理数域 Q

1. 有理数的结构——有理数是有限小数或无限循环小数

有理数是由于整数的除法运算而产生的，因此其原始形式是分数. 对分数进行运算处理会发现，有理数其实就是有限小数或无限循环小数. 在分数与小数之间，是可以互相转化的.

（1）分数化为小数

一个分数 p/q 的值，也就是用 q 去除 p 所得的值. 用 q 去除 p，每一次上商后的余数只可能是 0 或 1，2，…，$p-1$ 等 $p-1$ 种情况. 如果某次上商以后的余数是 0，则得到的商是有限小数；如果余数不为 0，按照抽屉原则，商的小数点后 p 位小数的余数中必有两位是重复的，因此必然在重复余数后造成循环，也就是说得到的商是无限循环小数. 总之，分数可以转化为有限小数或无限循环小数.

（2）小数化为分数

有限小数转化为分数是简单的，一个具有 n 位小数的有理数，只要将其放大为 10^n 倍，再除以 10^n 即可.

对于无限循环小数，设

$$a = a_0\ a_1 a_2 \cdots a_m b_1 b_2 \cdots b_n b_1 b_2 \cdots b_n b_1 b_2 \cdots b_n \cdots$$

其中 a_0 是 a 的整数部分，$a_1 a_2 \cdots a_m$ 是 a 的非循环部分，$b_1 b_2 \cdots b_n$ 是 a 的循环部分. 于是有

$$(10^{m+n} - 10^m)a = a_0 a_1 a_2 \cdots a_m b_1 b_2 \cdots b_n - a_0 a_1 a_2 \cdots a_m$$

其中 $a_0 a_1 a_2 \cdots a_m$ 等是指按顺序排列的数字，而不是相乘的关系. 因此

$$a = \frac{a_0 a_1 a_2 \cdots a_m b_1 b_2 \cdots b_n - a_0 a_1 a_2 \cdots a_m}{10^{m+n} - 10^m}$$

这便将小数转化为了分数. 比如对于无限循环小数 $a = 32.648\ 758\ 75\cdots$，有 $m = 2$，$n = 3$. 从而

$$a = \frac{3\ 264\ 875 - 3264}{10^{2+3} - 10^2} = \frac{3\ 261\ 611}{99\ 900}$$

2. 有理数的代数属性——有理数集是最小的数域

有理数集在四则运算下是封闭的，而且加法、乘法满足结合律与交换律，并且满足乘法对加法的分配律，具有这种性质的数集叫做**数域**. 因此有理数集是数域. 不仅如此，有理数集还是最小的数域. 这是因为任何一个数集，只有它包含有非零数时才能进行除法运算，而除法的封闭性保证该数除以自身所得的商 1 属于该数集；有了 1，加减法的封闭性保证全体整数属于该数集，除法的封闭性进一步保证全体有理数属于该数集. 因此，任何一个数域必然包含有理数集，有理数集是最小的数域.

3. 有理数的几何属性——有理数在数轴上是稠密的

有理数是人们容易认识、使用最多的数. 从应用的角度看，人们要测量长度、面积、重量等，不论要求多么高的精度，只使用有理数就已经足够.

在几何上，全体实数可以通过一条确定了原点和方向的直线——**数轴**而表达出来，实数与直线上的点构成一一对应的关系. 在数轴上，每一个正数代表的是该点到原点的距离（线段的长度）. 而负数则代表该点到原点距离的相反量. 由于不论要求多么高的精度，任何一条线段的长度总是可以用一个有理数来表达的，可以想象，有理数作为实数的一部分，在数轴上是到处都有的. 这正如第五章第二节所述，有理"数"之全体在数轴上具有稠密性与和谐性，它表明，在数轴上不论多么小的范围内都存在有理数.

本段的讨论在一定意义上说明有理数是非常"多"的，而以下两段则从另一方面说明有理数是非常"少"的.

4. 有理数是可数的——与自然数一样多

任何有限数量的东西都可以比较多少，而且满足整体大于部分. 比较两个有限数量东西的多少的基本思想是直接或间接的**一一对应**：要判断教室中是人多还是椅子多，采用一一对应的思想，只需要每人选定一把椅子坐下，若每人都有椅子坐，每把椅子上都有人，则椅子与人一样多；若每人都有椅子坐，还剩下椅子没有人，则椅子要比人数多，反之则是人数要比椅子多. 有时候也通过数数的方式来比较多少，这是间接采用一一对

应的思想：首先数一数椅子的个数，其实是建立一个椅子与某些自然数的一一对应关系，再数一数人的个数，是建立人与某些自然数的一一对应关系，最后再对两个自然数子集进行对比．一般来说，在数学上判断两个有限集合的元素个数是否相同，关键是看是否能在二者之间建立一个一一对应关系．

对于两个无穷的集合，比如[0，1]区间中的点集与[1，5]区间中的点集，所有的负整数构成的集合与所有的正整数的平方数所构成的集合，如何比较它们元素的多少呢？这个问题曾一度困扰着很多数学家．有人认为，既然都有无穷多个元素，那么它们就应该是一样多的；也有人认为，由于[0，1]区间要比[1，5]区间小，自然[0，1]区间中点的个数要比[1，5]区间中点的个数少．两种比较得到完全相反的结论，但是二者似乎都有道理．1874年起，德国数学家康托（如图7.5所示）开始研究这类问题，他将一一对应的思想应用于比较无穷集的元素多少问题，取得了成功：判断两个集合的元素个数是否相同，关键是看能否在二者之间建立一一对应关系．一一对应的思想是直观的，也是科学的．这样一来，在有限时候的"整体大于部分"的公设在无限时就不再成立，前面提到的伽利略悖论就与此有关．

图7.5 康托（1845—1918）

自然数集、有理数集与实数集都是无穷（无限）集．显然，自然数集与所有的正整数平方数集可以建立一一对应，因而可以认为二者具有同样多的元素．像自然数这样可以排成一列或者可以一个个数下去的无限集叫做**可数集**．自然数在数轴上的分布是非常稀疏的，而有理数在数轴上是稠密的，看起来二者相差很大．但是，按照康托一一对应的思想却有一个令人吃惊的结论．

有理数的可数性：有理数集是可数集．

事实上，可以建立一个有理数集与自然数集之间的一一对应．首先，按照在 Hilbert 的旅馆中的观念，有下面的结论：

◆ 一个可数集再并入一个、两个、甚至任意有限多个元素后还是可数集；

◆ 任意两个可数集之并还是可数集．

基于此，注意到正有理数与负有理数是一一对应的，只需要证明正有理数是可数的，即只需要证明正有理数集可以按照一种明确的法则排成一列（从而与自然数集一一对应）即可．

所有的正有理数都可以表示为既约分数 p/q 的形式，其中 p，q =1，2，3，…按照 $p+q$ 的大小将有理数分组，把满足 $p + q = m$ 的既约分数 p/q 构成的组记为 A_m（$m = 2$，3，4，…），每一组 A_m 中都只有有限个数（$m-1$ 个）．例如：$A_3 = \{2, 1/2\}$，$A_5 = \{4,$ 3/2，2/3，1/4\}，$A_6 = \{5$，4/2，3/3，2/4，1/5\}等．下面给出了正有理数集的排列法则：

1）首先将各组 A_m 按照 m 从小到大的顺序排列；

2）在各组 A_m 内部将各数按照分母 q =1，2，…，$m-1$ 的顺序排列；

3）不同的 A_m 可能包含某个相同的元素，对此，只保留第一次出现的有理数．例如，1/1、2/2 分属于 A_2 和 A_4，但二者是同一个数，只保留 A_2 中的 1/1．

如此得到的正有理数集的分组排列为

{1}，{2，1/2}，{3，1/3}，{4，3/2，2/3，1/4}，{5，1/5}，{6，5/2，4/3，3/4，2/5，1/6}，…

取消分组后得到的排列为

1，2，1/2，3，1/3，4，3/2，2/3，1/4，5，1/5，6，5/2，4/3，3/4，2/5，1/6，…

这种排列说明：正有理数集是可数集，从而有理数集是可数集.

证明有理数的可数性还有多种方法，下面这种比较直观.

1）坐标平面上第一象限的整数格点（横坐标、纵坐标都是整数的点）与自然数一一对应（如图7.6所示）；

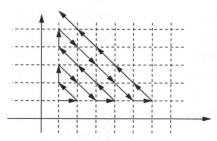

图7.6　整数格点与自然数的一一对应

2）格点可以与分数一一对应；

3）从而自然数与分数（正有理数）一一对应.

5．有理数在数轴上所占的长度为0

下面从几何角度说明有理数是非常少的.

前面已经知道，有理数作为实数的一部分，在数轴上到处都有. 但同时也知道在数轴上除了有理数，还存在无理数，即有理数之间是有空隙的. 问题是这些空隙有多大？也就是说，如果采取某种手段将全体有理数在数轴上挤压在一起，使其彼此之间没有重叠、也没有缝隙，它们能占用多大的长度？这关系到数学上一个点集的测度问题. 关于此问题的结论是令人吃惊的.

有理数的测度：在数轴上有理数所占的长度为0.

要说明这个问题，由上一段的讨论，可以把有理数排成一个数列

$$r_1,\ r_2,\ r_3,\ \cdots,\ r_n,\ \cdots$$

为了计算有理数在数轴上所占的长度，先给每一个有理数戴一顶帽子：任意取定一个小的正实数ε，给有理数 r_1 戴一顶宽度为$\varepsilon/2$的帽子，接下来给r_2戴一顶宽度为$\varepsilon/2^2$的帽子……一般来说，给 r_n 戴一顶宽度为$\varepsilon/2^n$的帽子. 这些戴了帽子的有理数在数轴上占据的长度自然比有理数本身占据的长度要大，它们的总长度为

$$\frac{\varepsilon}{2}+\frac{\varepsilon}{2^2}+\cdots+\frac{\varepsilon}{2^n}+\cdots=\varepsilon$$

这表明，有理数在数轴上所占的总长度不超过ε，由于ε的任意性可作出结论：有理数所占的总长度只能是0.

7.1.3　实数域 R

上一段主要研究了有理数的性质，它们有许多好的性质：从代数上看，有理数在四则运算下是封闭的，构成一个数域；从几何上看，有理数在数轴上是稠密的，因此，要去度量任何一件实际事物，不论要求多高的精度，只要有理数就够了；从测度上看，有理数很"轻巧"，它们是可数的，在数轴上所占用的长度为 0.

但是，有理数还有许多不完备的地方：从代数上看，有理数在开方运算下不封闭；从几何上看，有理数在数轴上还有许多缝隙；从分析上看，有理数对极限运算不封闭. 如果不对有理数进行扩充，关于极限的运算就无法进行，从而也就不会有微积分.

有理数扩充的直接结果是实数集. 关于实数，长期以来，人们只是直觉地去认识：有理数是有限小数或无限循环小数，无理数是无限不循环小数，有理数与无理数统称为实数. 直到 19 世纪，德国数学家康托、戴德金、魏尔斯特拉斯通过对无理数本质进行深入研究，才奠定了实数构造理论. 其具体的构造已超出本书的范围，这里仅从代数、几何等方面对实数系统地加以分析.

1. 实数集的代数属性——实数集是数域

实数集是数域，其含义是：实数集在四则运算下是封闭的. 要严格地证明这一点是困难的，它需要考虑实数的有序性、四则运算的具体定义等. 但是直觉地去认识与理解，这一结论总是可以接受的.

2. 实数集的几何属性——实数是连续的，在数轴上没有缝隙

关于实数的连续性，直观地说，是指全体实数在数轴上没有缝隙. 大学数学专业的数学分析课程中的**闭区间套定理**、**确界定理**、**聚点原理**、**致密性定理**、**有限覆盖定理**、**单调有界收敛定理**、**柯西收敛准则**七个等价命题就是从不同侧面说明这一点的.

正是由于全体实数在数轴上的**连续性**，不仅实数集在四则运算下是封闭的，而且在极限运算下也是封闭的，这种性质又叫做**实数的完备性**，这是微积分得以在实数集上建立的基础.

3. 实数集不可数

实数与有理数一样都是无限集，但是与有理数不同，实数集是不可数的，关于这一点，可以有两种简单的方法加以证明. 只需要证明[0，1]区间内的实数是不可数的即可.

（1）证明方法之一——数列法

假设 [0，1]区间内的实数是可数的，可以把它们全部排列如下

$$r_1 = 0 \cdot a_{11}a_{12}a_{13}a_{14}a_{15}\cdots a_{1n}\cdots$$
$$r_2 = 0 \cdot a_{21}a_{22}a_{23}a_{24}a_{25}\cdots a_{2n}\cdots$$
$$r_3 = 0 \cdot a_{31}a_{32}a_{33}a_{34}a_{35}\cdots a_{3n}\cdots$$
$$\cdots\cdots$$

$$r_n = 0 \cdot a_{n1}a_{n2}a_{n3}a_{n4}a_{n5}\cdots a_{nn}\cdots$$

$$\cdots\cdots$$

现在考虑实数

$$r = 0 \cdot a_1a_2a_3\cdots a_n\cdots$$

其中的 $a_j \neq a_{jj}$（$j=1$，2，3，$\cdots$，n，$\cdots$）. 显然 r 是[0，1]区间内的实数，但是对于每个 $j=1$，2，3，$\cdots$，n，$\cdots$ 由于 r 的第 j 位小数 a_j 不等于 r_j 的第 j 位小数 a_{jj}，故知 $r \neq r_j$. 这说明[0，1]区间内的实数 r 并未排在上表中，这是一个矛盾. 因此实数集是不可数的.

（2）证明方法之二——三分法

下面的证明是几何的. 设 [0，1]区间内的全部实数可以排列为：r_1，r_2，r_3，$\cdots$，$r_n\cdots$

把[0，1]区间三等分为[0，1/3]，[1/3，2/3]，[2/3，1]，则这三个闭区间中必有一个不包含 r_1，记该区间为 I_1，把 I_1 区间再 3 等分，等分出的三个闭区间中必有一个不包含 r_2，记该区间为 I_2，如此下去，可以得到一个闭区间套 I_n，它们满足

1）$I_1 \supset I_1 \supset I_3 \cdots \supset I_n \supset \cdots$；

2）$r_k \notin I_k$，$k=1$，2，3，$\cdots$，且 $\lim\limits_{n\to\infty} d(I_n) = 0$.

其中 $d(I_n)$ 代表区间 I_n 的长度. 根据闭区间套定理，存在唯一的一点 $c \in I_n$（$n=1$，2，3，$\cdots$），当然 $c \in [0，1]$，但是由 2）可知 $c \neq r_k$（$k=1$，2，3，$\cdots$），这是一个矛盾，因此，实数集是不可数的.

7.1.4 认识超穷数

1. 有理数的基——可数基$\aleph_0$及其性质

前面的讨论说明，从一一对应的观点来看，有理数与自然数是一样多的. 在有限集的情况，常常会谈到一个集合元素的个数问题，如果不限于有限集，则把一个一般集合的所谓的元素个数叫做这个集合的**基数**. 一个有限集的基数就是其元素个数，对于无限集，似乎可以统一地说其基数为无穷，但康托发现，情况并不能如此简单处理. 由于自然数集的元素可以一个个排列出来，因此任何一个无限集，都有一个无限真子集与自然数集建立一一对应. 也就是说，自然数集是"最小"的无限集. 把**自然数集的基数**记为 $\aleph_0$（希伯来字母），称为**可数基**，当然它本身是无穷大的一种. 由于有理数是可数集，因此得到：

有理数的基数$\aleph_0$.

与有限数不同，可数基数$\aleph_0$，具有如下运算性质：

1）$\aleph_0 + n = \aleph_0$；

2）$\aleph_0 + \aleph_0 = \aleph_0$，$n\aleph_0 = \aleph_0$；

3）$\aleph_0\aleph_0 = \aleph_0$，$(\aleph_0)^n = \aleph_0$.

以上三式中的前两个是容易证明的. 关于 3）中的前一式，只需要证明可数多个可数集之并还是可数集即可. 事实上，可以把这些集合的元素排列如下

$$a_{11}, \quad a_{12}, \quad a_{13}, \quad a_{14}, \quad a_{15}, \quad \cdots$$
$$a_{21}, \quad a_{22}, \quad a_{23}, \quad a_{24}, \quad a_{25}, \quad \cdots$$
$$a_{31}, \quad a_{32}, \quad a_{33}, \quad a_{34}, \quad a_{35}, \quad \cdots$$
$$a_{41}, \quad a_{42}, \quad a_{43}, \quad a_{44}, \quad a_{45}, \quad \cdots$$
$$a_{51}, \quad a_{52}, \quad a_{53}, \quad a_{54}, \quad a_{55}, \quad \cdots$$
$$\cdots\cdots$$

于是可以按照对角线法则从右上角开始把这些集合的并集元素排列为

$$a_{11}, \quad a_{12}, \quad a_{21}, \quad a_{31}, \quad a_{22}, \quad a_{13}, \quad a_{14}, \quad a_{23}, \quad a_{32}, \quad a_{41}, \quad a_{51}, \quad a_{42}, \quad a_{33}, \quad a_{24}, \quad a_{15}, \quad \cdots$$

这说明 3）中前一式是正确的. 而 3）中后一式可以通过反复应用前一式而得到.

2. 实数集的基——连续统基$\aleph_1$及其性质

与有理数集不同, 同样是无限集的实数集是不可数的, 设其基数为$\aleph_1$, 则必有 $\aleph_1 > \aleph_0$. 由于实数集是一个连续系统, 则把这个基叫做**连续统基**.

可以证明, 连续统基$\aleph_1$具有如下运算性质:

1）$\aleph_1 + n + \aleph_0 = \aleph_0 + \aleph_1 = \aleph_1$;

2）$\aleph_1 + \aleph_1 = \aleph_1$, $\quad n\aleph_1 = \aleph_1$;

3）$\aleph_0\aleph_1 = \aleph_1$, $(\aleph_1)^n = \aleph_1$.

3. 代数数及其基

实数集不可数, 但有理数集可数. 在数轴上看起来密密麻麻的有理数为什么是可数的呢？从方程的角度看, 可以给出较好的解释: 任何有理数都是一个一次整系数多项式$mx+n$的（唯一）根, 而这样的多项式仅依赖于两个整数 m 和 n. 按照乘法原理, 它们的总数为$\aleph_0\aleph_0$是可数的. 一般地, 把整系数代数多项式（代数方程）$a_nx^n+a_{n-1}x^{n-1}+\cdots+a_1x+a_0$的（复数）根叫做**代数数**, 其中$a_k$（$k = 0, 1, 2, \cdots, n$）为整数, n 为自然数. 像 1、1/2 等有理数, $-\sqrt{2+5\sqrt[4]{3}}$、$3+\sqrt[5]{7+\sqrt{2/3}}$ 等有理根式以及 i、$2+\sqrt{3}i$ 等只含有有理数或有理根式的复数都是代数数. 由于一个 n 次整系数多项式仅仅依赖于 $n+1$ 个整数, 而整数集是可数的, 可以设想, 所有代数数的集合也是可数的, 从而所有的实代数数的集合更是可数的. 下面是它的简单证明.

首先 n 次整系数代数多项式（代数方程）只有$(\aleph_0)^{n+1} = \aleph_0$ 个（$n = 1, 2, \cdots$）, 由此得所有整系数代数多项式（1 次、2 次、$\cdots$、n 次、$\cdots$）只有$\aleph_0\aleph_0 = \aleph_0$ 个;

又因为每个 n 次整系数代数多项式（代数方程）至多有$\aleph_0$ 个根（只有 n 个根）, 则所有代数数只有$\aleph_0$ 个.

4. 超越数及其基

以上讨论说明, 在实数范围内, 包括有理数、有理根式等无理数在内的代数数只有$\aleph_0$ 个, 即代数数可数. 但由于实数集不可数, 因此必然存在非代数数的实数, 而且有不可数多个, 把这类实数（无理数）叫做**超越数**, 有$\aleph_1$ 个.

虽然超越数从理论上证明是非常多的，几乎所有的实数都是超越数，但遗憾的是，到目前为止，人类认识的超越数却少得可怜. 最早认识的超越数是由法国数学家刘维尔在 1851 年构造出的所谓**刘维尔数**

$$L = 0.110\,001\,000\,00\cdots = \sum_{n=1}^{\infty} \frac{1}{10^{n!}}$$

其中 1 分布在小数点后第 1、2、6、24、120、720、5040、…处.

人们最熟悉的超越数有 π、e、光速、万有引力常数等. 其中 e 的超越性由法国数学家厄米特在 1873 年证明，π 的超越性由德国数学家林德曼在 1882 年证明.

5. 感受超穷数

$\aleph_0$ 和 $\aleph_1$ 都表示的是无限集的个数，它们从本质上都代表无穷，但又有所区别，称这样的数为**超穷数**. 到现在为止，只知道 $\aleph_1 > \aleph_0$，并不知道二者其他关系. 为了说明其内在联系，仍然要借助有限集情形.

设 M 是一个集合，由 M 的所有子集构成的集合称为 M 的**幂集**，记为 $P(M)$ 或 2^M. 用记号 $|M|$ 表示集合 M 的基数. 以下是有限集的例子.

1）若 $M = \varnothing$，$|M| = 0$，则 $P(M) = \{\varnothing\}$，$|P(M)| = 1 = 2^0$；

2）若 $M = \{1\}$，$|M| = 1$，则 $P(M) = \{\varnothing, M\}$，$|P(M)| = 2 = 2^1$；

3）若 $M = \{1,2\}$，$|M| = 2$，则 $P(M) = \{\varnothing, \{1\}, \{2\}, M\}$，$|P(M)| = 4 = 2^2$；

4）若 $M = \{1,2,3\}$，$|M| = 3$，则 $P(M) = \{\varnothing, \{1\}, \{2\}, \{3\}, \{1,2\}, \{1,3\}, \{2,3\}, M\}$，$|P(M)| = 8 = 2^3$.

一般地，可以证明，对有限集 M，永远有 $|P(M)| = 2^{|M|}$. 这也是把 $P(M)$ 记作 2^M 的原因.

问题：无限集的结论如何？

无限集的幂集是可以完全与有限集一样定义的，但是无限集的基数是超穷数，是无穷大. 我们无法描述一个数的无穷大次方，这为比较无限集及其幂集的基数带来了一点困难. 康托研究发现，虽然不能明确二者的等式关系，但却可以比较其大小. 他得到如下的康托定理.

康托（Cantor）定理 对任意集合 M（不论有限还是无限），总有

$$|P(M)| > |M|$$

即 $P(M)$ 与 M 不对等.

既然如此，在 M 是无限集的时候，可以记 $|P(M)| = 2^{|M|}$，这样就从记号上把有限集与无限集实现了统一.

按照这种记法，可以证明：连续统基数 $\aleph_1 = 2^{\aleph_0}$，换句话说，**实数集是有理数集的幂集**.

现在，既然可数集的幂集与实数集对等（一一对应），实数集可以视为自然数集的幂集，也同样有实数集的幂集的问题，按照康托定理，它是一个比实数集更大的集合，记其基数为 $\aleph_2 = 2^{\aleph_1}$. 类似地，有 $\aleph_3 = 2^{\aleph_2}$ 等更大的超穷数. 那么自然的问题是，什么事物的数量可以达到这么"多"呢？以下是一些常见的超穷数例子.

1）偶数、奇数、平方数、自然数、有理数、代数数等都是可数的，有$\aleph_0$个；

2）无理数、超越数、全体实数、区间中的实数、直线上的点、平面上的点、n维空间中的点都是与实数一一对应的，有$\aleph_1$个；

3）平面上所有几何曲线的数目有$\aleph_2$个.

对于$\aleph_3=2^{\aleph_2}$，这是什么东西的"数量"呢？

康托说："Je le vois，mais je ne le crois pas（我看到了，但我不相信！）"

6. 连续统假设（Continuum Hypothesis）

我们知道，$\aleph_0 < \aleph_1$，自然会问，有没有介于$\aleph_0$与$\aleph_1$之间的其他基数？

1878年，康托猜想：没有介于$\aleph_0$与$\aleph_1$之间的其他基数.

1900年，著名数学家希尔伯特在世界数学家大会上所作的重要演讲中提出了23个著名数学问题，其中第一个就是上述康托关于连续统基数的猜想，被称为"**连续统假设**".

1938年，侨居美国的年轻的奥地利数理逻辑学家哥德尔证明连续统假设与ZF集合论公理系统的无矛盾性. 因此连续统假设决不会引出矛盾！这就是说，不单是没有找出连续统假设的错误，而是不可能找到错误.

1963年，美国数学家科恩（Cohen，Paul Joseph，1934— ）（如图7.7所示）证明连续统假设与ZF公理彼此独立. 因而，连续统假设不能用ZF公理加以证明. 因此，连续统假设可以作为一个公理放入ZF公理系统中；当然，其反面也照样作为一个公理放入ZF公理系统中而形成另外一个公理系统. 在这个意义下，问题已获解决.

100年的历史，可以简单地写成以下内容.

康托问：有没有介于$\aleph_0$与$\aleph_1$之间的其他基数？

图7.7　科恩（1934— ）

哥德尔与科恩答：有也行，没有也行.

第二节　三种几何并存

　　不管数学的任一分支是多么抽象，总有一天会应用在这实际世界上.

——罗巴切夫斯基

7.2.1　泰勒斯——推理几何学的鼻祖

图 7.8　泰勒斯
（公元前 625—前 547）

　　几何学 4000 年前发源于古埃及，当时主要是人对自然界的有意识的改造与创新（发明车轮，建筑房屋、桥梁、粮仓，测量长度，确定距离，估计面积与体积等）而出现的实验几何学. 公元前 7 世纪，"希腊七贤"之一的泰勒斯（**Thales of Miletus**，公元前 625—前 547）（如图 7.8 所示）到埃及经商，掌握了埃及几何学，传回希腊. 那时，希腊社会安定，经济繁荣，人类对仅仅知道"如何"之类的问题已不满足，他们还要穷究"为何". 于是演绎推理方法应运而生，以泰勒斯为首的爱奥尼亚学派将几何学由实验几何学发展为推理几何学. 关于泰勒斯的学术生平虽然没有确切的可靠材料，但一般认为，下述五个命题的发现应归功于泰勒斯.

1）圆被任一直径二等分；

2）等腰三角形两底角相等；

3）两条直线相交，对顶角相等；

4）如果两个三角形有一条边和这条边上的两个角对应相等，则这两个三角形全等；

5）内接于半圆的角是直角.

　　泰勒斯的重要贡献不仅仅在于他发现了上述命题，更重要的是他提供了某种逻辑推理方法. 这样，泰勒斯成为第一个在数学中运用证明的人，他的贡献是数学发展史上的一个里程碑.

　　关于泰勒斯，还有很多有趣的传说故事.

　　（1）骡子打滚

　　据说，泰勒斯在其早年的商务活动中，经常用骡子运盐做买卖. 有一次过河时，这头骡子滑倒了，盐被河水溶解了一部分，起来后感觉负担减轻很多. 从此以后，这头骡

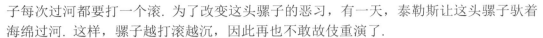

子每次过河都要打一个滚. 为了改变这头骡子的恶习, 有一天, 泰勒斯让这头骡子驮着海绵过河. 这样, 骡子越打滚越沉, 因此再也不敢故伎重演了.

（2）不结婚免痛苦

有一天, 也是当时 "希腊七贤" 之一的雅典执政官梭伦（Solon, 约公元前 630 —前 560）问泰勒斯为什么一辈子不结婚, 泰勒斯当时没有回答. 几天之后, 泰勒斯让人找到梭伦家, 传给他一个假消息, 声称自己几天前曾去过雅典, 听说梭伦在雅典游历的儿子被杀身亡, 梭伦听了很伤心. 正当梭伦异常伤心时, 泰勒斯跑来告诉他说:"您的儿子根本没有事, 我只是想告诉您我为什么一辈子不结婚."

7.2.2 欧几里得几何

1. 欧几里得——公理化思想的先驱

欧几里得是希腊亚历山大里亚时期的著名数学家. 在那个时期, 经过历代数学家的努力, 几何学材料丰富、内容繁杂、编排无序, 当务之急是如何对其科学整理. 许多数学家做过许多尝试, 而欧几里得则是唯一成功者. 他将收集、整理得到的数学成果, 以命题的形式作出表述并给予严格证明. 然后他做出了伟大的创造: 筛选定义、选择公理、合理编排内容、精心组织方法, 就像一位建筑师, 利用他人的数学材料, 建起了一座宏伟的数学大厦——《几何原本》（Elements）, 这构成了欧几里得几何学. 这项工作是在公元前 300 年左右完成的, 其重要意义之一就是奠定了数学的公理化思想.

《几何原本》问世后, 马上吸引了人们的注意力, 其影响力超过其他任何一部科学著作. 从 1482 年最早一本印刷本问世, 至今已有一千多种版本, 其流传之广泛、影响之久远, 是仅次于《圣经》的第二大书. 以至于凡是受过初等教育的人, 一提到几何, 就会想起欧几里得, 欧几里得成了几何学的代名词.

图 7.9　徐光启（1562—1633）

《几何原本》共分 15 卷, 1、2、3、4、6 各卷为平面几何, 5 卷为比例图形, 7、8、9 卷为算术, 10 卷为直线上的点, 11—15 卷为立体几何.

图 7.10　利玛窦（1552—1610）

1607 年, 我国明朝数学家徐光启（1562—1633）（如图 7.9 所示）和意大利传教士利玛窦（Matteo Ricci, 1552—1610）（如图 7.10 所示）将《几何原本》前 6 卷译成中文. 250 年后的 1857 年, 清末数学家李善兰（1811—1882）和英国传教士伟烈亚力（A. Wylie, 1815—1887）译出后 9 卷.

"几何" 一词源于希腊语 $\gamma\epsilon\alpha$（土地）$\mu\epsilon\tau\rho\epsilon\iota\nu$（测量）, 其英语表达为 Geometry, 德语为 Geometrie, 法语为 Géométrie , 拉丁语为 Geometria. 中文 "几何", 不同于中文原意 "多少" 的 "几何", 是由徐光启和利玛窦根据英语音译（吴方言）而来.

徐光启评价《几何原本》说过 "此书有四不必: 不必疑, 不必揣，不必试，不必改.有四不可得：欲脱之不可得，欲驳之不可得，欲减之不可得，欲前后更置之不可得.有三至三能：似至晦，实至明，故能以其明明他物之至晦；似至繁，实至简，故能以其简简他物之至繁；似至难，实至易，故能以其易易他物之至难.易生于简，简生于明，综其妙在明而已."《几何原本》为人类科学树立了典范，也使几何学的可靠性归结为最基本的 10 条公理.

2. 欧几里得几何体系

（1）四种根本性的概念

1）定义——几何学中所用的字的意义.如：点、线、面、体、直角、垂直、锐角、钝角、平行线等；

2）公理——适用于一切科学的不证自明的真理.如：若 $a = c$，$b = c$，则 $a = b$；

3）公设——适用于几何学的不证自明的真理.如：所有直角彼此相等；

4）命题——包括定理和作图题.定理是指能够根据假定条件、公理、公设和定义利用逻辑推理得到的结论；作图题是指由已知的几何学对象找出或作出所求的对象.

《几何原本》共有 23 个基本定义，5 个公设，5 个公理和 465 个命题组成.由于公理和公设都是不证自明的真理，只是适用范围有所区分.如今，人们已经把它们统称为公理而不加区别了.

（2）五条公理

1）跟同一件东西相等的东西彼此也相等；

2）等量加等量，总量仍相等；

3）等量减等量，余量仍相等；

4）彼此重合的东西相等；

5）整体大于部分.

（3）五条公设

1）点到另外一点作直线是可能的；

2）有限直线不断沿直线延长是可能的；

3）以任一点为中心和任一距离为半径作一圆是可能的；

4）所有直角彼此相等；

5）如果一直线与两直线相交，且同侧所交两内角之和小于两直角，则两直线无限延长后必相交于该侧的一点.如图 7.11 所示.

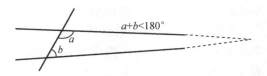

图 7.11　第五公设

7.2.3 第五公设的疑问

在欧氏几何体系中，作为其基石的五个公理以及五个公设中的前四个都是容易被认同的. 但是，对于第五公设，却没有那么简单明了，它很像一条定理. 而且，在《几何原本》465 个命题中，只有一个命题，即三角形内角和等于两直角，在证明中用到了这一结果，因此它似乎没有作为公设的必要.

关于第五公设，它不十分"自明"的第一个原因是关于直线（乃至后来的平面）的理解，如何判断一条线是直的？如何判断一个面是平的？我们通常说"两点间具有最短距离的线"是直线，"最短距离"又如何判定呢？例如，从北京到深圳（两点）的最短距离的线是什么？恐怕没有人去寻求穿越于地球之中的地下隧道作为最短距离的线，而是考虑地球表面上的一条圆弧；同样，所谓平面，素来有"水平"之说，那就是，在无风无浪的情况下，水面是平的，但它本质上是一个圆弧面（球面的一部分）. 第五公设不"自明"的第二个原因是关于平行线的理解. 通常说"平面上两条永不相交的直线是平行线"，问题是如何知道两条直线会永不相交？在无穷远处，人们无法用直观去感受、去认识，也就无法断定平行与否. 这些说不清、讲不明的断言作为公理确实让人难以信服. 于是，《几何原本》一问世，人们很快就希望能够消除这种困惑.

人们主要从三个方面研究平行公理：一是试图给出新的平行线定义以绕开这个困难；二是试图用比平行公理缺点更少的其他公理取代它（等价或包含）；三是用其他 9 个公理或公设去证明它！在进行第二项工作的研究中，人们发现了一些与第五公设等价的命题，证明其一便相当于证明了第五公设.

平行公理 过直线外一点可以作唯一一条直线与之平行.

三角形内角和定理 三角形内角和等于 $180°$.

第三项问题得到的研究最多，人们为此努力了两千多年，花费了无数数学家的心血，但终究没有成功. 到了 19 世纪，德国数学家高斯、俄罗斯数学家罗巴切夫斯基和德国数学家黎曼等人，从一次次失败中顿悟：推翻第五公设！从而导致了非欧几何的产生.

高斯被誉为非欧几何的先驱，罗巴切夫斯基被冠以几何学上的哥白尼. 黎曼是一个极富天分的多产数学家，在他短暂的一生中，他在许多领域写出了许多有名论文，对数学的发展作出了重要贡献，影响了 19 世纪后半期数学的发展，黎曼几何仅是他的众多成就之一.

高斯是最早认识到这一点的人. 早在 1792 年，年仅 15 岁的高斯就思考过第五公设问题. 当高斯竭尽全力也证明不出平行公理时，逐渐认识到平行公理是不可能证明的. 1794 年，他发现了非欧几何的一个事实：四边形的面积与 $360°$ 和四内角和之差成正比. 从 1799 年起，他就着手建立这一新几何，最初称为"反欧几何"，后又改称"星空几何"，最后定名"非欧几何". 1817 年，高斯在给朋友的信中就流露过他的想法. 1824 年，高斯又在给朋友的信中写到："三角形内角和小于 $180°$，这一假设引出一种特殊的、和我们的几何完全不相同的几何. 这种几何自身是完全相容的，当我发展它的时候，结果完全令人满意."他的这一假设相当于把平行公理改换为：过直线外一点可以作多条直线与之平行.

高斯是当时声望很高的数学家，由于顾及自己的名声，"怕引起某些人的呐喊"，他没有勇气公开发表他的这种与现实几何学相悖的新发现．正在他犹豫不决时，一位叫鲍

图 7.12 鲍耶
（1802 —1860）

耶（如图 7.12 所示）的匈牙利少年把这种新几何提了出来．鲍耶是高斯一位大学同学沃夫冈·法卡斯·鲍耶（Wolfgang Farkas Bolyai，1775—1856）的儿子．老鲍耶曾对第五公设着迷但无功而止，深受第五公设之害．当他得知自己的儿子在研究第五公设时，曾极力制止．但儿子不听劝阻，潜心钻研，鲍耶似乎在1825 年就已经建立起了非欧几何的思想，并且在那时他已经相信新几何是一个自身相容的逻辑体系．1832 年，在鲍耶的一再要求下，他的父亲把他的成果——一篇 26 页的论文《关于一个与欧几里得平行公设无关的空间的绝对真实性的学说》作为附录附在自己新出版的几何著作《向好学青年介绍纯粹数学原理的尝试》之末，并把该书寄给高斯请求评价．高斯在回信中表示如果要称赞鲍耶的工作等于称赞自己，因为它与自己 30 年前就开始的一部分工作完全相同．还说，由于大多数人对此抱有不正确的态度，他本来一辈子不愿意发表它们，现在正好由老同学的儿子发表了，也了却了一桩心愿．高斯的回信使老鲍耶非常高兴，但却极大刺痛了满怀希望的小鲍耶．他认为高斯依仗自己的学术声望，企图剽窃他的成果，因此而一蹶不振，陷入失望，放弃了数学研究．由于学术争论和家庭纠纷，小鲍耶被父亲驱逐到偏僻的多马尔德居住，晚年疾苦，58 岁与世长辞．

7.2.4　第一种非欧几何——罗巴切夫斯基几何

与高斯、鲍耶大体上同时发现非欧几何的另一位数学家是俄罗斯喀山大学校长罗巴切夫斯基．

罗巴切夫斯基是从 1815 年开始研究第五公设问题的．起初，他也是循着前人的思路，试图给出第五公设的证明．在保存下来的他的学生听课笔记中，就记有他在 1816—1817 学年度几何教学中给出的几个证明．可是，很快他便意识到自己证明的错误．前人和自己的失败从反面启迪了他，使他大胆思索问题的相反提法：可能根本就不存在第五公设的证明．于是，他便调转思路，着手寻求第五公设不可证的解答，这是一个全新的，也是与传统思路完全相反的探索途径．

罗巴切夫斯基实现突破的基本思想是运用了处理复杂数学问题的一种常用方法——反证法．为证"第五公设不可证"，首先对第五公设加以否定，然后用这个否定命题和其他公理公设组成新的公理系统，并由此展开逻辑推理．假设第五公设是可证的，即第五公设可由其他公理公设推导出来，那么，在新公理系统的推导过程中一定能出现逻辑矛盾；反之，如果推导不出矛盾，就反驳了"第五公设可证"这一假设，从而也就间接地证得"第五公设不可证"．

1823 年，依照这个思路，罗巴切夫斯基对第五公设的等价命题——平行线公理"过平面上直线外一点，只能引一条直线与已知直线不相交" 加以否定．他用命题"过直线

外一点可以作两条直线与之不相交"代替第五公设作为基础,保留欧氏几何学的其他公理与公设,经过严密逻辑推理,得到一连串古怪的命题,诸如三角形的内角和小于两直角,而且随着边长增大而无限变小,直至趋于零;锐角一边的垂线可以和另一边不相交,等等.但是,经过仔细审查,却没有发现它们之间含有任何逻辑矛盾.他惊呆了!这是一个逻辑合理、与欧氏几何彼此独立的几何新体系.而这个无矛盾的新几何的存在,就是对第五公设可证性的反驳,也就是对第五公设不可证性的逻辑证明.

1826 年 2 月 11 日,罗巴切夫斯基在喀山大学数学物理系的学术讨论会上做了题为《关于几何原理的扼要叙述及平行线定理的一个严格证明》的报告.由于当时没有找到这种几何的实际应用,他把这种几何称为"虚几何学"或"想象几何学",后又改称为"泛几何学".在他的后半生,他不断给出这种几何学的新的成果,直到晚年,双目失明的他还以口述的方式写下了他的最后著作《泛几何学》(1855).后人为了纪念罗巴切夫斯基,把这种几何称为罗巴切夫斯基几何,并把 1826 年 2 月 11 日确定为非欧几何的诞生日.

值得一提的是,人们对这一发现的接受却经历了漫长曲折的过程.这个报告在当时就遭到正统数学家的冷漠和反对.

参加 2 月 11 日学术会议的全是数学造诣较深的专家,其中有著名数学家、天文学家西蒙诺夫(A.M.СИМОНОВ)、科学院院士古普费尔(A.R.KYI-Iфep)以及著名数学家博拉斯曼(Н.Д.Бр-ашMah).这些人对罗巴切夫斯基得到的古怪命题先是表现出一种疑惑和惊呆,随后便流露出各种否定的表情.宣讲论文后,罗巴切夫斯基诚恳地请与会者讨论,提出修改意见.可是,会场一片冷漠.会后,系学术委员会委托西蒙诺夫、古普费尔和博拉斯曼组成 3 人鉴定小组,对该论文作出书面鉴定.他们的态度无疑是否定的,但又迟迟不肯写出书面意见.但罗巴切夫斯基并未因此灰心,而是继续顽强探索.1829 年,他又撰写出一篇题为《几何学原理》的论文,重现了第一篇论文的基本思想,并且有所补充和发展.此时,罗巴切夫斯基已被推选为喀山大学校长,论文发表在《喀山大学通报》上.

1832 年,根据罗巴切夫斯基的请求,喀山大学学术委员会把这篇论文呈送彼得堡科学院评审.科学院委托著名数学家奥斯特罗格拉茨基(M.B.ОСТРОГРАДСК.ИЙ,1801—1862)院士进行评价.奥斯特罗格拉茨基在数学物理、数学分析、力学和天体力学等方面有过卓越成就,在学术界声望很高.可惜他并没能理解罗巴切夫斯基的新几何思想,甚至比喀山大学的教授们更加保守.他在鉴定书开头写道:"看来,作者旨在写出一部使人不能理解的著作."接着,对罗巴切夫斯基的新几何思想进行了歪曲和贬低.最后粗暴地断言:"由此我得出结论,罗巴切夫斯基校长的这部著作谬误连篇,因而不值得科学院的注意."

这篇论文不仅引起了学术权威的恼怒,也激起了社会上反动势力的敌视.有人在《祖国之子》杂志上匿名撰文,公开对罗巴切夫斯基进行人身攻击.对此,罗巴切夫斯基撰写了一篇反驳文章,但《祖国之子》杂志却以维护杂志声誉为由,不予发表.

　　罗巴切夫斯基开创了数学的一个新领域，但他的创造性工作在生前始终没能得到学术界的重视和承认，更没有公开的支持者. 在他去世之前两年，俄国著名数学家布尼雅可夫斯基（В.Я.БуhЯкобск ИЙ，1804—1889）还在其所著的《平行线》一书中对罗巴切夫斯基发难，他试图通过论述非欧几何与经验认识的不一致性，来否定非欧几何的真实性. 英国著名数学家迪摩根（A.De Morgan，1806—1871）说："我认为，任何时候也不会存在与欧几里得几何本质上不同的另外一种几何. "迪摩根的话代表了当时学术界对非欧几何的普遍态度. 就连最先认识到非欧几何思想的大数学家高斯也不肯公开支持他的工作. 当高斯看到罗巴切夫斯基的德文非欧几何著作《平行线理论的几何研究》（1840）后，内心是矛盾的，他一方面私下在朋友面前高度称赞罗巴切夫斯基是"俄国最卓越的数学家之一"，并下决心学习俄语，以便直接阅读罗巴切夫斯基的非欧几何著作；另一方面，却又不准朋友向外界泄露他对非欧几何的有关看法，也从不以任何形式对罗巴切夫斯基的非欧几何研究工作加以公开评论.

　　晚年的罗巴切夫斯基心情更加沉重，他不仅在学术上受到压制，而且在工作上还受到限制. 按照当时俄国大学委员会条例，教授任职的最长期限是 20 年. 罗巴切夫斯基 1827 年开始任喀山大学教授和校长，按照这个条例，1846 年罗巴切夫斯基向人民教育部提出呈文，请求免去他在数学教研室的工作. 人民教育部早就对不顺从他们意志办事的罗巴切夫斯基抱有成见，但又找不到合适机会免去其校长职务. 这个请辞申请正好被他们用作借口，免去了他在喀山大学的所有职务. 被迫离开终生热爱的大学工作，使罗巴切夫斯基在精神上遭到严重打击. 家庭的不幸又格外增加了他的苦恼，其长子因患肺结核医治无效死去，又使他雪上加霜. 他的身体也变得越来越多病，眼睛逐渐失明. 1856 年 2 月 12 日，罗巴切夫斯基在苦闷和抑郁中与世长辞. 喀山大学师生为他举行了隆重的追悼会. 在追悼会上，他的许多同事和学生高度赞扬他在建设喀山大学、提高民族教育水平和培养数学人材等方面的卓越功绩，可是谁也不提他的非欧几何研究工作，因为此时人们还普遍认为非欧几何纯属"无稽之谈".

　　历史是最公正的，因为它终将会对各种思想、观点和见解作出客观的评价. 1868 年，意大利数学家贝尔特拉米（E.Beltrami，1835—1899）发表一篇著名论文《非欧几何解释的尝试》，证明非欧几何可以在欧几里得空间的曲面（例如拟球曲面）上实现. 这就是说，非欧几何命题可以"翻译"成相应的欧几里得几何命题，如果欧几里得几何没有矛盾，非欧几何也就自然没有矛盾. 人们既然承认欧几里得几何是没有矛盾的，所以也就自然承认非欧几何没有矛盾. 直到这时，长期无人问津的非欧几何才开始获得学术界的普遍注意和深入研究，罗巴切夫斯基的独创性研究也就由此得到学术界的高度评价和一致赞美.

7.2.5　第二种非欧几何——黎曼几何

　　1854 年，高斯的学生，德国另一位数学家黎曼在德国哥廷根大学作了题为《论作为几何基础的假设》的报告，提出了一种与前两种几何完全不同的新几何，叫做"黎曼几何". 黎曼可以说是最先理解非欧几何全部意义的数学家. 他创立的黎曼几何不仅是对已经出现的非欧几何的承认，而且显示了创造其他非欧几何的可能性.

黎曼的研究是以高斯关于曲面的内蕴微分几何为基础的. 在黎曼几何中，最重要的一种对象就是所谓的**常曲率空间**，对于三维空间，有以下三种情形：

◆ 曲率恒等于零；

◆ 曲率为负常数；

◆ 曲率为正常数.

黎曼指出：前两种情形分别对应于欧几里得几何学和罗巴切夫斯基几何学，而第三种情形则是黎曼本人的创造，它对应于另一种非欧几何学. 黎曼的这第三种几何就是用命题"过直线外一点所作任何直线都与该直线相交"代替第五公设作为前提，保留欧氏几何学的其他公理与公设，经过严密逻辑推理而建立起来的几何体系. 这种几何否认"平行线"的存在，是另一种全新的非欧几何，这就是如今狭义意义下的**黎曼几何**，它是曲率为正常数的几何，也就是普通球面上的几何，又叫**球面几何**. 该文于黎曼去世两年后的 1868 年发表.

一般意义下，黎曼几何泛指黎曼创立的一般的非欧几何，它包含了罗巴切夫斯基几何和球面几何.

7.2.6 三种几何学的模型与结论对比

三种几何学都拥有除平行公理以外的欧氏几何学的所有公理体系，如果不涉及与平行公理有关的内容，三种几何没有什么区别. 但是只要与平行有关，三种几何的结果就相差甚远. 现举出几例进行对比，如表 7.1 所示.

表 7.1 三种几何学对比

欧氏几何学	罗巴切夫斯基几何学	黎曼几何学
三角形内角和等于 180°	三角形内角和小于 180°	三角形内角和大于 180°
一个三角形的面积与三内角之和无关	一个三角形的面积与角欠成反比	一个三角形的面积与角余成正比
两平行线之间的距离处处相等	两平行线之间的距离沿平行线的方向越来越大	两平行线之间的距离沿平行线的方向越来越小
存在矩形和相似形	不存在矩形和相似形	不存在矩形和相似形

三种几何学有着相互矛盾的结论，但真理只有一个，为什么会出现三种矛盾的真理呢？原来，客观事物是复杂多样的，在不同的客观条件下，会有不同的客观规律.

例如，在日常小范围内的房屋建设、城市规划等，欧氏几何学是适用的. 但是，如果要作远距离的旅行，例如从深圳到北京，在地球上深圳到北京的最短路线已经不再是直线，而是一条圆弧，地球上的球面三角学就是黎曼几何学，其三角形内角和大于 180°. 如果把目光放得再远些，在太空中漫游时，罗巴切夫斯基几何学将大显身手. 在科学研究中，各种几何有着其不可替代的地位. 欧氏几何学的重要性自不待言；20 世纪初，爱因斯坦在研究广义相对论时，他意识到必须用一种非欧几何来描述这样的物理空间，这种非欧几何就是黎曼几何的一种；1947 年，人们对对视空间（从正常的有双目视觉的人心理上观察到的空间）所做的研究得出结论：这样的空间最好用罗巴切夫斯基几何来描述.

三种几何学各有其适用范围，也各有其模型. 欧几里得几何学的模型最容易理解，我们生活的平面和三维现实空间就是很合适的模型. 而黎曼几何学的模型可以用球面来实现.

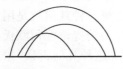

图 7.13　彭赛列模型

对于罗巴切夫斯基几何，不少数学家给出过多种不同的模型. 第 1 个模型由法国数学家彭赛列（Poncelet, Jean-Victor, 1788—1867）给出（如图 7.13 所示）. 他把圆心位于一条给定直线 S 上的半圆看作"直线". 显然，在这种模型中，过两点可以唯一确定一条"直线"，过"直线"外一点可以作多条"直线"与之平行（不相交）.

第 2 个模型是 1868 年意大利数学家贝尔特拉米给出的，他找到了一种所谓的"伪球面"（如图 7.14 所示），在伪球面上可以实现罗氏几何学的假设.

第 3 个模型是法国数学家庞加莱提出的. 在他的模型中，庞加莱将整个罗巴切夫斯基几何空间投影到平面上一个不包括边界的圆中，空间中的"直线"由圆内的一些圆弧来表示，这些圆弧与所述圆周正交（垂直，如图 7.15 中的 l_1 和 l_2）. 在这个模型中，同样发现，三角形的内角和亦不会等于 180°.

图 7.14　贝尔特拉米模型

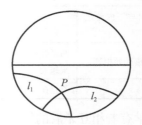

图 7.15　庞加莱模型

1870 年，德国数学家克莱因也给出了罗氏几何的一个模型. 克莱因还用变换群的观点统一了各种几何学，他把罗氏几何称为"**双曲几何（Hyperbolic Geometry）**"，这是研究在双曲度量变换下不变性质的几何. 这种名称是因为双曲在拉丁文中是"超级、过量"的意思，以此来表明这种几何里有太多的平行线，同时也表示这种几何下的直线有两个无穷远点. 他把黎曼几何称为"**椭圆几何（Elliptic Geometry）**"，这是研究在椭圆度量变换下不变性质的几何. 这个称呼是因为椭圆在拉丁文中是"不是、欠缺"的意思，以此来表明这种几何里没有平行线，同时也表示这种几何下的直线没有无穷远点。他把欧氏几何学称为"抛物几何"（Parabolic Geometry），这是研究在抛物度量变换下不变性质的几何，也是研究在刚体（旋转、平移、反射）运动下不变性质的几何。这是因为抛物在拉丁文中是"比较"的意思，以此来表明，这种几何里过直线外一点只有一条平行线，同时也表示这种几何下的直线有一个无穷远点。

庞加莱等人用欧几里得模型对罗巴切夫斯基几何进行描述。这就使非欧几何具有了至少与欧几里得几何同等的真实性。我们可以设想，如果罗巴切夫斯基几何中存在任何矛盾的话，那么这种矛盾也必然会在欧几里得几何中表现出来。也就是说，只要欧几里得几何没有矛盾，那么罗巴切夫斯基几何也不会有矛盾。至此，非欧几何作为一种几何的合法地位才充分建立起来。

7.2.7 非欧几何产生的重大意义

非欧几何的产生具有四个重大意义。

1）解决了平行公理的独立性问题。推动了一般公理体系的独立性、相容性、完备性问题的研究，促进了数学基础这一更为深刻的数学分支的形成与发展。

2）证明了对公理方法本身的研究能够推动数学的发展，理性思维和对严谨、逻辑、完美的追求，推动了科学，从而推动了社会的发展和进步。

在数学内部，各分支纷纷建立了自己的公理体系，包括随机数学概率论也在20世纪30年代建立了自己的公理体系。实际上公理化的研究又孕育了元数学的产生和发展。

在其他科学中，比如经济学、社会学等，人们也希望用公理化方法建立自己的科学体系。例如，经济学中就有谢卜勒 （Shapley） 公平三原则。

原则 1 同工同酬原则。

原则 2 不劳不得原则。

原则 3 多劳多得原则。

3）非欧几何的创立引起了关于几何观念和空间观念的最深刻的革命。

非欧几何对于人们的空间观念产生了极其深远的影响。在此之前，占统治地位的是欧几里得的绝对空间观念。非欧几何的创始人无一例外的都对这种传统观念提出了挑战。非欧几何的出现打破了长期以来只有一种几何学的局面。

4）非欧几何实际上预示了相对论的产生，就像微积分预示了人造卫星一样。

非欧几何与相对论的汇合是科学史上划时代的事件。近代黎曼几何在广义相对论里得到了重要应用。在爱因斯坦广义相对论中的空间几何就是黎曼几何。在广义相对论里，爱因斯坦放弃了关于时空均匀性的观念，他认为时空只是在充分小的空间近似均匀，但是整个时空是不均匀的。在物理学中的这种解释，恰恰是和黎曼几何观念相似的。人们都认为是爱因斯坦创立了相对论，但是，也许爱因斯坦更清楚，是他和庞加莱、闵科夫斯基、希尔伯特等一批数学家共同研究创立了相对论。物理中出现的动钟延缓、动尺缩短、时空弯曲等现象，都是非欧几何与相对论的科学发现。

第三节　河图、洛书与幻方

《易经》是"科学的神秘殿堂".

——郭沫若

两个传说

《易经》中有这样一句话："河出图，洛出书，圣人则之."后来，人们根据这句话传出许多神话.

传说在远古的伏羲时代，黄河里跃出一匹龙马，龙马背负着一张神秘的图，上面有黑白点 55 个，用直线连成 10 数（如图 7.16 右所示），人们把那张神秘的图称之为"河图"．又传说到了大禹时代，夏禹治水来到洛水，洛水中浮起一只神龟，背上有黑白 45 点构成一图，点由直线连成 9 数（如图 7.16 左所示），后人称之为"洛书"．所以，河图、洛书一出现就带有十分神秘的气氛，被当作圣人出世的预兆和安邦治世的奇书．这就解释了《易经》中"河出图，洛出书，圣人则之"的说法．也就是说，圣人是按照河图、洛书来行事的．孔子满怀抱负，周游列国，但都得不到重用，他的主张无法实现，感到心灰意懒．叹息道："凤鸟不至，河不出图，吾已矣夫！"（《论语·子罕》，意思是：吉祥的凤鸟没有飞来，神奇的河图也不再出现，不会有圣人来采纳我的主张，一切都算了吧！）

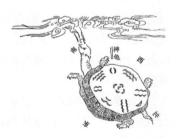

神龟负洛书　　　　　　　　龙马载河图

图 7.16　河图、洛书

几千年来，"河图"与"洛书"成了中华民族通晓自然奥秘的宝库，哲学、天象、医学、数学、音乐等都从中得到启蒙．这神奇的"河图"、"洛书"到底是什么样子，先秦、两汉直至隋唐的典籍中都从来没有出现过．直到宋人的著作中才出现"河图"、"洛书"的画面．

7.3.1 幻方起源

去掉那些神秘的传说，根据宋人的图案，"河图"、"洛书"就是如下图 7.17 所示的点阵图.

其中黑点组成的数都是偶数（古代称阴数），白点组成的数都是奇数（古代称阳数）.如果把"洛书"用数字表达就是下面的数表，其任意横、竖、斜各条直线上的三个数之和均相等（等于 15）.如图 7.18 所示.

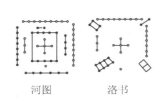

2	9	4
7	5	3
6	1	8

河图　　　洛书

图 7.17　河图、洛书示意图　　　　　图 7.18　纵横图

一般地，把 n^2 个不同数字依次填入由 $n \times n$ 个小方格构成的正方形中，使得横行数字之和、直列数字之和以及对角线数字之和都相等，这样的一个数图叫做一个（n 阶）**幻方**，各直线上各数字之和叫**幻和**.上述传说中的"洛书"，应视为幻方的起源.中国南宋时期数学著作《数术拾遗》是最早记载幻方的著作，那里记载了上述源自"洛书"的方图，当时称为"**九宫图**"，我国南宋数学家杨辉称这种图为**纵横图**，欧洲人称其为**魔术方阵**或**幻方**.

幻方中各数若是从 $1—n^2$ 的连续自然数，则称其为**标准幻方**. n 阶标准幻方的幻和为 $\dfrac{n(n^2+1)}{2}$.

有许多其他民族也很早就知道这样的方图.印度人和阿拉伯人都认为这个方图具有一种魔力，能够辟邪恶、驱瘟疫.直到现在，印度还有人脖子上挂着印有方图的金属片.

7.3.2 幻方分类

古人热衷于研究幻方，因为它神秘、启智，亦相信其可以避邪，代表吉祥，包含神奇之美.现代人研究幻方，还有其应用上的原因，电子计算机出现以后，幻方在程序设计、组合分析、人工智能、图论等许多方面都发现了新用场.喜欢幻方、研究幻方的人不仅限于数学家，还有物理学家、政治家；不仅有成年人，也有孩子.

研究幻方，可以分类进行.按照幻方阶数的奇偶性，幻方可以分为**奇数阶幻方**与**偶数阶幻方**；偶数阶幻方中，阶数为 4 的倍数的幻方叫做**双偶阶幻方**（如 4、8、12 等阶），其他的叫**单偶阶幻方**（如 6、10、14 等阶）.如果一个幻方中的各数换为它的平方数后得到的数图还是幻方，则这个幻方叫做**双重幻方**或**平方幻方**；如果一个幻方的各横行、直列、对角线上各数字之积也分别相等，则称为**乘积幻方**或**和积幻方**.

可以很容易地证明，2 阶幻方是不存在的. 我国南宋时期数学家杨辉早在 1275 年就给出了 3—10 阶的幻方. 目前，国外已经排出了 105 阶幻方，我国数学家排出了 125 阶幻方. 同一阶幻方，可以有多种不同的排法，阶数越大，排法越多. 如果不包括通过旋转或反射得到的本质上相同的幻方，则：3 阶幻方只有 1 种；4 阶幻方有 880 种；5 阶幻方有 275 305 224 种；7 阶幻方有 363 916 800 种；而 8 阶幻方超过 10 亿种.

虽然很难一下子排出一两个幻方来，但 3 阶以上的幻方数量确实很多. 例如，4 阶幻方中，固定把 1 排在左上角，就可以得到多种幻方.如图 7.19 所示是其中几种.

1	2	15	16
13	14	3	4
12	7	10	5
8	11	6	9

1	4	13	16
15	14	3	2
12	9	8	5
6	7	10	11

1	3	16	14
13	15	2	4
12	10	7	5
8	6	9	11

1	5	16	12
15	14	3	2
10	11	6	7
8	4	9	13

1	6	11	16
15	12	5	2
14	9	8	3
4	7	10	13

1	7	10	16
8	14	3	9
12	2	15	5
13	11	6	4

1	9	16	8
4	12	5	13
15	7	10	2
14	6	3	11

1	10	7	16
14	8	9	3
15	5	12	2
4	11	6	13

1	11	6	16
14	8	9	3
15	5	12	2
4	10	7	13

1	12	8	13
14	7	11	2
15	6	10	3
4	9	5	16

1	13	4	16
12	8	9	5
13	3	14	2
6	10	7	11

1	16	6	11
4	13	7	10
15	2	12	5
14	3	9	8

图 7.19　4 阶幻方

7.3.3　幻方构造

1. 奇数阶幻方的杨辉构造法

我们知道，在阶数大于 3 时幻方的种类有很多，但能够具体构造出来的却不是很多.

我国南宋时期数学家杨辉曾对幻方有过深入系统的研究，他于 1275 年给出了 3—10 阶的幻方. 这里给出了他关于奇数阶幻方的构造方法，这些方法记载在他的《续古摘奇算经》上. 例如，对于 3 阶幻方，方法是："九子斜排，上下对易，左右相更，四维挺进. "其结果为："戴九履一，左三右七，二四为肩，六八为足. "具体操作如下图 7.20 所示.

九子斜排　　　上下对易、左右相更　　　四维挺进

图 7.20　3 阶幻方的杨辉构造法

类似的原理可以构造 5 阶、7 阶、9 阶等奇数阶幻方. 图 7.21 给出了 5 阶幻方的构造过程.

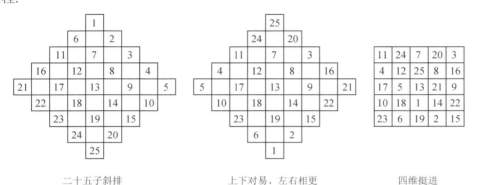

二十五子斜排   上下对易、左右相更   四维挺进

图 7.21 5 阶幻方的构造过程

美国当代著名科普作家马丁•加德纳曾设计过一种游戏:"两个人轮流从 {1,2,3,4,5,6,7,8} 中取数,每次取一个,谁所取的数中有 3 个数的和为 15 就算赢家."
请想想看,这个游戏和 3 阶幻方有什么关系,应该怎样取数才能立于不败之地.

2. 奇数阶幻方的劳伯尔构造法

法国数学家劳伯尔(De La Loubère)给出过一种构造任意奇数阶幻方的方法. 具体操作为:在一个具有 $(2n+1) \times (2n+1)$ 个方格的方阵中,最顶一行的中间填上数 1,然后按照如下法则进行:在刚填过数字 k 的方格的右上方方格内填上数字 $k+1$;如果要填数字的方格在方阵之外,则将其填入对边的相应位置(如图 7.22 中的数字 2、4 等);如果要填数字的方格内已经填有数字,则在原方格下方方格填入应填的数字(如图 7.22 中的数字 6、11、16 等). 如图 7.22 所示为按照这种原理构造的一个 5 阶幻方.

17	24	1	8	15
23	5	7	14	16
4	6	13	20	22
10	12	19	21	3
11	18	25	2	9

图 7.22 5 阶幻方的劳伯尔构造

给定一个等差数列,也可以按照以上方式依次将数列数字填入方格构造出奇数阶幻方.

3. 一般偶数阶幻方的海尔(Hire)构造

一般偶数阶幻方的构造总的来说比较困难. 下面介绍的是法国人海尔的方法. 为此,先引入一个概念.

根数——在一个 n 阶幻方的构造过程中,数字 $p =1,2,\cdots,n$ 的根数规定为 $n(p-1)$.

例如，在 4 阶幻方中，1 的根数为 0，3 的根数为 8；在 10 阶幻方中，3 的根数为 20，5 的根数为 40.

下面是海尔构造 n 阶偶数阶幻方的方法与步骤（以 4 阶为例具体填数），如图 7.23 所示.

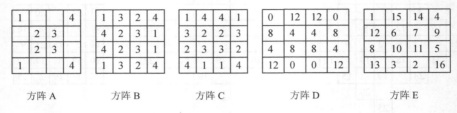

1			4
	2	3	
	2	3	
1			4

方阵 A

1	3	2	4
4	2	3	1
4	2	3	1
1	3	2	4

方阵 B

1	4	4	1
3	2	2	3
2	3	3	2
4	1	1	4

方阵 C

0	12	12	0
8	4	4	8
4	8	8	4
12	0	0	12

方阵 D

1	15	14	4
12	6	7	9
8	10	11	5
13	3	2	16

方阵 E

图 7.23　4 阶幻方的海尔构造

1）将 1～n 这 n 个数字分别从左到右填入方阵的两条对角线中，得方阵 A;

2）把 A 中每一行的空格中填入 1～n 该行尚没有的剩余数字，使每行每列数字之和均为 n（n+1）/2，得方阵 B;

3）把方阵 B 转置，即交换行与列，此时得到方阵 C，C 中的数叫原始数;

4）把 C 中各原始数分别用其相应的根数替换，得方阵 D;

5）最后将 B、D 两方阵中对应数分别相加，便得到 n 阶幻方 E.

4. 双偶阶幻方的构造

对于双偶阶幻方，有比较简单的构造方法. 为此，先给出一个概念：

补数——在一个 n 阶幻方的构造过程中，数字 $p=1, 2, \cdots, n^2$ 的补数为 n^2+1-p.

例如，在 4 阶幻方中，1 的补数为 16，3 的补数为 14；在 8 阶幻方中，1 的补数为 64，5 的补数为 60，10 的补数为 55 . 下面以 8 阶幻方为例说明双偶阶幻方的构造方法.

首先将从 1— n^2 这 n^2 个自然数依次连续填入方阵各方格内（如图 7.24 左所示），然后将两条对角线及方阵内与对角线平行间隔为两格的斜线上的数字分别换为各自的补数，得到的方阵即是一个 n 阶（双偶阶）幻方（如图 7.24 右所示）.

1	2	3	4	5	6	7	8
9	10	11	12	13	14	15	16
17	18	19	20	21	22	23	24
25	26	27	28	29	30	31	32
33	34	35	36	37	38	39	40
41	42	43	44	45	46	47	48
49	50	51	52	53	54	55	56
57	58	59	60	61	62	63	64

64	2	3	61	60	6	7	57
9	55	54	12	13	51	50	16
17	47	46	20	21	43	42	24
40	26	27	37	36	30	31	33
32	34	35	29	28	38	39	25
41	23	22	44	45	19	18	48
49	15	14	52	53	11	10	56
8	58	59	5	4	62	63	1

图 7.24　双偶阶（8 阶）幻方

7.3.4 幻方欣赏

1. 画家杜拉的铜版画

1514 年，著名画家杜拉（Albrecht Durer）画了一幅描绘知识分子忧郁情调的铜版画《忧郁》，其中载入一个使人入迷的 4 阶幻方，如图 7.25 所示.

16	3	2	13
5	10	11	8
9	6	7	12
4	15	14	1

图 7.25　杜拉 4 阶幻方

其引人入胜之处在于她具有许多美妙的性质. 例如：

1）如果在幻方中间划一个十字，将其分为四个小正方形，则各个小正方形中四个数字之和都相等，而且恰好等于该幻方的幻和 34；

2）关于中心点对称的任何四个数字之和都相等，它们均为 34. 比如中心正方形中四个数字 10、11、6、7 之和，四个角上四个数字 16、13、4、1 之和，第一行最后两数 2、13 与最后一行最先两数 4、15 之和，四边各四个数字按照顺时针方向各取第 2 个数字 3、8、14、9 之和，同样各取第 3 个数字 2、12、15、5 之和，等等；

3）这个幻方的上下半部，左右半部的八个数字，不仅其和分别相等（68），而且其平方和也分别相等（748）；

4）奇数行各数的和、平方和分别等于偶数行各数的和（68）、平方和（748）；

5）奇数列各数的和、平方和分别等于偶数列各数的和（68）、平方和（748）；

6）两条对角线上各数的和、平方和等于非对角线上各数的和（68）、平方和（748）；

7）两条对角线上各数的立方和等于非对角线上各数的立方和（9248）；

8）幻方的最后一行的中间两数字 15、14 恰好表述了该画的创作年代.

2. 富兰克林的 8 阶幻方

美国政治家、科学家富兰克林（Franklin，Benjamin，1706—1790）制作过一个 8 阶幻方（如图 7.26 左所示）. 她具有许多独特的性质.

52	61	4	13	20	29	36	45
14	3	62	51	46	35	30	19
53	60	5	12	21	28	37	44
11	6	59	54	43	38	27	22
55	58	7	10	23	26	39	42
9	8	57	56	41	40	25	24
50	63	2	15	18	31	34	47
16	1	64	49	48	33	32	17

1	35	24	54	43	9	62	32
6	40	19	49	48	14	57	27
47	13	58	28	5	39	20	50
44	10	61	31	2	36	23	53
22	56	3	33	64	30	41	11
17	51	8	38	59	25	46	16
60	26	45	15	18	52	7	37
63	29	42	12	21	55	4	34

富兰克林幻方　　　　　　　　片桐善直幻方

图 7.26　8 阶幻方

1）每半行半列上各数字之和分别相等而且等于幻和（260）之半（130）；

2）幻方四角四个数字与幻方中心四个数字之和等于幻和（260）；

3）上下各两半对角线八个数字之和等于幻和.

3. 日本幻方专家片桐善直的 8 阶幻方

日本幻方专家片桐善直制作过一个奇特的 8 阶幻方（如图 7.26 右所示）. 她除了具有富兰克林幻方的性质以外，还有自身更独特的性质.

她是一个"间隔幻方"，即相间地从大幻方中取出一些数字可以组成小的幻方子幻方. 如图 7.27 所示.

35	54	9	32
13	28	39	50
56	33	30	11
26	15	52	37

由奇数行偶数列构成的幻方

40	49	14	27
10	31	36	53
51	38	25	16
29	12	55	34

由偶数行偶数列构成的幻方

图 7.27　片桐善直 8 阶幻方子幻方

4. 杨辉的 9 阶幻方

我国南宋时期数学家杨辉在他的《续古摘奇算经》上给出的 9 阶幻方（如图 7.28 所示）也有许多更为奇特的性质（有些性质是近来才被发现的）.

1）幻方中心 41 的任何中心对称位置上两数之和均为 82（＝9^2+1）；

2）将幻方依次划分为九块，则得到九个 3 阶幻方；

3）若把上述九个 3 阶幻方的幻和值写在 3 阶方阵中，又构成一个 3 阶幻方. 这个幻方的九个数是首项为 111，末项为 135，公差为 3 的等差数列. 如果将这些数按大小顺序的序号写入 3 阶方阵，所得图表正是"洛书"幻方.

31	76	13	36	81	18	29	74	11
22	40	58	27	45	63	20	38	56
67	4	49	72	9	54	65	2	47
30	75	12	32	77	14	34	79	16
21	39	57	23	41	59	25	43	61
66	3	48	68	5	50	70	7	52
35	80	17	2	73	10	33	78	15
76	44	62	19	37	55	24	42	60
71	8	53	64	1	46	69	6	51

杨辉 9 阶幻方

120	135	114
117	123	129
132	111	126

杨辉"幻和"幻方

4	9	2
3	5	7
8	1	6

"洛书"幻方

图 7.28　杨辉幻方

5. 魔鬼幻方与双重幻方

所谓魔鬼幻方,是指幻方中各副对角线上各数字之和也等于幻和. 这里所谓"副对角线"是指除对角线以外的其他斜线上的四个数字,其中当数字跑到方阵之外时,默认为其对边的相应数字. 例如,如图 7.29 所示的 4 阶魔鬼幻方中的 8、2、9、15 被视为一个副对角线. 法国数学家密克萨(Francis L. Miksa)发现 5 阶幻方中有 3600 种魔鬼幻方,而且他已全部制表列出.

如图 7.30 所示为一个双重幻方,即把其各方格中数字平方后得到的新方阵也是一个幻方. 原幻方的幻和是 260,新幻方的幻和是 11 180. 20 世纪初,法国人里列经过长期探索找到了近 200 个双重幻方.

5	31	35	60	57	34	8	30
19	9	53	46	47	56	18	12
16	22	42	39	52	61	27	1
63	37	25	24	3	14	44	50
26	4	64	49	38	43	13	23
41	51	15	2	21	28	62	40
54	48	20	11	10	17	55	45
36	58	6	29	32	7	33	59

15	10	3	6
4	5	16	9
14	11	2	7
1	8	13	12

图 7.29　4 阶魔鬼幻方　　　　图 7.30　8 阶双重幻方

6. 六角幻方

在第四章讨论地板拼装时曾经提到,能用作正规一元拼装的正多边形只有三种:正三角形、正方形和正六边形. 前面所谈到的幻方都是正方形幻方,那么有没有正六边形的幻方呢? 也就是说,能否在边长为 n 的正六边形内的各小六边形内填入不同的数字,使得各条直线上各数字之和都相等呢(称为 n 阶六角幻方)? 1910 年,有一个叫亚当斯的青年开始试图排出一个 3 阶六角幻方. 他制作了一套(19 个)刻有数字 1—19 的六角形小板,工余时间就去摆弄它们,终于在 47 年后排出了一个 3 阶六角幻方. 可惜的是,他把这一结果记录在纸上后,记录纸不慎遗失,后来未能回忆起来. 但他并不灰心,又在 5 年后的 1962 年 12 月再一次取得成功(如图 7.31 所示). 后来人们研究发现,只有当 $n = 3$ 时,六角幻方才是存在的. 3 阶 6 角幻方的幻和为 38.

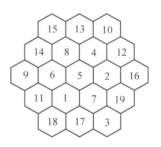

图 7.31　3 阶 6 角幻方

第八章　数学之问

数学之问　简明深刻

问题是数学的心脏，是数学发展的动力．数学的历史就是数学问题的提出、探索、解决的历史．

通过一幕幕历史镜头生动地再现一些数学问题的缘起、产生、发展、争端，直至最终解决的各个历程，可以了解数学家如何提问？如何思考？关注什么？意义何在？对于正确认识数学的本质具有重要意义．

古代几何作图三大难题历时两千余年，凝聚无数数学家的心血，最终在解析几何工具下得到解决．问题的解决说明了"他山之石，可以攻玉"的道理；问题的过程说明了问题的价值不仅在于问题的答案，更在于由此发现的新方法和新成果．

近代三大数学难题中，有的已经解决，有的尚未解决，有的得到了机器证明，在期盼着逻辑证明．通过这些问题的提出、探索过程，可以深刻地体会到数学问题简单而又深刻的特点，体会到数学问题解决的艰难历程，体会到数学家为科学献身的精神．

七个千禧年数学难题把我们带到现代数学的领地，使我们从中了解数学发展的最新动态，了解数学发展的主流．

Mathematics Appreciation

数学问题——数学的心脏

    1900 年德国著名数学家希尔伯特（D. Hilbert）在巴黎国际数学家大会上发表一个著名演讲，提出了 23 个未解决的数学问题，拉开了 20 世纪现代数学的序幕. 在这个演讲中，他指出："只要一门学科分支能提出大量的问题，它就充满着生命力；而问题缺乏则预示着独立发展的衰亡或终止. 正如人类的每项事业都追求着确定的目标一样，数学研究也需要自己的问题. 正是通过这些问题的解决，研究者才能锻炼其钢铁般的意志，发现新方法和新观点，达到更为广阔和自由的境地." 几千年的数学发展史也无可争辩地说明，正是数学中源源不断的问题，才使数学充满生机，如今发展成为一个庞大的、具有极端重要地位的学科体系.

    通过一幕幕历史镜头生动地再现一些数学问题的缘起、产生、发展、争端，直至最终解决的各个历程，可以帮助读者了解数学发展的动向与轨迹，认识数学家如何提出问题、探索问题、寻找方法与解决问题，并领略数学家为科学献身的精神.

    由于数学发展中的问题无以计数，而且要预先判断一个问题的价值是困难的，常常是不可能的，人们只能根据问题解决过程或最终解决所对科学的影响程度来做评价，因此要在这里非常恰当地选择有关问题是不容易的. 我们根据读者对象，做出的选题原则是：典型、重要、著名、合适. 所谓典型，指问题本身以及其解决过程在数学问题中具有较强的代表性；所谓重要，指问题本身、问题的解决过程或最终结果对数学发展有重要影响和重大意义；所谓著名，指问题简单明了，容易理解，有较高的知名度；所谓合适，是指问题以及问题的解决过程适合具有初等数学基础的读者对象. 按照这些原则，我们选取的范围为：古代几何作图三大难题：化圆为方、倍立方体、三等分角；近代三大数学难题：费马大定理、哥德巴赫猜想、四色猜想.

    在本章最后，将介绍 Clay 数学研究所于 2000 年 5 月 24 日在巴黎法兰西学院宣布的、引起数学界和许多国际媒体广泛关注的"七个千禧年数学难题"，他们对每个问题悬赏 100 万美元，其中的庞加莱猜想已经于近年得到解决. 这些问题对 21 世纪的影响，虽然不敢说像希尔伯特在巴黎国际数学家大会提出的 23 个未解决的数学问题对 20 世纪的数学的影响那样深刻，但从目前来看，这些问题是被列入最有意思和最具挑战性的问题之中的.

第一节　古代几何作图三大难题

　　如果不知道远溯古希腊各代前辈所建立和发展的概念、方法和结果，我们就不可能理解近五十年来数学的目标，也不可能理解它的成就。

　　　　　　　　　　　　　　　　——外尔（Claude Hugo Hermann Weyl）

8.1.1　诡辩学派与几何作图

1. 辉煌的古希腊几何

　　我们知道，几何学的研究对象是诸如"几何物体"和图形的几何量，是空间形式的抽象化. 其研究内容是各种几何量的关系与相互位置. 研究方法是抽象的思辨方法，这是因为其对象的抽象性. 例如，没有厚度的直线，是纯粹形式，不能通过实验进行研究.

　　公元前 7 世纪到公元前 6 世纪，"希腊七贤"之一的科学之父泰勒斯成立爱奥尼亚学派将几何学由实验几何学发展为推理几何学；公元前 6 世纪（约公元前 580 —前 500），毕达哥拉斯学派将其进一步发展，发现了勾股定理、无理数；公元前 5 世纪，雅典的诡辩学派，主要研究几何作图问题，其遗留的著名的几何作图三大难题（化圆为方、倍立方体、三等分角），延续了两千多年，直到 19 世纪才得到答案；公元前 5 世纪到公元前 4 世纪，柏拉图学派主要进行几何学体系和几何学基础方面的研究，使几何严密化，是欧几里得研究的基础；公元前 4 世纪，欧多克斯（Eudoxos，公元前 409 —前 356）学派在数学中引入比例理论，发明了穷竭法；公元前 3 世纪，欧几里得对当时丰富的几何知识收集、整理，建立起影响后世两千多年的欧几里得几何学.

2. 诡辩（智人）学派与几何作图问题

　　公元前 5 世纪，雅典的诡辩学派（又称智人学派），以注重逻辑性而著称，他们主要研究几何作图问题. 其主要目的是培养与锻炼人的逻辑思维能力，提高智力. 他们限定使用尽可能少的作图工具，以便使人们动更多的脑筋，从而更好地锻炼人们精细的逻辑思维能力和丰富的想象力. 图形由其边而界定，边又有直曲之分，直线（段）是最简单而又最基本的直边几何图形，而圆是最简单而又最完美的曲边几何图形. 于是他们限定作图时仅使用能够画出直线和圆的两个基本工具——直尺（无刻度）和圆规，而且限定作图必须在有限步骤内完成.

诡辩学派研究的一些几何作图问题来自于民间传说，并遗留下了三大著名难题——化圆为方、倍立方体、三等分角. 从表面上看，这三个问题都很简单，似乎应该可用尺规作图来完成，因此两千多年来曾吸引了许多人，进行了经久不息的研究. 虽然发现这些问题只要借助于别的作图工具或曲线即可轻易地解决，但是仅用尺规进行作图始终未能成功. 1637 年笛卡尔创立了解析几何，把几何问题转化为代数问题，这三大问题才最终在 19 世纪得到解决，其结论是：三大难题不可能用尺规作图实现.

8.1.2　三个传说

1. "化圆为方"——一个囚徒的冥想

公元 2 世纪的数学史家普鲁塔齐（Plutarch），追记一个古老的传说.

公元前 5 世纪，古希腊数学家、哲学家安纳萨格拉斯（Anaxagoras，约公元前 500—前 428）在研究天体过程中发现，太阳是个大火球，而不是所谓的阿波罗神. 由于这一发现有背宗教教意，安纳萨格拉斯被控犯下"亵渎神灵罪"而被投入监狱，并被判处死刑.

在监狱里，安纳萨格拉斯对自己的遭遇愤愤不平，夜不能眠. 夜深了，圆月透过方窗照亮牢房，安纳萨格拉斯对圆月和方窗产生了兴趣. 他不断地变换观察的方位，一会儿看见圆形比正方形大，一会儿看见正方形比圆形大. 最后他说："算了，就算两个图形的面积一样大好了."

于是，安纳萨格拉斯把"求作一个正方形，使它的面积等于一个已知圆的面积"作为一个尺规作图问题来研究. 开始他认为这个问题很简单，不料，他花费了在监狱的所有时间都未能解决. 后来，由于当时希腊的统治者裴里克里斯（Pericles，公元前？—前 429）是他的学生，在裴里克里斯的关照下，安纳萨格拉斯获释出狱. 该问题公开后，许多数学家对此很感兴趣，但没有一个人成功. 这就是后来著名的"化圆为方"问题.

1882 年，德国数学家林德曼（C.L.F.Lindemann，1852—1939）证明了 π 是超越数，从而"化圆为方"问题得到解决.

2. 瘟疫、祭坛与"倍立方体问题"

公元前 429 年，希腊首府雅典发生了一场大瘟疫，居民死去四分之一，希腊的统治者裴里克里斯也因此而死. 雅典人派代表到第罗（Delos）的太阳神庙祈求阿波罗神，询问如何才能免除灾难. 一个巫师转达阿波罗神的谕示：由于阿波罗神神殿前的祭坛太小，阿波罗神觉得人们对他不够虔诚，才降下这场瘟疫，只有将这个祭坛体积放大成两倍，才能免除灾难.

居民们觉得神的要求并不难做到. 因为他们认为，祭坛是立方体形状的，只要将原祭坛的每条边长延长一倍，新的祭坛体积就是原祭坛体积的两倍了. 于是，人们按照这个方案建造了一个大祭坛放在阿波罗神的神殿前. 但是，这样一来，瘟疫不但没有停止，反而更加流行. 居民们再次来到神庙，讲明缘由，巫师说道："他要求你们做一个体积是原来祭坛两倍的祭坛，你们却造出了一个体积为原祭坛 8 倍的祭坛，分明是在抗拒他的旨意，阿波罗神发怒了."

居民们明白了问题所在，但是，他们绞尽脑汁，却也始终找不到建造的方法. 他们请教当时有名的数学家，数学家也毫无办法，这个问题就作为一个几何难题流传下来.

这就是著名的"倍立方体问题"，又叫"第罗问题". 1837 年，法国数学家万锲尔（P.L. Wantzel，1814—1848）在研究阿贝尔定理的化简时，证明这个问题是不能用尺规作图来完成的.

3. 公主的别墅与"三等分角问题"

公元前 4 世纪，托勒密一世定都亚历山大城. 亚历山大城郊有一片圆形的别墅区，圆心处是一位美丽公主的居室. 别墅中间有一条东西向的河流将别墅区划分两半，河流

图 8.1 公主的别墅

上建有一座小桥，别墅区的南北围墙各修建一个大门. 这片别墅建造得非常特别，两个大门与小桥恰好在一条直线上，而且从北门到小桥与从北门到公主的居室距离相等. 如图 8.1 所示.

过了几年，公主的妹妹小公主长大了，国王也要为小公主修建一片别墅. 小公主提出她的别墅要修建得像姐姐的一样，有河、有桥、有南门、北门，国王答应了.

小公主的别墅很快动工，但是，当建好南门，确定北门和小桥的位置时，却犯了难. 如何才能保证北门、小桥、南门在一条直线上，并且，北门到居室和小桥的距离相等呢？

研究发现，要确定北门和小桥的位置，关键是算出夹角 $\angle NSH$. 记 a 为南门 S 与居室 H 连线 SH 与河流之间的夹角，则通过简单几何知识可以算出

$$\angle NSH = \frac{\pi - 2a}{3} \tag{8.1}$$

这相当于求作一个角，使它等于已知角的三分之一，也就是三等分一个角的问题. 工匠们试图用尺规作图法定出桥的位置，却始终未能成功.

这个问题流传下来，就是著名的三等分任意角问题. 直到 1837 年才由法国数学家万锲尔（Wantzel，P.L.1814—1848）给出否定的答案.

传说大多是无稽之谈，而且多种多样，不足为凭. 但它们对问题的传播却起到了推波助澜的作用.

实际上，这些问题的提出都非常自然. 它们是诡辩学派在解决了一些作图题之后的自然引申. 因任意角可以二等分，于是就想做三等分；因以正方形对角线为一边作一正方形，其面积是原正方形面积的二倍，这就容易想到立方倍积问题；因作了一些具有一定形状的图形使之与给定图形等积这一类作图题之后，而圆和正方形是最简单的几何图形，这就很自然地提出了化圆为方问题.

8.1.3 三大作图难题的解决

化圆为方、倍立方体与三等分任意角问题，合称为古代三大几何作图难题．这些问题看起来简单，却为何延续了两千多年呢？现在看一看其中的缘由．

直观地看，依靠所限定的作图工具——直尺和圆规，所能发挥的作用有以下几点，如图 8.2 所示．

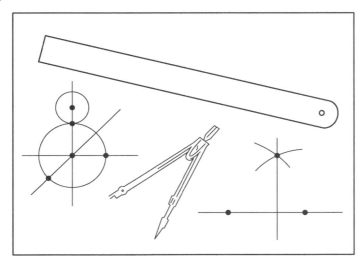

图 8.2   几何作图工具及其功效

1）通过两点作直线；

2）定出两条已知非平行直线的交点；

3）以已知点为圆心，已知线段为半径作圆；

4）定出已知直线与已知圆的交点；

5）定出两个已知圆的交点．

经过深入地思考后，17 世纪法国数学家笛卡尔创立的解析几何将几何问题转化为代数问题研究，从而也为解决三大难题提供了有效的工具．直线方程是线性（一次）的，而圆的方程是二次的，通过上述五种手段所能做出的交点问题，转化为求一次与二次方程组的解的问题．据此，简单的代数知识告诉我们，通过尺规作图法所能作出的交点坐标只能是由已知点的坐标通过加、减、乘、除和正整数开平方而得出的数所组成的．据此，即可判定一个作图题可否由尺规作图法来完成，具体来说：对于一个作图题，若所求点的坐标可用已知点坐标通过加、减、乘、除和正整数开平方的有限次组合而得出，这个作图题是可以通过直尺与圆规完成的；反之，如果所求点的坐标不可以表示成已知点坐标通过加、减、乘、除和正整数开平方的形式，这个作图题便是尺规作图不能问题．

在倍立方体问题中，要作出数值 $\sqrt[3]{2}$；在化圆为方问题中，要作出数值 $\sqrt{\pi}$，而 π 是一个超越无理数，故这些都无法通过直尺与圆规来实现．

在三等分角问题中，如果记 $b = \cos A$，要作出角度 $A/3$，也必作出相应的余弦值 $x =$

cos（$A/3$），由三倍角公式

$$\cos A = 4\cos^3 \frac{A}{3} - 3\cos \frac{A}{3}$$ （8.2）

可知，此值 x 是方程 $4x^3 - 3x - b = 0$ 的解. 除了某些特殊的角度外，这个方程的根也无法通过直尺与圆规来实现.

克莱因在总结前人研究成果的基础上，1895 年在德国数理教学改进社开会时宣读的一篇论文中，给出了几何三大问题不可能用尺规来作图的简单而明晰的证法，从而使两千多年未得解决的疑问圆满告终.

正七边形问题也是不能用尺规作图的问题，称为古希腊第四几何难题，阿基米德证明了这个问题；后来，人们发现正十一边形或正十三边形也都是不能用尺规作图的问题. 于是数学家们猜想，凡是边数为素数的正多边形（如正七、正十一、正十三边形等）都不能用圆规和直尺作出. 但是，完全出乎数学界意料，1796 年，19 岁的德国青年数学家高斯给出了用圆规和直尺作正十七边形的方法. 更进一步，5 年以后，高斯又宣布了能否作任意正多边形的判据.

高斯判据 若 p 是素数，则当且仅当 p 是"费马素数"（即 p 是 $2^{2^n}+1$ 形状的素数）时，正 p 边形可以用尺规作图.

在费马素数情形，当 $n = 2$ 时，就是正十七边形；当 $n = 3$ 时，就是正二百五十七边形；当 $n = 4$ 时，就是正六万五千五百三十七边形. 而 7、11 不是费马素数，因此正七边形、正十一边形等不能用圆规和直尺作出. 后来，数学家黎西罗给出了正二百五十七边形的完善作法，写满了整整 80 页纸. 另一位数学家盖尔美斯按照高斯的方法，得出了正六万五千五百三十七边形的尺规作图方法，他的手稿装满了整整一只手提皮箱，至今还保存在德国的著名学府哥廷根大学. 这道几何作图题的证明之烦琐，可列世界之最.

由于解决了正十七边形的作图问题，高斯放弃了原来学习语言学的理想，立志为研究数学献出毕生精力. 高斯去世后，人们为了纪念他，在他曾学习过的哥廷根大学为他竖了一个纪念碑，碑座是一个正十七棱柱.

8.1.4 "不可能"与"未解决"

前面我们看到，流传了两千多年的几何三大作图难题已经在 19 世纪被证明是不可能的. 但是，直到现在，还有许多数学爱好者陷入这些问题的研究. 尤其是三等分角问题，时常有人声称找到了解决办法. 一个主要的原因是把数学中的"不可能"与"未解决"视为一回事儿.

在日常生活中，我们许多情况下所指的"不可能"，意味着在现有条件或能力下是无法解决的，是不可能的，它会随着历史的发展由不可能变为可能. 这里的"不可能"等于"未解决". 比如，在没有发明电话之前，一个人在香港讲话，在深圳的人们不可能听到；在没有飞机之前，要在 3 小时内从香港到达北京也是不可能的，如今这些都已成为可能.

但是，数学家不轻易断言"不可能"，数学中所说的"不可能"与"未解决"具有完全不同的含义. 所谓"不可能"是指经过科学论证被证实在给定条件下永远是不可能的，它不会因时间的推移、社会的发展而发生改变. 而"未解决"则表示目前尚不清楚答案，有待于进一步研究. 打一个形象的比喻："到木星上去"是一个未解决的问题，您可以去研究解决的办法；但"步行到木星上去"则是一个不可能的事情，如果有人再去一门心思研究这个问题就会成为笑话.

许多人陷入这些问题研究的第二个原因是，不了解问题的要求. 三大作图难题的不可能性在于两点：一是作图工具的限制，二是关于三等分角是任意角，而不是某些特定的角度. 如果没有这样的限制和要求，答案不仅存在，而且有许多种. 下一节对三个问题各举一例.

8.1.5 放宽作图工具

几何三大作图难题是已经解决了的，结论为"不可能". 其前提是尺规作图. 如果不限于尺规，它就会成为可能，目前已知的方法就有好几种. 三等分角问题除了尺规要求外，还有一点常被人忽略，那就是三等分的是"任意角"，对于某些具体的角度，比如 $90°$，它就是可能的. 因此本书的目的并非引导读者想方设法去解决这三个问题，而是说明三个问题的起源、发展与现状，指出问题的困难所在，以及问题最终被解决所采用的手段. 由此可以为读者正确认识数学遗留问题提供一定的启示，并规劝人们勿再把时光浪费在寻求几何三大问题的求解上.

以下介绍一些关于几何三大问题的跳出尺规作图框架的作法.

1. 关于三等分角问题帕普斯（Pappus，约公元 320）作法

方法：对于 $\angle AOB$，在它的两边上截取 $OA=OB$. 连接 AB 并三等分，设两分点分别为 C 和 D. 以点 C 为中心，点 A、D 分别为顶点，作离心率 $e=2$ 的双曲线. 以点 O 为圆心，OB 为半径作弧，交双曲线于点 S. 则 $\angle BOS = \dfrac{1}{3}\angle BOA$. 如图 8.3 所示.

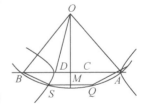

图 8.3 帕普斯作法

证 因为双曲线的离心率为 2，所以 B 为双曲线的焦点，AB 的垂直平分线 OM 为一准线. 如图 8.3 所示，过点 S 作 $SM \perp OM$，交点为 M；连接 SB，由准线的定义，$SB=2SM$. 延长 SM，与 $\overset{\frown}{BSA}$ 交于点 Q，则由对称性可知 $SQ=2SM$，所以 $SB=SQ$；另外，显然有 $BS=QA$，所以 $SB=SQ=QA$，从而 $\overset{\frown}{BS} = \overset{\frown}{SQ} = \overset{\frown}{QA}$，这就证得

$$\angle BOS = \angle SOQ = \angle QOA = \frac{1}{3}\angle BOA \tag{8.3}$$

2. 关于倍立方体问题柏拉图作法

方法：如图 8.4 所示，作两条互相垂直的直线，两直线交于点 O，在一条直线上截

取 $OA = a$，在另一条直线上截取 $OB = 2a$，这里 a 为已知立方体的棱长．在这两条直线上分别取点 C、D，使 $\angle ACD = \angle BDC = 90°$（这只要移动两根直角尺，使一个角尺的边缘通过点 A，另一个角尺的边缘通过点 B，并使两直角尺的另一边重合，直角顶点分别在两直线上，这时两直角尺的直角顶点即为点 C、D）．线段 OC 之长即为所求立方体的一边边长．

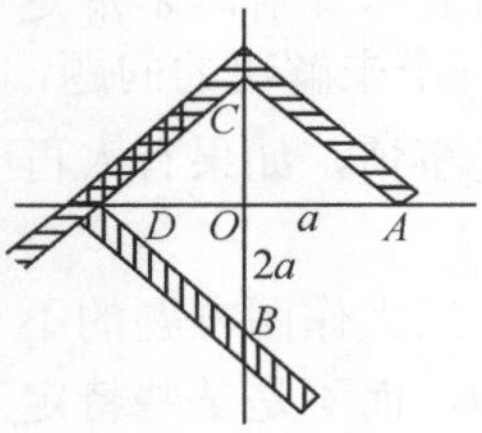

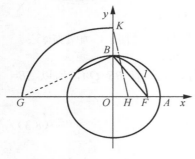

图 8.4　柏拉图作法

　　证　根据直角三角形的性质有
$$OC^2 = OA \cdot OD = a \cdot OD, \quad OD^2 = OB \cdot OC = 2a \cdot OC \qquad (8.4)$$
从上两式中消去 OD，得 $OC^3 = 2a^3$．故 OC 的长就是所求立方体的棱长．

以上的作图思想可以提供多种作图方法，事实上．由 $OC^2 = OA \cdot OD = a \cdot OD$，$OD^2 = OB \cdot OC = 2a \cdot OC$ 分别可得
$$a : OC = OC : OD, \qquad OC : OD = OD : 2a \qquad (8.5)$$
所以
$$a : OC = OC : OD = OD : 2a \qquad (8.6)$$

可见上述作图中所采用的方法是在 a 与 $2a$ 之间插入两个比例中项 x 和 y，使之满足 $a : x = x : y = y : 2a$，x 就是所作立方体的棱长．这种方法称为**希波克拉底**（Hippocrate，约公元前 470 —前 430）**步骤**．利用这个步骤，可以用不同的方法来作出这两个比例中项，从而得到各种不同的作图法．例如，门纳马斯（Menaechmus，约公元前 375—前 325）给出了如下作法．

由 $a : x = x : y = y : 2a$ 可得 $y^2 = 2ax$，$x^2 = ay$．所以，在直角坐标平面上画出这两个二次方程所对应的两条抛物线（如图 8.5 所示）．这两条抛物线交于 O、A 两点，那么点 A 在 x 轴上的投影到原点的距离，就是所求的立方体的棱长．

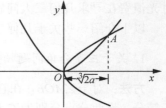

图 8.5　门纳马斯作法

3. 化圆为方问题

　　方法：对于已知圆 O，如图 8.6 所示，作出它在第一象限的圆积线．连接这一圆积线的两个端点 B、F，过点 B 引 BF 的垂线 BG，交 x 轴于 G．在 OA 上取一点 H，使 $HA = 1/2GO$．以 H 为圆心，HG 为半径画弧，交 y 轴于点 K．则以 OK 为一边的正方形，即为所求作的与圆 O 等积的正方形．

图 8.6　圆积线作法

　　证　在直角三角形 $\triangle BFG$ 中，有 $OB^2 = GO \cdot OF$，而 $OB = r$，由圆积线的性质可得 $OF = \dfrac{2r}{\pi}$，从而
$$GO = \frac{OB^2}{OF} = \frac{1}{2}\pi R$$

所以

$$OK^2 = HK^2 - OH^2 = GH^2 - OH^2$$
$$= (GH - OH)(GH + OH)$$
$$= GO(GO + 2OH)$$
$$= GO\left[GO + 2(OA - HA)\right]$$
$$= GO \cdot 2OA = \frac{1}{2}\pi r \cdot 2r = \pi r^2 \tag{8.7}$$

这就证明了以 OK 为一边的正方形的面积等于圆 O 的面积.

8.1.6 两千年历史的启示

几何三大问题经历了两千余年, 凝聚了无数数学家的心血, 最终在解析几何工具下得到解决, 它给我们以下启示.

启示 1: 他山之石, 可以攻玉

对待一个未解决的问题的意义的认识, 特别是历史长、影响深, 得到过一些著名数学家钻研而尚未解决的那些著名问题, 往往要越出通常的方法才能解决问题.

启示 2: 醉翁之意不在酒

问题本身的意义不仅在于这个问题的解, 更在于一个问题的解决可望得到不少新的成果和发现新的方法.

启示 3: 无意插柳柳成荫

几何三大问题开创了对圆锥曲线的研究, 发现了一些有价值的特殊曲线, 提出了尺规作图的判别准则, 等等. 这些都比几何三大问题的意义深远得多!

第二节　费马大定理

精巧的论证常常不是一蹴而就的，而是人们长期切磋积累的成果.

——阿贝尔

8.2.1　费马与费马猜想

1. 费马其人

费马（Pierre de Fermat，1601—1665），法国数学家，如图 8.7 所示. 1601 年 8 月 20 日出生于法国图卢兹.大学法律系毕业，法院律师，业余时间研究数学，30 岁以后几乎把全部业余时间投入数学研究.

图 8.7　费马
（1601—1665）

费马为人谦逊，淡泊名利，勤于思，慎于言，潜心钻研，厚积薄发. 他精通法语、意大利语、西班牙语、拉丁语、希腊语等，为他博览众书奠定了良好的基础. 费马曾深入研究过韦达、阿基米德、丢番都等人的著作，在解析几何、微积分、概率论和数论等方面都作出了开创性贡献，是解析几何、微积分与概率论的先驱，近代数论之父，17 世纪欧洲最著名的数学家之一.

费马在世时，没有一部完整的著作问世，其大部分研究成果都是批注在他阅读过的书籍上，或者记录于与友人的通信中. 费马去世后，在众多数学家的帮助下，其儿子将其笔记、批注以及书信加以整理，汇编成两卷《数学论文集》分别于 1670 年和 1679 年在图卢兹出版，费马的成果才得以广泛流传.

2. 费马猜想

古希腊数学家丢番都把他对不定方程整数解的研究写成一本书《算术》. 1621 年，该书被巴歇翻译成拉丁文出版并开始在欧洲流传. 后来，费马在巴黎的书摊上买到该书，引起他的浓厚兴趣. 此后，费马经常翻阅此书，并不时地在书页空白处写下批注.

1637 年，费马在该书第二卷关于方程

$$x^2 + y^2 = z^2 \tag{8.8}$$

的整数解的研究的命题 8 旁边空白处，用拉丁文写下一段具有历史意义的批注：

"将一个正整数的立方表为两个正整数的立方和；将一个正整数的四次方表为两个正整数的四次方和；或者一般地，将一个正整数的高于二次的幂表为两个正整数的同一次幂的和，这是不可能的. 对此，我找到了一个真正奇妙的证明，但书页的空白太小，无法把它写下."

用式子来表达这段话如下所列.

费马猜想 方程

$$x^n + y^n = z^n \quad (n \geq 3) \tag{8.9}$$

没有正整数解 (x, y, z).

费马去世后，费马的儿子在整理父亲遗物时发现了这一批注. 儿子翻箱倒柜，试图找到那个"奇妙的证明"，但查遍藏书、遗稿和其他遗物，却一无所获. 这一批注被收入《数学论文集》，于 1670 年出版，很快引起了人们的极大兴趣. 之后，无数数学家付出无数艰辛努力，试图证明这一断言，也都没有成功.

这一猜想被后人称为**费马大定理**（Fermat's Last Theorem）. 在没有找到证明的情况下，之所以称为定理而不是猜想，是因为费马关于数论所叙述的很多结果都经后人证明是正确的，很少出现错误，人们相信它也应该是正确的；之所以称为费马"大"定理，是为了有别于费马关于数论的另一个著名定理——**费马小定理**：若 p 为素数，而 a 与 p 互素，则 $a^{p-1} - 1$ 能被 p 整除.

8.2.2 无穷递降法：$n = 3$、4 的费马大定理证明

1. $n = 4$ 时费马大定理的证明

费马是否真的给出过那个"奇妙的证明"？三百多年无数人的艰辛努力似乎可以说明，他根本没有找到那个所谓的奇妙证明. 也许就像成千上万的后来者一样，他自认为给出了证明但实际上搞错了，只不过由于他本来就没有发表所谓的证明，即使后来发现错误，也没有必要或没有想到把原来的批注注销而已. 需要强调的是，在现存的费马著作中，除了上述批注外，却再也见不到关于这个定理的叙述或说明，但却在其他地方多次提到方程

$$x^3 + y^3 = z^3 \tag{8.10}$$

$$x^4 + y^4 = z^4 \tag{8.11}$$

没有正整数解. 由此人们猜测，也许费马确实给出了这两种情形的证明，只是没有真正地写出来. 因为人们从他的手稿中发现了一些与此有关的信息，他发明了一种"无穷递降法"，并用这种方法给出过一个定理：边长为整数的直角三角形的面积不是一个完全平方数，用这种方法确实可以给出 $n = 3$ 和 $n = 4$ 时的证明.

1678 年和 1738 年德国数学家莱布尼兹和瑞士数学家欧拉（Euler，Leonhard，1707—1783）各自用这种方法给出了 $n = 4$ 情形的证明. 欧拉的证明并不困难，关键在于利用素勾股数 (a, b, c) 的通用表达式（5.5）和费马的"无穷递降法"，证明了方程

$$x^4 + y^4 = z^2 \tag{8.12}$$

没有正整数解. 从而方程（8.11）更没有正整数解.

证 反证法. 假如式（8.12）有正整数解（x,y,z）=（a,b,c），则在正整数解中总有使数 c 最小者，断言：从这组解（a,b,c）出发，可以导出一组新的正整数解（a_1,b_1,c_1），而且 $c_1 < c$，这与 c 的最小性相矛盾，从而式（8.12）没有正整数解.

事实上，假定（a,b,c）是式（8.12）的一组解. 由 c 的最小性容易知道（a,b,c）没有公共素因子，从而（a^2,b^2,c）是一组素勾股数，因此 a^2 与 b^2 一奇一偶. 不妨设 b^2 为偶数而 a^2 为奇数，则根据素勾股数的表达公式有

$$\begin{cases} a^2 = m^2 - n^2 \\ b^2 = 2mn \\ c = m^2 + n^2 \end{cases} \tag{8.13}$$

其中 m、n 互素且一奇一偶. 注意到 $m^2 = a^2 + n^2$，从而（a,n,m）也是一组素勾股数，而且弦长 m 是奇数，n 是偶数. 对此，再次利用素勾股数的表达公式，有

$$\begin{cases} a = m_1^2 - n_1^2 \\ n = 2m_1 n_1 \\ m = m_1^2 + n_1^2 \end{cases} \tag{8.14}$$

其中 m_1、n_1 互素且一奇一偶. 将式（8.13）中第二式改写为

$$\left(\frac{b}{2}\right)^2 = \frac{b^2}{4} = m\left(\frac{n}{2}\right) \tag{8.15}$$

由于 m、n 互素，n 是偶数，得知 m 与 $n/2$ 互素，从而式（8.15）意味着 m 与 $n/2$ 都是完全平方数. 根据式（8.14），设

$$m = c_1^2, \quad \frac{n}{2} = m_1 n_1 = s^2 \tag{8.16}$$

其中 c_1 和 s 互素且 c_1 是奇数. 由 m_1、n_1 互素及式（8.16）之第二式知道 m_1 和 n_1 都是完全平方数，设 $m_1 = a_1^2$，$n_1 = b_1^2$，利用式（8.16）的第一式知，式（8.14）的第三式可改写为

$$a_1^4 + b_1^4 = c_1^2 \tag{8.17}$$

故（a_1,b_1,c_1）是式（8.12）的一组互素的新的正整数解，但

$$c_1 < c_1^2 = m < m^2 + n^2 = c \tag{8.18}$$

这与 c 的最小性矛盾. 结论得证.

2. $n=3$ 时费马大定理的证明

1753 年，欧拉再一次用费马无穷递降法的思想，对 $n = 3$ 证明了费马大定理. 不过他的原始证明中有错误，后来被高斯改进. 下面是他证明的大体思路（其中细节不详述）.

反证法. 如果数组（a,b,c）是方程

$$x^3 + y^3 = z^3 \tag{8.19}$$

的一组两两互素的正整数解，并不妨设它是所有这样的解中使 c 最小的一个，则 a、b

必然同为奇数，故可以假定

$$a = p - q, \quad b = p + q \tag{8.20}$$

因 $p+q$ 和 $p-q$ 是奇数，故 p, q 奇偶性不同且互素. 由此知

$$c^3 = a^3 + b^3 = 2p(p^2 + 3q^2) \tag{8.21}$$

从这里可以看出，不可能是"p 是奇数，q 是偶数"，否则就有 c^3 能被 2 整除而不能被 8 整除，这是不可能的事. 这样就有 p^2+3q^2 是奇数. 由于 p 和 q 互素，因此 $2p$ 与 p^2+3q^2 要么互素，要么有公因子 3.

比如在第一种情况：$2p$ 和 p^2+3q^2 互素. 此时必然有 $2p$ 与 p^2+3q^2 一定都是完全立方数. 于是欧拉把目光专注于形如 p^2+3q^2 的立方数. 他证明的关键在于，对于这样的立方数 p^2+3q^2，总可以求出整数 r 和 s，使

$$\begin{cases} p = r^3 - 9rs^2 \\ q = 3r^2s - 3s^3 \end{cases} \tag{8.22}$$

从而有

$$p^2 + 3q^2 = (r^2 + 3s^2)^3 \tag{8.23}$$

利用这一结果，欧拉导出了式（8.19）必还有另外一组互素的正整数解（a_1, b_1, c_1），而且 $c_1 < c$，这与 c 的最小性相矛盾. 从而费马三次方程（8.19）没有正整数解.

为了证明式（8.22），欧拉不自觉地使用了 p^2+3q^2 的下述形式的分解的唯一性

$$p^2 + 3q^2 = (p + q\sqrt{-3})(p - q\sqrt{-3}) \tag{8.24}$$

这一结论是在一百年之后才由德国数学家库默尔（Kummer, Ernst Eduard, 1810—1893）证明是对的，当时并没有人给出过证明. 根据分解的唯一性，当 p^2+3q^2 是一个立方数时，其每个因子也是立方数，设

$$\begin{cases} p + q\sqrt{-3} = (r + s\sqrt{-3})^3 \\ p - q\sqrt{-3} = (r - s\sqrt{-3})^3 \end{cases} \tag{8.25}$$

把式（8.25）中任一式展开就得到式（8.22），而其中二式相乘得到式（8.23）.

应当说明的是，如果方程

$$x^{mn} + y^{mn} = z^{mn} \tag{8.26}$$

有正整数解，则较低次的方程

$$x^n + y^n = z^n \tag{8.27}$$

也有正整数解. 反之，如果式（8.27）没有正整数解，则式（8.26）也没有正整数解. 而每一个大于 2 的 n，要么有因子 4，要么有奇素因子，因此，要证明费马大定理，只需要对 n 为奇素数时加以证明即可.

1825 年德国数学家获利克莱和法国数学家勒让德（Legendre, Adrien-Marie, 1752—1833）分别独立地证明了 $n=5$ 的情形；1839 年，法国数学家拉梅（Gabriel Lamé, 1795—1870）证明了 $n=7$ 的情形. 随着数值的增大，证明越来越复杂.

8.2.3　第一次重大突破与悬赏征解

图 8.8　索菲娅
（1776 —1831）

1831 年，一位完全靠自学成才的法国女数学家索菲娅（Sophie Germain，1776 —1831）（如图 8.8 所示）提出将费马大定理分成两种情况：

1）n 能整除 x、y、z；

2）n 不能整除 x、y、z.

索菲娅依靠自己的聪明才智，把结果向前推进了一大步：在 x、y、z 与 n 互素的前提下，证明了对所有小于 100 的奇素数，费马大定理成立. 1847 年，德国数学家库默尔用一种精巧的证明方法，取消了上述"x、y、z 与 n 互素"的条件限制，实现了第一次重大突破. 库默尔因此于 1857 年获巴黎科学院颁发奖金 3000 法郎.

从费马提出这一猜想到库默尔解决到小于 100 的奇素数，前后经历了 200 年，使人们对这一问题不敢小看.

1816 年，法国巴黎科学院首次为费马猜想设置征解的大奖. 库默尔的工作之后，1850 年和 1853 年，法国科学院又两次决定，悬赏 2000 法郎，再度征求对费马大定理的一般证明. 消息传出，群情振奋，重赏之下，证明取得一定进展，到 1900 年，n 的数值从 100 推进到 206，但并没有实质性的突破.

1900 年，德国著名数学家希尔伯特（Hilbert，1862—1943）在国际数学家大会上提出 23 个数学问题，其中第 10 个问题就包含了费马猜想. 1908 年，德国哥廷根科学院决定悬赏 10 万马克，限期 100 年，再次征求费马大定理的证明. 1941 年，雷赛证明当 $n < 253\ 747\ 887$ 时，费马大定理在某些特殊情况下成立；1977 年，瓦格斯达芙证明当 $n < 125\ 000$ 时，费马大定理成立. 尽管如此，它离我们所要追求的目标，依然十分遥远.

8.2.4　第二次重大突破

1983 年，年仅 29 岁的德国数学家法廷斯（Faltings，Gerd，1954—　）以几何为工具，实现了费马大定理的第二次重大突破，这一突破直接推动了 10 年后费马大定理的最后解决. 这又一次说明了"他山之石，可以攻玉".

首先，一个简单的事实是，方程

$$x^n + y^n = z^n \quad (n \geqslant 3)$$

的正整数解的可解性等价于方程

$$x^n + y^n = 1 \quad (n \geqslant 3) \tag{8.28}$$

的正有理数解的可解性. 即平面曲线式（8.28）上是否有纵横坐标都是正有理数的所谓的正有理点问题.

平面曲线共分为三类：

1）有理曲线：包括直线和所有二次曲线；

2）椭圆曲线：即三次曲线 $y^2 = x^3 + ax + b$，其中，a，b 是整数；

3）其他曲线. 例如，曲线 $x^n + y^n = 1$（$n \geqslant 3$）等.

1922 年，英国数学家莫代尔提出一个大胆的猜想.

莫代尔猜想 每条第三类曲线上都最多只有有限多个有理点.

1983 年，法廷斯用相当高深的几何学知识证明了这一猜想，这似乎离费马猜想的最后证明已经不太遥远，因为费马猜想相当于要证明，对每个 $n \geqslant 3$，曲线 $x^n + y^n = 1$ 上没有正有理点.

8.2.5 费马大定理的最后证明

刚才谈到，费马大定理相当于说明，对每个 $n \geqslant 3$，曲线 $x^n + y^n = 1$ 上没有正有理点. 而法廷斯实际上已经证明，这样的曲线上最多只有有限多个有理点，二者之间尚有一定差距. 但他的这一思想吸引了许多几何高手加入研究费马大定理的行列，为费马大定理的证明开辟了多条道路，其中德国数学家符雷（G. Frey）（如图 8.9 所示）偶然发现了一条蹊径：费马大定理与第二类曲线（椭圆曲线）有密切关系.

关于椭圆曲线，有许多重要猜想，其中一个由日本数学家志村五郎（Goro Shimura，1930—　）和谷山丰（Yutaka Taniyama，1927—1958），以及法国数学家外依（Weil，Andre，1906—1998）在 1955 年提出的猜想，被称为志村-谷山-外依猜想.

图 8.9　符雷

志村-谷山-外依猜想 有理数域上所有椭圆曲线都是模曲线.

1985 年德国数学家符雷在一次会议上宣布：如果对某个 $n \geqslant 3$，费马大定理不成立，他可以具体构造一个椭圆曲线，使志村-谷山-外依猜想对这条曲线不成立. 当时，符雷的证明还不完整. 不久，法国著名数学家、菲尔兹奖得主塞尔（Serre，Jean-Pierre，1926—　）提出了一个"关于模伽罗华表示的水平约化猜想"，可以填补符雷的不完整证明. 1986 年，美国数学家里贝特（K. Ribet）巧妙地证明了塞尔的这一猜想. 因此，符雷结论的逆否命题"若志村-谷山-外依猜想成立，则对所有 $n > 2$ 费马大定理成立"也是正确的，这样一来，要证明费马大定理，只需要证明志村-谷山-外依猜想就行了.

1986 年，出生于英国，工作在美国的青年数学家安德鲁·威尔斯（Wiles，Andrew. 1953—　）（如图 8.10 所示）了解到符雷的这项工作后，借助于他对椭圆曲线研究的深厚功底，开始默默地瞄准这一问题，并刻苦钻研，经过 7 年的艰苦努力，于 1993 年基本上证明了志村-谷山-外依猜想. 1993 年 6 月，在英国剑桥大学牛顿数学研究所举行了一个叫"岩泽建吉（Iwasawa）理论、模形式和 p-adic 表示"的学术会议. 在这个会议上威尔斯应邀做了一系列演讲，演讲的题目是"椭圆曲线、模形式和伽罗华表示". 6 月 23 日，在其最后一个演讲结束时，威尔斯推出了志村-谷山-外依猜想对于半稳定的椭圆曲线成立. 于是他平静地宣布："我证明了费马猜想. "这一振奋人心的消息不胫而走，许多媒体很快作了报道. 虽然在后

图 8.10　威尔斯

来又发现某些漏洞，但是到 1994 年 9 月，其证明最终得到完善. 当年在瑞世苏黎世举行的国际数学家大会上，威尔斯应邀做了一个一小时报告，题目是"模形式与椭圆曲线"，一个持续长达 350 年的世界难题得以解决. 1994 年 10 月 25 日，威尔斯向世界著名数学刊物《数学年刊》（Annals of Mathematics）提交了两篇论文，一篇是他的"模椭圆曲线和费马大定理"（Modular Elliptic-curves and Fermat's Last Theorem），另一篇是他与 Richard Taylor 合作的补篇"某些海克代数的环论性质"（Ring-theoritic Properties of Certain Hecke Algebras）. 1995 年 5 月，《数学年刊》用一整期的篇幅发表了这两篇文章.

费马大定理的证明是 20 世纪最伟大的数学成就之一. 威尔斯因此在 1996 年获得美国国家科学院数学奖、欧洲 Ostrowski 奖、瑞典科学院 Schock 奖、法国费马奖，并获得了由 Wolf 基金会颁发的、号称数学诺贝尔奖的国际数学大奖——Wolf 奖. Wolf 奖通常是奖励年长数学家，以奖赏其一生对数学作出的杰出贡献. 此次奖励给一个年仅 43 岁的数学家，足以看出这一成就的无限辉煌. 1997 年，威尔斯又因此荣获美国数学会科尔奖，同年获得 1908 年德国哥廷根科学院悬赏的 10 万马克奖金. 1998 年 8 月，20 世纪的最后一次国际数学家大会在德国柏林隆重召开. 会议的重要议题之一是宣布本届（四年一度的）菲尔兹奖得主名单. 菲尔兹（J.C. Fields）奖是与 Wolf 奖齐名的、号称数学诺贝尔奖的两项国际数学大奖之一，其惯例是只授予年龄不超过 40 岁的年轻数学家. 当时威尔斯已经过了 45 岁生日，但是，鉴于他成功地证明了费马猜想，大会给他颁发了一个特别贡献奖. 在报道这一消息的简报上，记者诙谐地运用费马的口吻写道："不过，这儿地方太窄，容纳不下他的证书."

2005 年 6 月，威尔斯又获得 2005 年百万美元邵逸夫大奖.

费马大定理的证明扮演了类似珠穆朗玛峰对登山者所起的作用. 它是一个挑战，在试图登上顶峰的企图中刺激了新的技巧和技术的发展与完善.

8.2.6 费马大定理的推广

在数学发展史上，许多问题的解决意味着这一领域的终止. 但费马大定理却不同，在它被解决之后，后面一批新问题接踵而来，它们是比费马猜想更广泛的问题. 这里列举两个.

1. Fermat-Catalan 猜想

Fermat-Catalan 猜想　若正整数 m，n，k 满足 $\dfrac{1}{m}+\dfrac{1}{n}+\dfrac{1}{k}<1$，则不定方程

$$x^m + y^n = z^k \tag{8.29}$$

只有有限多个互素的正整数解组（a，b，c）.

1995 年，H.Damon 和 A. Granville 找到了 10 个这样的解，它们是：

$1^m + 2^3 = 3^2$，	$2^5 + 7^2 = 9^2$，	$7^3 + 13^2 = 2^9$，
$2^7 + 17^3 = 71^2$，	$3^5 + 11^4 = 122^2$，	$17^7 + 76271^3 = 21\,063\,928^2$，
$1414^3 + 2\,213\,459^2 = 65^7$，		$9262^3 + 15\,312\,283^2 = 113^7$，

$$43^8 + 96\ 222^3 = 30\ 042\ 907^2,$$ $$33^8 + 1\ 549\ 034^2 = 15\ 613^3$$

2. Beal 猜想

Beal 猜想 若正整数 m、n、k 至少为 3，则不定方程

$$x^m + y^n = z^k \qquad\qquad （8.30）$$

没有异于（2，2，2）的正整数解组（a，b，c）.

这一猜想是由一个银行职员 Andrew Beal 提出的. 他为此提供 5000 美元的征解奖金，而且每延长一年，奖金增加 5000 美元，最高达 5 万美元.

第三节 哥德巴赫猜想

数学中的一些美丽定理具有这样的特性：它们极易从事实中归纳出来，但证明却隐藏的极深.

——高斯

8.3.1 数的分解与分拆问题

要说明哥德巴赫猜想的来龙去脉，从整数的分解与分拆说起. 我们知道，早在古希腊时期，人们就有了关于自然数分解的**算术基本定理**：任一自然数都可以唯一分解为若干个素数之积. 也就是说，对于乘法来说，素数是构成自然数的基本元素.

对于加法来说，人们也可以研究自然数的构成：将一个自然数写成若干个较小的自然数之和，把这个过程叫做**数的分拆**. 其结论是极其复杂的. 例如：

$$5 = 5 = 4+1 = 3+2 = 3+1+1 = 2+2+1 = 2+1+1+1 = 1+1+1+1+1$$

一般地，如果用 $p(n)$ 表示整数 n 的加法表示种数，则它往往是一个很大的数.

$P(1)=1$，$P(2)=2$，$P(3)=3$，$P(4)=5$，$P(5)=7$，$P(6)=11$，$P(7)=15$，$P(8)=22$，…

$P(100) = 190\ 569\ 292\cdots$，$P(200) = 3\ 972\ 999\ 029\ 388$（4 万亿）

图 8.11　华罗庚
（1910—1985）

可见，如果不加以限制，这样的问题是很复杂的，也没有太大意义. 于是，人们研究各种限制下的整数分拆问题，这类问题被华罗庚（如图 8.11 所示）称为**堆垒数论**. 这方面的第一个正面结果就是将整数分拆为方幂和的问题. 1770 年，法国数学家拉格朗日（Lagrange，1736—1813）证明了：

每个正整数都是四个整数的平方和，也是九个整数的立方和，还是十九个整数的四次方和.

对于这种形式的分拆，德国数学家希尔伯特证得：对任一正整数 k，都存在一个正整数 $c(k)$，使得每个正整数都是 $c(k)$ 个正整数的 k 次方和. 但是，他并不知道 $c(k)$ 的具体大小.

对于偶数，一个明显的分拆是可以写成两个奇数之和. 而任意奇数都可以分解为若干个奇素数之积，因此可以肯定：每一个大于 4 的偶数都是若干 m 个奇素数的积加上另

外若干 n 个奇素数的积. 问题是这里的"若干"能不能有个限度？德国数学家哥德巴赫（C.Goldbach，1690—1764）经过大量验算后提出猜想：这里的"若干（m 或 n）"都可以限制为 1.

8.3.2 哥德巴赫猜想

哥德巴赫（如图 8.12 所示）毕业于哥尼斯堡大学，他本来是驻俄罗斯的一位公使，只是在业余时间研究数学，后任圣彼得堡科学院教授、院士. 从 1729 年起，哥德巴赫和瑞士著名数学家欧拉经常通信讨论数学问题，这种联系持续长达 35 年之久. 1742 年 6 月 7 日，住在圣彼得堡的哥德巴赫在给欧拉的信中提出：

图 8.12　哥德巴赫
（1690 —1764）

"我不相信关注那些虽没有证明但很可能正确的命题是无用的. 即使以后它们被验证是错误的，也会对发现新的真理有益. 比如费马的……我也想同样冒险提出一个猜想：如果一个整数可以写成两个素数的和，则它也是许多素数的和，这些素数像人们所希望的那么多，……看来无论如何，任何大于 2 的数，都是三个素数的和（注：当时认为 1 也是素数）. 例如：

$$4 = 1+1+1+1 = 1+1+2 = 1+3;$$
$$5 = 5 = 4+1 = 3+2 = 3+1+1 = 2+2+1 = 2+1+1+1 = 1+1+1+1+1.$$"

同年 6 月 30 日，欧拉在给哥德巴赫的回信中指出：

"每一个大偶数都是两个奇素数之和，虽然我不能完全证明它，但我确信这个论断是完全正确的." 同时他还指出："每一个大于或等于 9 的奇数都是三个奇素数之和."

这封信可以归结为下述两句话：
◆ 每一个大于或等于 6 的偶数都是两个奇素数之和；
◆ 每一个大于或等于 9 的奇数都是三个奇素数之和.

观察以上两句话，会发现：第一句是基本的，第二句可以由第一句导出. 这因为，如果每一个大于或等于 6 的偶数都是两个奇素数之和，那么每一个大于或等于 9 的奇数都是这样的偶数与 3 之和，必然是三个奇素数之和. 这第一个猜想就是所称的哥德巴赫猜想.

哥德巴赫猜想　每一个大偶数都可以写成一个奇素数加上一个奇素数，简称 1+1.

哥德巴赫猜想引起了众多数学家和业余数学爱好者的极大兴趣，但它的证明极其困难，直到 19 世纪末的 160 年间，都没有取得实质性进展. 毫无疑问，证明或否定哥德巴赫猜想，是对历代数学家智慧与功力的严峻挑战. 它的魅力就在于：简单而艰深.

1900 年，世界数学家大会在巴黎召开. 世界著名数学家、德国的希尔伯特在本次大会上发表了著名演说，向新世纪的数学家们提出了 23 个待解的数学问题，其中哥德巴赫猜想是第 8 个问题的一部分. 希尔伯特的 23 个问题成为 20 世纪数学研究的主流. 1921

年，英国著名数学家哈代（G.H.Hardy,1877—1947）在哥本哈根召开的国际数学会上说：哥德巴赫猜想的难度之大，可以与任何没有解决的数学问题相比拟.

8.3.3　哥德巴赫猜想的研究

1.　研究方向

希尔伯特的演说，向人们进一步展示了哥德巴赫猜想的基础性、困难性和重要性. 更多的数学家参与这一问题的研究. 1912 年，德国数学家兰道（Landau，1877—1938）在第五届世界数学家大会上指出："即使要证明较弱的命题：每一个大于 4 的偶数都是 m（m 是一个确定整数）个奇素数之和，也是现代数学力所不及的. " 这为人们提供了一个研究方向. 18 年后，苏联数学家史尼尔勒曼证明，这样的 m 一定是存在的！

在对哥德巴赫猜想进攻的路线上，人们还想出了一个办法，将偶数写成两个自然数之和，然后再想办法降低这两个自然数的素数因子的个数，如果这两个个数变成了 1 和 1，就是两个素数之和了. 也就是说，先证明对于某个具体的 m 和 n，每一个大于 4 的偶数都是不超过 m 个奇素数的积加上另外不超过 n 个奇素数的积，简称（$m+n$）. 然后再一步一步地减小 m 和 n，最后降到 $m = n = 1$ 时，就完成了证明. 这个问题叫做**因子哥德巴赫问题**. 这是哥德巴赫猜想的一个世纪以来的主要研究方向.

2.　研究方法

20 世纪的数学家们研究哥德巴赫猜想所采用的主要方法是筛法、圆法、密率法和三角和法等高深的数学方法. 解决这个猜想的思路，就像"缩小包围圈"一样，逐步逼近最后的结果.

在各种方法中，"**筛法**"是最常用的，也是目前最为有效且获得最好结果的方法. 最早的筛法是两千多年前古希腊学者爱拉托斯散纳（Eratosthenes）寻求素数时创造的，称为 **Eratosthenes 氏筛法**. 现在的素数表基本上是按此法编制的. 其基本做法是：在纸上由 2 开始顺次写下足够多个自然数，将其中从 2^2 开始所有 2 的倍数都划掉，再将其中从 3^2 开始所有 3 的倍数都划掉，然后再将其中从 5^2 开始所有 5 的倍数都划掉……如此下去，则可以得到该范围内所有的素数.

在一般情况下，"筛子"可由满足一定条件的有限个素数组成，记作 B. 被"筛"选的对象可以是一个由有限多个整数组成的数列，记作 A. 如果把数列 A 经过"筛子"B 筛选后所留下的数列记作 C，那么简单地说，"筛法"就是用来估计数列 C 中整数个数多少的一种方法.

"筛法"是一种不断得到改进的方法. 1920 年前后，挪威数学家布龙（Brun）对古典筛法作了改进，用新的筛法证明了命题（9+9），开辟了用"筛法"研究哥德巴赫猜想及其他数论问题的新途径. 1950 年前后，谢尔伯格（Selberg，Atle，1917—　　）对古典筛法又作了改进，他利用求二次型极值方法创造了新的筛法，与布龙方法相比，这一方法更简单，而且得到的结果更好. 接着，1941 年库恩（Kuhn）也提出"加权筛法"……

之后便是接二连三的改进工作.

"圆法"是在 20 世纪 20 年代,由英国数学家哈代与李特伍德(Littlewood,1885—1977)系统地开创与发展起来的研究堆垒素数论的方法. 1923 年,他们利用"圆法"及一个未经证实的猜测——黎曼猜测证明了任一充分大的奇数都是三个素数之和. 圆法内容比较复杂,此处不予介绍.

20 世纪 30 年代,苏联数学家维纳格拉托夫创造了一种"三角和法". 1937 年,维纳格拉托夫本人利用"圆法"及他自己创造的"三角和法"基本上证明了奇数哥德巴赫猜想:"任一充分大的奇数都是三个素数之和."

3. 研究进展

(1)兰道的方向

1930 年,苏联 25 岁的数学家史尼尔勒曼创造了密率法,结合 1920 年挪威数学家布龙创造的筛法,他成功证明了命题"每一个大于 4 的偶数都是 m 个奇素数之和",还估计这个数 m 不会超过 800 000.

史尼尔勒曼的成功,是当时哥德巴赫猜想研究史上的一个重大突破,这极大地激发了数学家们向哥德巴赫猜想进攻的勇气,m 的数值估计也随着勇士们的进攻而逐渐缩小:

1935 年 $m \leqslant 2208$ (苏联 罗曼诺夫)

1936 年 $m \leqslant 271$ (德国 海尔布伦,兰道,希尔克)

1937 年 $m \leqslant 267$ (意大利 里奇)

1950 年 $m \leqslant 220$ (美国 夏彼罗,瓦尔加)

1956 年 $m \leqslant 218$ (中国 尹文霖)

1976 年 $m \leqslant 26$ (旺格汉)

(2)因子哥德巴赫问题

最先在这方面取得突破的就是挪威数学家布龙,他于 1920 年用改进了的新的筛法率先证明了(9+9),随后,哥德巴赫猜想的证明陆续开花,步步逼近,主要进展如下:

1924 年,德国数学家雷德马赫(Rademacher)证明了(7+7);

1932 年,英国数学家埃斯特曼(Estermann)证明了(6+6);

1937 年,意大利数学家里奇(Ricci)证明了(5+7),(4+9),(3+15),(2+366);

1938 年和 1940 年,苏联数学家布赫斯塔勃(Buchstab)先后证明了(5+5)和(4+4);

1948 年,匈牙利数学家瑞尼(A.Renyi,1921—1970)证明了(1+k),k 为常数;

1957 年,我国数学家王元证明了(2+3);

1962 年,我国数学家王元、潘承洞,苏联数学家巴尔班(Barban)分别证明了(1+4);

1965 年,苏联数学家布赫斯塔勃(Buchstab)和维纳格拉托夫(Vinogradov)、德国数学家邦毕俐(Bombiri)分别独立证明了(1+3);

1966 年,我国数学家陈景润证明了(1+2),1973 年发表. 至此,离哥德巴赫猜想(1+1)的证明只有一步之遥.

8.3.4　陈氏定理

1966 年 5 月，我国数学家陈景润（1933—1996）（如图 8.13 所示）经过七个寒暑的艰辛研究，依靠他超人的勤奋和顽强的毅力，克服了常人难以忍受的磨难，终于证明了（1+2）.

图 8.13　陈景润

（1933—1996）

陈景润定理　每一个充分大的偶数都是一个素数加上另外不超过两个素数的积.

他的论文手稿达 200 多页，没有全部发表. 经过压缩整理，1973 年，陈景润正式发表了论文《大偶数表示为一个素数及一个不超过两个素数的乘积之和》. 这一研究成果在国际数学界引起极大反响，在国内家喻户晓. 英国数学家哈伯斯坦姆（Halberstam）与德国数学家李希特（Richet）合著的数学专著《筛法》，原有十章，付印后见到陈景润的论文，便加入了第十一章，章目为"陈氏定理"，并写信给陈景润，称赞他说："您移动了群山！"是的，陈氏定理离哥德巴赫猜想（1+1）的证明只有一步之遥.

虽然哥德巴赫猜想还没有最终被证明，但是，在数学家们一次次的攻关过程中，产生了许多新方法、新理论. 从这个意义上讲，在向世界难题进军过程中所做的努力和尝试、所对数学的促进与推动，其意义要大于难题的最终解决.

对于哥德巴赫的第二个猜想 "每一个大于或等于 9 的奇数都是三个奇素数之和"，苏联数学家维纳格拉托夫于 1937 年证得："每一个充分大的奇数都是三个奇素数之和". 此结论为这一猜想的最终解决提供了强有力的理论支持，但是这里的"充分大"所指的是很大的数，大于 400 万位，要对小于 400 万位的数进行验证目前是不可能的，还有待于作出理论证明.

陈景润是中国当代著名数学家，由于他在研究哥德巴赫猜想上所作出的重要贡献而在中国家喻户晓.

陈景润 1933 年 5 月 22 日出生于福建省一个贫苦的职员家庭，排行老三. 他从小身体虚弱，非常酷爱数学，学习刻苦、成绩优秀. 在高中时期，曾经在清华大学任教的沈元老师教他数学. 沈老师知识渊博，讲解生动. 有一次，他向学生介绍了"哥德巴赫猜想"，并补充说："数学是科学的皇后，数论是数学的皇冠，而哥德巴赫猜想是皇冠上的明珠." 沈老师的一席话，在陈景润的心中播下了决心探索"皇冠明珠"奥秘的种子.

1950 年，陈景润刚读完高二，便以同等学历考取了厦门大学数学系. 从此，他沉浸在数学知识的海洋里，如鱼得水，并于 1953 年以优异的成绩提前毕业，分配到北京一所中学任教. 教学之余，他潜心进行数学研究，积劳成疾，住进医院. 在医院，他得到一本华罗庚的名著《堆垒素数论》，如获至宝，一时忘记了病痛，如痴如醉地阅读，竟然决定辞职专心进行数学研究. 后来，厦门大学校长王亚南得知陈景润的情况，将他调到厦门大学担任图书管理员，以便他有更多的时间，阅读更多的数学书籍，专心于数学研究.

在厦门大学，陈景润精心研读华罗庚的几部名著，并写出了数论方面的专题论文，得到华罗庚的首肯. 华罗庚看中了陈景润的数学潜能和钻研精神，力荐他到中国科学院数学研究所当实习研究员. 1956 年底，陈景润回到北京，成为华罗庚的一位得意门生. 在华罗庚的指导下，陈景润如虎添翼，成果累累，并于 1966 年得到哥德巴赫猜想迄今为止最好的研究成果.

1996 年 3 月 19 日，陈景润因帕金森氏综合症医治无效，与世长辞，享年 63 岁.

8.3.5 附记

经过多年探索，目前世界数学界逐渐达成共识：也许单单利用现有的数学理论及工具人们无法证明"哥德巴赫猜想"，要想解决它，必须寻找到新的理论和工具. "哥德巴赫猜想"是描述整数之间关系的一个猜想，但其论证可能要跳出整数现有性质的范围. 许多对其跃跃欲试的人，都仍然视其为一般的整数问题，把世界难题简单化了.

回顾"哥德巴赫猜想"的研究历史，从 1742 年提出"猜想"到 1920 年，是数值计算或做进一步建议阶段.

对哥德巴赫猜想研究的第一次重大突破是 20 世纪 20 年代获得的，到 1973 年我国数学家陈景润在《中国科学》杂志上发表"大偶数表为一个素数和两个素数的乘积之和"的论文以后，国际上又发表了包括我国学者王元、潘承洞、丁夏畦在内的五个简化证明，其间，中外数学家们经过了大量艰苦卓绝的工作，在半个多世纪的时间创造了许多解析数论的方法，极大丰富了数学理论，但还是没有能够解决哥德巴赫猜想. 如果对这段时间做一下总结的话，算作是对哥德巴赫猜想的探索阶段.

解析数论专家们虽然没有最终证明哥德巴赫猜想，却获得了许多有意义的成果. 他们积极探索和勇于献身的精神，永远值得学习和赞扬.

从 20 世纪 70 年代末开始，数学家们发现用现有理论和方法，无法解决哥德巴赫猜想. 于是进入了一个寻求"一个全新思想"的探索阶段.

第四节　四色猜想

即使我们不能活着看见黎曼猜想、哥德巴赫猜想、孪生素数猜想、梅森素数猜想或者完全数猜想的解决，然而我们却看到了四色猜想的解决. 从另一方面来说，未解决的问题未必就是根本不可能的，或许比我们一开始所想的要容易得多.

——盖伊（Guy, R.K.）

一个国王的遗嘱

从前有个国王，因担心自己死后五个儿子会因争夺土地而互相残杀，临终立下一条遗嘱并留下一个锦盒. 遗嘱说: 他死后请孩子们将国土划分为五个区域，每人一块，形状任意，但任一块区域必须与其他四块都有公共边界. 如果在划分疆土时遇到困难，可以打开锦盒寻找答案.

国王死后，孩子们开始设法按照遗嘱划分国土，但绞尽脑汁，仍没能如愿划分. 无奈之下，他们打开了国王留下的锦盒，在锦盒中他们只找到一封国王的亲笔信，信中嘱托五位王子要精诚团结，不要分裂，合则存，分则亡.

这个故事告诉我们，在平面上，使得任一区域都与其他四个区域有公共边界的五个区域可能是不存在的. 因此，可以猜想: 在平面上绘制任一地图，最多只要四种颜色就够了. 如图 8.14 所示.

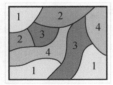

图 8.14　划分五块区域

这一猜想，于 19 世纪由英国数学家正式提出，经过一百多年无数数学家的艰辛努力，在 1976 年由两位美国数学家用计算机完成了证明. 一百多年来，数学家们为证明这个猜想付出了艰苦的努力，所引进的概念与方法刺激了拓扑学与图论的产生和发展.

8.4.1　四色猜想的来历

大约在 1852 年，英国一名叫 Francis Guthrie 的青年地图绘制工作者，在绘制英国各地的地图时发现，要有效地区分各个不同的国家和地区，一般至少需要四种颜色，但不论多么复杂的地图，只需要四种颜色就足够了. Francis Guthrie 把他的这个想法告诉了当时正在大学数学系读书的他的堂兄 Frederick Guthrie. Frederick Guthrie 本人相信弟弟的发现是正确的，但对此问题也无法从数学上给予证明或否定. 于是，他将这个问题请教他的老师、著名数学家迪摩根（A.De Morgan，1806—1871）（如图 8.15 所示）. 迪摩根认真研究了这一问题，他相信结论是正确的，但也未能对此做出证明.

图 8.15　迪摩根
（1806—1871）

为了引起其他数学家的关注，迪摩根在 1852 年 10 月 23 日写信给英国三一学院的著名数学家哈密尔顿，信中在介绍了四色猜想之后写到："就我目前的理解，如果四个区域中的每一个都和其他三个区域相邻，则其中必有一个区域（图 8.16 中的灰色区域）被其他三个区域包围，因而任何第五个区域都不可能与它相邻. 若这是对的，则四色猜想成立."迪摩根还画出了三个具体的图形来说明上述理解，并说："我越想越觉得这是显然的事情. 如果您能举出一个简单的反例来，说明我像一头蠢驴."哈密尔顿为此努力了 13 年，未果而终.

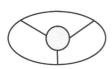

图 8.16　迪摩根的图

1878 年 6 月 13 日，英国数学家凯莱在伦敦数学会正式提出四色猜想. 1879 年，他又向英国皇家地理学会提交一篇"关于地图染色"的短文，该文刊登在该学会会刊创刊号上，公开征求对四色猜想的解答. 该文肯定这个问题由已故数学家迪摩根提出，并指出了解决四色猜想的困难所在.

凯莱的论文引起了人们的重视，四色猜想因此才广泛流传开来.

8.4.2　艰难历程百余年

四色猜想提出后，引起国际数学界的广泛关注. 但是，这个貌似简单的问题却难倒了无数数学家. 多人多次声称解决了这一猜想，但又很快被发现其证明是错误的.

1. 肯普的"证明"

最先声称证明了四色猜想的是英国律师肯普（A.B.Kempe，1849 —1922）（如图 8.17 所示）. 肯普年轻时曾拜数学家凯莱为师学习数学，他阅读了凯莱关于地图染色的论文，并认真研究了凯莱所指出的证明困难所在，试图用一退一进的思想来克服这一困难.

所谓"退"，就是设法从 n 个区域的地图中去掉一个区域，使之化为具有 $n-1$ 个区域的地图. 所谓"进"，就是如果对具有 $n-1$ 个区域的地图可以用四色染色，进而证明，再添加所去掉的区域后的 n 个区域的地图也可以用四色染色.

图 8.17　肯普
（1849—1922）

在凯莱提出四色猜想的当年，即 1879 年，肯普就声称证明了四色猜想. 他的证明虽然 11 年后被人发现有漏洞，但却是富有启发性的. 其成功之处在于以下几点.

1）引入了正规地图的概念.

正规地图——任一顶点处相交的区域数恰为三个的地图.

2）证明了任一地图均可以修改为正规地图，而不需增加制图色彩.

3）证明：在任一张地图中，如果区域数超过 6，则必有一个区域的边界数（等于相邻区域数）不超过 5.

4）指出了任一正规地图都必然有的四种"不可避免组"（如图 8.18 所示）.

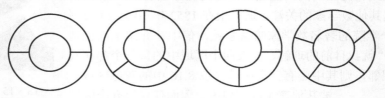

图 8.18　四种不可避免组示意图

2. 希伍德的重要发现

在肯普"证明"四色猜想 11 年以后的 1890 年，年仅 29 岁的英国青年数学家希伍德（P.J.Heawood，1861—1955）在《纯粹数学与应用数学季刊》上发表题目为"地图染色定理"的论文，指出了肯普在 1879 年所给证明中的错误.

同时，希伍德利用肯普的证明思想，成功地证明了五色定理.

五色定理　任何地图都可以用五种颜色正确染色.

希伍德一生主要研究四色猜想，在此后的 60 年里，他发表了关于四色猜想的 7 篇重要论文. 他在 78 岁退休之后继续研究，在 85 岁时提交了他关于四色猜想的最后一篇论文.

3. 不可小看的四色猜想

五色定理的证明，给了人们很大信心，当时许多人都认为四色猜想是一个简单的问题. 比如，当消息流传到俄罗斯时，伟大的物理学家爱因斯坦的数学导师、著名数学家闽科夫斯基（Minkovski，Hermann，1864—1909）就认为这是一个显然的问题. 有一次他在课堂上偶然提到这个问题时说道："地图着色问题之所以一直没有解决，是因为没有第一流的数学家来解决它."接着，他胸有成竹地拿起粉笔在黑板上推导起来，结果却没有成功. 他极不甘心，下一节课又继续尝试，依然没有进展. 一连几天如此，都是毫无结果. 有一天，天下大雨，他刚跨进教室，疲倦地注视着依旧挂着他的"证明"的黑板，正要继续他的推导时，突然雷声大作，震耳欲聋. 他突然醒悟，马上愧疚地对学生说："这是上天在责备我狂妄自大，我解决不了这个问题."从此以后，人们才真正认识到四色猜想不可小看，成为近代数学三大难题之一.

4. 四色猜想证明的进展

进入 20 世纪以来，人们一直在不断地研究四色猜想，也取得了一定成就. 1913 年，哈佛大学教授伯克霍夫（G.D. Birkhoff，1884—1944）给出了检查大构形可约性的技巧；1920 年，富兰克林（Franklin，Philip）证明当国家个数不超过 25 个时，四色猜想是正确的；1926 年，雷诺兹（Reynolds，Clarence）进一步证明当国家个数不超过 27 个时，

四色猜想是正确的；1936 年，富兰克林再次把国家个数扩大到 31 个；而 1940 年，维纳（C. E. Winn）把国家个数扩大到 35 个；1968 年，挪威数学家奥雷（Ore，Oystein）和斯特普（Stemple，Joel）又把国家个数扩大到 40 个；到了 1975 年，国家数提高到了 52 个. 但这离关于所有地图都成立的四色猜想的解决仍然遥遥无期.

5. 四色定理的机器证明以及引起的争论与困惑

四色猜想难在哪里？难就难在，要解决四色猜想，需作出大约两百亿次的逻辑判断. 而一个人即使每秒钟做一次逻辑判断，他也要工作将近 700 年才能完成这些判断. 可见，如果没有超智慧的理论突破，单靠一个人的力量是不可能解决这一问题的.

肯普的思想加上计算机的加盟，给四色猜想的解决带来了曙光. 1976 年 7 月 22 日，美国 Illinois 大学的两位数学家艾普尔（K.I.Appel）和哈肯（W.Haken）宣布，他们根据肯普的证明思想，通过建构一个包含 1936 个不可约构型的不可避免组，利用 3 台 IBM360 型超高速电子计算机，耗时约 1200 小时，证明了四色猜想. 1976 年 9 月，美国数学会主办的《美国数学会通讯》上正式载文宣布这一消息. 1977 年 9 月艾普尔、哈肯和科赫（Koch，John）在《Illinois J. Math.》V.21 上全文发表了他们关于四色猜想的改进证明，这里他们建构了一个包含 1482 个不可约构型的不可避免组. 这一消息震惊了整个数学界，影响到全社会. 当天，艾普尔所在的厄巴纳邮局为了纪念这一创举与成功，特别在邮戳上加盖了"Four Coulors Suffice"的字样.

四色猜想的机器证明开辟了数学证明的广阔前景：人类提供思想，计算机提供计算与判断，是理论方法与实验方法完美结合的一个典范. 这一证明意义重大. 它说明，机器不仅可以进行计算，也可以进行推理. 目前，我国数学家吴文俊、张景中等已经系统地建立了机器证明的理论方法，并成功地解决了许多问题. 吴文俊院士因其在机器证明方面的重大理论创新和关于拓扑学的重要贡献而荣获 2001 年首届中国科学技术最高奖. 国家自 2001 年起设立该奖项，每年只奖励两人，分别奖给在基础研究领域和应用研究领域做出最突出贡献的中国科学家.

值得说明的是，有不少人对四色猜想的机器证明提出异议：一是程序难以检验，二是错误无法识别. 因此，四色猜想能否用逻辑演绎方式而非机器来加以证明，至今仍是一个很有意义的未解之谜.

8.4.3 欧拉公式

希伍德关于五色定理的证明并不困难，除了使用肯普的证明思想外，欧拉公式是一个重要工具. 欧拉公式是一个描述多面体的顶点个数 v、边线条数 e 以及面的个数 f 之间关系的公式，而任一地图从着色的角度看均可以抽象为一个多面体. 先从有关概念谈起.

1. 有关多面体与平面区域的若干概念

关于多面体的顶点、边以及面的概念，大家都有一个直观的认识与理解. 对于一个平面地图来讲，其边界可能非常复杂，不必是直线段. 但是从地图着色的角度看，边界是否直线并不重要，其作用仅仅在于"分割"，因此可以把其理想化为直线或者较"光滑"的曲线.下面给出地图中的有关概念.

一个面——任一个区域都叫做一个面，整个地图的外部也叫做一个面.

一条边——每一个面的边界都是由若干条曲线段首尾相接构成的封闭曲线，这里每一个曲线段叫做它的一条边，其端点是与其他边相交的地方，端点处至少有三个国家在此相交.

一个顶点——每一条边有两个端点，一个端点就叫做一个顶点.

在图 8.19 中，Ω 是一个面，它有三条边；从 A 经 a 到 B 的曲线是其中一条边，但从 A 到 a 的曲线不是一条边；A、B、C 都是顶点，但 a、b 点不是顶点.

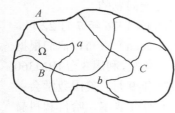

图 8.19　面、边、顶点

通常，对于一个给定的地图，虽然其面的个数 f 是确定的，但是其边的条数 e 和顶点的个数 v 可以从不同的角度得到不同的数量. 注意到，当把一条边看成首尾相接的两条边时，边数和顶点数同时增加 1. 以下我们假设顶点是至少三个区域的公共交点. 在一张地图上，把一个国家可以看作一个球面区域，当把地图的外部也看成一个固定的国家时，实际上是考虑一个完整的球面，它是一个多面体，其每一个区域可以看成它的一个面. 关于多面体，其顶点数、边数、面数可以多种多样，但是具有一种永恒的关系，这就是下面的欧拉公式.

2. 欧拉公式

欧拉公式　对于任一给定的多面体或平面地图，其面数 f、边数 e 和顶点数 v 有下列关系

$$e-v=f-2 \tag{8.31}$$

证　对多面体的面的个数（含地图外部区域）$f \geqslant 3$ 用数学归纳法.

当 $f=3$ 时，边数为 3 与顶点数为 2，故 $e_3 - v_3 = 3 - 2 = f_3 - 2$.

假设当 $f=k$ 时结论成立，即 $e_k - v_k = f_k - 2$，考虑 $f=k+1$ 的情形. 把具有 $k+1$ 个国家的地图中去掉一条边（如图 8.20 中 A 边），则同时去掉了该边的两个端点，此时面数减少 1 个，顶点减少 2 个，而边数减少 3 个，这便是一个具有 k 个国家的地图，而边、面、顶点数分别为

$$\begin{cases} e_k = e_{k+1} - 3 \\ f_k = f_{k+1} - 1 \\ v_k = v_{k+1} - 2 \end{cases} \tag{8.32}$$

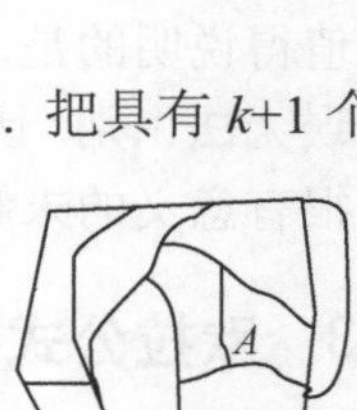

图 8.20　由 $k+1$ 个
区域到 k 个区域

因此，根据归纳假设有

$$e_{k+1} - v_{k+1} = e_k + 3 - (v_k + 2) = e_k - v_k + 1 = f_k - 2 + 1 = f_{k+1} - 2 \tag{8.33}$$

结论得证.

根据欧拉公式，对任一地图或多面体，其边、面、顶点数具有关系

$$f + v - e = 2 \qquad\qquad (8.34)$$

把数 $f + v - e$ 叫做**欧拉示性数**. 这是拓扑学中一个重要的量，对于给定的拓扑空间，其值是一个常数. 在平面网络图或空间多面体上，它的值为 2.

8.4.4 五色定理的证明

要证明五色定理，先证以下两个命题.

命题 8.1 任一地图均可以修改为正规地图，而不需增加制图色彩.

每个顶点处相交区域个数至少为 3，当某一个顶点处相交区域个数多于 3 时，在该顶点处按照图 8.21 所示的方式添加一个区域，即可把一般地图修改为正规地图，同时不需要增加制图色彩.

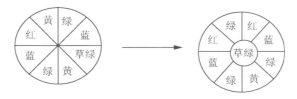

图 8.21 一般地图转化为正规地图

命题 8.2 在任一张正规地图中，必有一个区域的顶点数（边界数、相邻区域数）不超过 5.

事实上，如果区域数本身少于 6，则结论自然成立. 一般情况下，记 f_k 为边界上恰有 k 个顶点的区域数（面数），则区域总数为

$$f = f_2 + f_3 + \cdots + f_k + \cdots \qquad\qquad (8.35)$$

容易知道，边界上有 k 个顶点的区域有 kf_k 条边界，而每条边界都连接着两个国家. 从而，边界总数 e 必满足

$$2e = 2f_2 + 3f_3 + \cdots + kf_k + \cdots \qquad\qquad (8.36)$$

同理知道，顶点总数 v 满足

$$3v = 2f_2 + 3f_3 + \cdots + kf_k + \cdots \qquad\qquad (8.37)$$

根据欧拉公式和上述三式可以看出

$$v + f = e + 2 \implies 6v + 6f = 6e + 12 = 9v + 12 \implies 6f = 3v + 12$$

即

$$6(f_1 + f_2 + \cdots + f_k + \cdots) = 12 + 2f_2 + 3f_3 + \cdots + kf_k + \cdots \qquad\qquad (8.38)$$

整理得

$$4f_2 + 3f_3 + 2f_4 + f_5 = 12 + f_7 + 2f_8 + \cdots \qquad\qquad (8.39)$$

由于式（8.39）右端 ≥ 12，故该式左边 ≥ 12，因此至少有一个 $f_k > 0$，$k \leq 5$. 结论得证.

现在对地图中所含区域（国家）的个数用数学归纳法证明五色定理.

根据命题 8.1，只需对正规地图证明五色定理即可.

当国家数 $f = 2$，3，4，5 时，结论是自明的.

假设当 $f \leqslant k$ 时五色定理成立, 即对国家个数不超过 k 的地图, 可以用五种颜色正确着色. 证明, 当 $f = k+1$ 时, 也有同样结论. 根据命题 8.2 中的结论, 这样的地图必有一个边数不多于 5 的国家. 只考虑这样的一个国家的边数为 5 的情况(其他情况更简单, 证明从略).

设 A 是这样的一个国家, 考虑与 A 相邻的国家的情况.

断言: 与 A 相邻的国家中, 必然有两个国家是互不相邻的.

事实上, 由于是正规地图, 任一顶点处相交的国家数为 3, 通过分析不难发现, 与 A 相邻的国家, 不外乎图 8.22 中的三种情况之一.

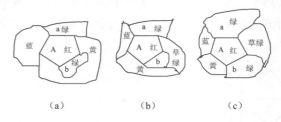

图 8.22　三种情况

图 8.22 (a) 是 A 的邻国中有一个国家 (图中黄色的国家) 与 A 有两条公共边界, 此时 a 国与 b 国是不相邻的; 图 8.22 (b) 是 A 的邻国中有两个国家 (图中的黄色与绿色国家) 在另一不同的边界相交, 此时亦有两个国家, a 国与 b 国是不相邻的; 图 8.22 (c) 是最简单的一种情况, A 有五个互不包含的邻国, 显然, 此时 a 国与 b 国也是不相邻的.

现在, 把这张地图中 a、A、b 三国合并成一国, 这构成了一个只有 $k-1$ 个国家的正规地图, 按照归纳假设, 是可以用五色绘制的 (如图 8.23 所示).

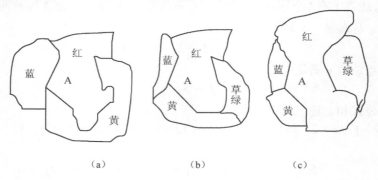

图 8.23　合并后的正规地图

由于 A 的边界只有 5 条, 其邻国也最多有 5 个, 现在合并掉两个后, 还剩下最多 3 个邻国, 因此, 在 A 及其邻国处只需四种颜色就够了. 现在, 再把 a、A、b 这三国恢复, a 和 b 国保持原有颜色, 而将 A 涂上第五种颜色, 这样具有 $k+1$ 个国家的地图也可以用五种颜色绘制了.

根据数学归纳法原理, 对所有地图五色定理成立.

第五节 庞加莱猜想

任何的推广都只是一个假设，假设扮演必要的角色，这谁都不否认，可是必须要给出证明.

——庞加莱

一个正在流传的故事

第二十五届国际数学家大会于 2006 年 8 月 22 日至 30 日在西班牙首都马德里召开，庞加莱猜想成为本次大会受关注的焦点，本届大会也会因此载入史册. 22 日开幕当天，大会宣布本届菲尔兹奖由 4 人分享，他们分别是俄罗斯的格里高里－佩雷尔曼、安德烈•奥昆科夫和法国的文德林•维尔纳与澳大利亚的陶哲轩.

现年 40 岁的佩雷尔曼是 4 名获奖者中年龄最大的，刚好符合菲尔兹奖得主年龄不得超过 40 岁的限制. 他是一名"隐居"的俄罗斯数学家，目前生活、工作在俄罗斯圣彼得堡市，是当地斯蒂克洛夫数学研究所的研究员，其获奖理由是成功地证明了困扰全世界科学界近百年的数学难题——"庞加莱猜想"，而且有望获得美国麻省理工学院克莱数学研究所为此设立的 100 万美元巨奖. 不过出乎一些人的意料，这名看淡名利的数学天才对领取这个奖项和这笔奖金并不感兴趣，在会议召开前夕，他神秘地消失在圣彼得堡的森林里. 如图 8.24 所示为菲尔兹奖章的正面和反面. 其中正面 Transire suum pectus mundoque potiri 意为超越人类极限，做宇宙主人；反面 Congregati ex toto orbe mathematici ob scripta insignia tribuere 意为全世界的数学家们聚集一起，为知识作出新贡献而自豪.

（a）菲尔兹奖章正面　　　　　（b）菲尔兹奖章反面

图 8.24　菲尔兹奖章

8.5.1 百年猜想

一条封闭的曲线（有长度、没面积），不论它有多么复杂，都在某种意义下等同于一个圆周（圆盘的边界）；一个封闭的无洞的曲面（有面积、没体积），不论它有多么复杂，都在某种意义下等同于一个球面（球的表面）；一块封闭的无洞的空间物体（有体积，无……），就像我们所在的宇宙，它本质上是什么样的？

1904 年，法国数学家庞加莱基于对一维、二维空间的朴素认识，提出了关于人类生存的无边无界的三维宇宙空间的著名猜想——庞加莱猜想（Poincaré conjecture）.

2000 年 5 月 24 日，美国克莱数学研究所（Clay Mathematics Institute）在巴黎法兰西学院把这一猜想列为"21 世纪七大数学难题"之一，他们对每个问题悬赏 100 万美元.它们是 21 世纪最有意思和最具挑战性的问题（见本章第六节）.

2003 年 4 月 7，9，11 日，俄罗斯数学家佩雷尔曼（Perelman，Grigory，1966—　）博士在麻省理工学院作了题目为"三维流形的几何化与 Ricci 流"的系列公开演讲，撇开技术细节，佩雷尔曼的结果证明了数学中一个非常深刻的定理，即所谓的瑟斯顿（Thurston）几何化猜想.瑟斯顿猜想是庞加莱猜想的推广.

2006 年 6 月 3 日，哈佛大学教授、著名科学家、菲尔兹奖得主、中国科学院晨兴数学研究所中心主任丘成桐先生在北京宣布：中山大学朱熹平教授和该校国家杰出青年科学基金海外合作者、旅美数学家、清华大学兼职教授曹怀东发表在《亚洲数学期刊》上论文《庞加莱猜想暨几何化猜想的完全证明：哈密尔顿-佩雷尔曼理论的应用》，完全破解了庞加莱猜想这一国际数学界关注了上百年的重大难题.

2006 年 8 月 22 日—30 日，第 25 届国际数学家大会在西班牙首都马德里召开，庞加莱猜想成为本次大会受关注的焦点.在本届大会上，庞加莱猜想被宣布成为庞加莱定理，本届大会也因此载入史册.在会议召开前夕，隐士般的俄国数学家佩雷尔曼依然消失在圣彼得堡的森林里……

2010 年 3 月 18 日，美国克莱研究所在其官方网站宣布，将颁发出第一笔百万美金的悬赏大奖给俄罗斯数学家佩雷尔曼，以表彰他为解决拓扑几何学上的世界难题庞加莱猜想所作的杰出贡献（原文网址：http://www.claymath.org/poincare/index.html）.英国《每日电讯》（Daily Telegraph）2010 年 3 月 27 日报道，佩雷尔曼有意拒绝接受该奖.2010 年 7 月 1 日，媒体报道（原文网址：http://www.phsorg.com/news197209671.html），佩雷尔曼正式宣布放弃克莱大奖.理由是他认为他的成就是在美国数学家哈密尔顿（Richard Hamilton）成果基础上取得的，如果哈密尔顿不能获奖，他也没有理由接受这项大奖.

庞加莱猜想之所以引人注目，是由于它是那样的基本，又似乎是那样的简单.这个问题与拓扑学有关，拓扑学是几何学的一个分支，让我们从空间维数谈起……

8.5.2 从空间维数谈起

古希腊数学家欧几里得建立的几何学统治几何学两千多年，17 世纪法国数学家笛卡尔和费马建立的坐标解析几何，把数学中的两大主角——几何学和代数学——简明而有力地结合起来，开创了近代数学的先河. 其自然而然的结果是微积分的产生和大量地运用解析法研讨自然现象.

按照解析几何的方法，可以用代数的方法研究几何，包括几何对象的规模. 在几何学研究中，刻画几何对象规模大小的量就是**空间维数**. 简单地说，一个空间的维数代表的是，要刻画这个空间中每个点所需要用的独立参数的个数.

点：只有位置，没有大小，要刻画点中的点不需要参数，这是 0 维空间；

直线线段：有长度，没有宽度，要刻画直线中的点需要一个参数，这是一维空间；

平面矩形：有长度、宽度，没有厚度，要刻画矩形中的点需要两个参数，这是二维空间；

长方体：有长度、宽度，也有厚度，要刻画方体中的点需要三个参数，这是三维空间.

更一般地，圆周、抛物线或一般曲线都是一维的. 虽然这样的几何体要在二维、三维等更高维数的空间中展现，但在用参数描述它们时，只需要一个参数，例如

平面上的单位圆周：$\begin{cases} x = \cos t \\ y = \sin t \end{cases} t \in [0, 2\pi]$.

而球面、轮胎面或一般曲面都是二维的. 虽然这样的几何体要在三维、四维等更高维数的空间中展现，但在用参数描述它们时，只需要两个参数，例如

空间中的单位球面：$\begin{cases} x = \sin \varphi \cos \theta \\ y = \sin \varphi \sin \theta \\ z = \cos \varphi \end{cases} \varphi \in [0, \pi], \theta \in [0, 2\pi]$.

一条曲线，拉直了就是直线，说它与直线一样是一维的，有道理！

一个曲面，压平了就是平面，说它与平面一样是二维的，没意见！！

但一般来说，几何体并不总是这么简单、直观，或易于想象.

由于人类的视觉能而且只能感知到不超过三维的空间物体，当我们认识一维的直线的时候，也不难接受展现于二维、三维空间中的一维曲线；当我们认识二维的平面的时候，也不难接受展现于三维空间中的二维曲面. 但是，对于三维几何体，除了我们感知到的球体、方体，甚至其他在三维空间内出现的不规则几何体外，还知道些什么？更具体的，四维空间或者一般的 n 维空间是什么？

事实上，在这个世界上，要想准确地描述一件事情或一个物体，除了要说明其在一定参照系下存在的空间位置（三维），还需要说明发生或存在的时间. 因为在此之前，该物体可能不在这里，而此后也未必永存. 这就是说准确地描述一件事情或一个物体需要四个参数，这就是四维空间.

在数学家看来，n 维欧几里得空间就是可以用 n 个参数描述的空间，相应于一、二、三维时用一个数、一对数、一个三元数组的描述，n 维欧几里得空间中的点可以用 n 元数组

$$(x_1, x_2, \cdots, x_n)$$

描述，这个空间记作 R^n.

需要强调的是，空间维数作为空间规模的刻画量是对人类活动用重要影响的量．设想一下，如果你驾车在单车道上，即只有一条直线（一维空间），前面堵车了，你过不去了；但是如果你驾车在多车道上，平行展开的车道铺成一个平面（二维空间），你所在的车道前面堵车了，你可以绕到其他车道行驶，这样就可以通过了；更糟糕的事情依然可能出现，如果你驾车的所有车道全部堵车，绕不过去了，怎么办？在我们这个三维空间中，仍然不是绝路，你可以通过直升飞机将其吊起，或者让车插上翅膀，从上下空间穿过；但是，如果你驾车的所有车道全部堵车，且空间也全部堵上，就像你被堵在地球中心，那你还可以过去吗？没有办法！因为我们只能想象出三维空间，却看不见四维空间是什么样子，假设我们把时间作为第四维空间，假如时光可以倒流，那么，我们就可以驾车跟随时间穿过．

另外，几何体也不总像人们想象的那么规则，甚至可能是无法想象的．比如，各种分形图形（如图 4.3 和图 4.4 所示），神奇的莫比乌斯带和克莱因瓶等（如图 4.1 和图 4.2 所示）．

要说明这些问题，需要用几何学的一个分支——拓扑学．

8.5.3 拓扑学

拓扑学是关于结构和空间的基本性质的科学，它研究几何体在拉伸、压缩、弯曲等操作下不变的性质，可以形象的比喻为橡皮几何学．

拓扑学中有一个重要的概念——**流形**，n 维流形是 n 维欧几里得空间的推广——n 维流形的局部就是 n 维欧几里得空间的局部．具体来讲，一维流形是曲线的推广，二维流形是曲面的推广，等等．比如一个足球面是一个二维流形，因为它的局部可以看作平面（二维欧几里得空间）的一部分．

通俗地讲：一个 n 维流形由一些点（可能是完全抽象的点）构成，其每一个点附近都可看作 n 维欧几里得空间的一部分（压平），而且不同的局部接缝比较光滑，就像足球面一样．

一团乱麻是一个一维流形，因为它的局部都可以拉直为直线；

一个曲面是一个二维流形，因为它的局部都可以压平为平面；

一块物体是一个三维流形，因为它的局部都可以看作小立方体．如图 8.25 所示．

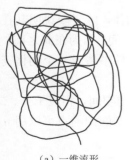

（a）一维流形　　　　　　　　　（b）二维流形　　　　　　　　　（c）三维流形

图 8.25　流形

判断两个流形是否相同，关键在于看其结构是否相同，而与其中的点的表达等无关.

如果两个流形之间存在一种一一对应的变换，而这种变换是正反连续（同胚）的，则这两个流形被认为本质上是一样的. 通俗地讲，如果两个流形可以通过拉伸、压缩、弯曲、扭转等操作把一个流形变为另一个流形，则这两个流形被认为本质上是一样的. 例如，一个球面可以拉伸、压缩，以各种方式去弯翘，只要不去撕破它，在拓扑学家眼里它还是一个球面；在拓扑学家看来，一块砖头和一只实心球是一样的，一个钢圈和一个带环把儿的茶杯也是一样的.

拓扑学家寻求的是如何去识别或刻画所有可能的流形，包括宇宙的形状——这正是庞加莱猜想的主题.

8.5.4　庞加莱猜想

如何去识别或刻画所有可能的流形？

要说明两个流形相同，一般来讲并非易事，但是，要说明某些流形不相同，则不算困难.

比如，一个一维的与一个二维的不可能相同；一个断开的和一个整体的也不可能相同；一个有洞的和一个无洞的也不会相同；一个有一个洞的和一个有两个洞的也不会相同. 如图 8.26 所示.

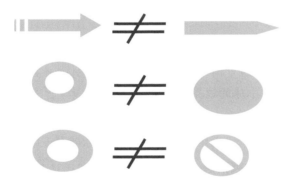

图 8.26　不相同的流形

要识别所有可能的流形，一维的情况很简单，只要不断开，大家都是一样的；二维的情况也容易搞清楚，它在 19 世纪末就已经做出来了. 我们感兴趣的是**单连通闭流形**.

所谓单连通性，试想在一个足球表面上任意地方放一个橡皮箍，它不离开表面就能收缩到一点，但在轮胎面上就不行！这种性质在数学上叫做**单连通性**. 足球表面是二维单连通流形，而轮胎面不是二维单连通流形. 如图 8.27 所示.

所谓**闭流形**，也可以说是**紧致无边流形**. 对流形来说，紧致就是任何点列都有收敛子序列. 球面、环面、带皮实心球、带边圆盘、圆周等都是紧致的，但 R^n 就不紧，因为其中能找到一串点趋向于无穷远，而无穷远不在 R^n 内. 在某种程度上，紧致性相当于有限性. 科普读物里讲到现代宇宙模型，经常会说它是"有限而无界"的，然后费半天唇舌来解释. 其实用数学语言说，就是"紧致而无边". 紧致无边流形称为**闭（closed）流形**.

 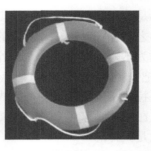

图 8.27　单连通二维流形与非单连通二维流形

命题 8.3　一个单连通的一维闭流形一定是一个一维球面——圆周；一个单连通的二维闭流形一定是一个二维球面.

命题 8.3 给出了一维单连通闭流形和二维单连通闭流形的刻画.用解析几何知识可以把它们表示出来.

一维圆周的方程是：$x^2 + y^2 = 1$，它是二维圆盘的边界；

二维球面的方程是：$x^2 + y^2 + z^2 = 1$，它是三维球体的边界；

不难推广到高维，例如

三维"球面"的方程是：$x^2 + y^2 + z^2 + t^2 = 1$，它是四维"球体"的边界.

当然可以进而推广到 n 维，这些都是流形的特例.

在这种意义下，有

圆周 ＝ 一维球面 ＝ 二维圆盘的边界，其方程为：$x^2 + y^2 = 1$；

球面 ＝ 二维球面 ＝ 三维空间中球的边界，其方程为：$x^2 + y^2 + z^2 = 1$；

三维球面 ＝ 四维空间中球的边界，其方程为：$x^2 + y^2 + z^2 + t^2 = 1$.

1904 年，法国数学家庞加莱（如图 8.28 所示）提出猜想：命题 8.3 中对一、二维流形成立的刻画标准对三维流形也是正确的.

庞加莱猜想　任何单连通的三维闭流形（正如我们所在的宇宙）一定是一个三维球面.即任何单连通的三维闭流形一定同胚于 R^4 中的单位球面：$x^2 + y^2 + z^2 + t^2 = 1$.

8.5.5　进展

图 8.28　庞加莱
（1854—1912）

虽然在一维和二维时的结论是那么明显，证明是那么简单，但是对于三维时的庞加莱猜想，在其提出后将近 60 年的时间内，人们始终未能找到有效的解决办法.

1960 年美国数学家斯梅尔（Smale，Stephen，1930—　）（如图 8.29 所示）跨过这个维数 3，进而把庞加莱猜想推广到 $n > 3$ 维.这个猜想推广到 n 维情形如下.

n 维庞加莱猜想　任何单连通的紧的 n 维流形与 n 维球面同胚.

Zeeman 在 1961 年证明了 $n = 5$ 的情形，Stallings 在 1962 年证明了 $n = 6$ 的情形.

斯梅尔在 1961 年一举对 $n \geqslant 5$ 证明了这个所谓的广义庞加莱猜想，并因此荣获 1966 年菲尔兹奖. 但是他的方法对 $n = 3$、4 维不适用.

斯梅尔定理（广义庞加莱猜想）　对 $n \geqslant 5$，任何单连通的 n 维闭流形一定同胚于 R^{n+1} 中的单位球面，有

$$x_1^2 + x_2^2 + \cdots + x_n^2 + x_{n+1}^2 = 1 \tag{8.40}$$

一般认为四维流形更困难，出人意料，1982 年，美国数学家弗里德曼（Freedman，Michael，1951 —　）却又证明了四维庞加莱猜想，他因此荣获 1986 年菲尔兹奖.

图 8.29　斯梅尔
（1930—　）

值得注意的是，同年另一位年仅 29 岁的数学家 S.K.Donaldson 也因为拓扑学贡献而得奖. 他们两人的工作合在一起开创了四维流形的分类的新局面，而原来的庞加莱猜想成为这方面仅有的尚未解决的难题了.

8.5.6　佩雷尔曼的重大突破

2000 年 5 月 24 日，美国克莱数学研究所把庞加莱猜想列入其百万美元大奖征集解法的问题目录中，这在公众中引起了新一轮的兴趣. 根据克莱所的规则，任何宣称的证明必须经过学术界两年的仔细审查后才能颁奖. 最近的一个例子是：M. J. Dunwoody 在 2002 年 4 月提交一份证明，不到两年就被否决了，他的证明中有一个根本性的漏洞.

2002 年 11 月 12 日，俄罗斯数学家佩雷尔曼博士（如图 8.30 所示）在互联网上贴了一份帖子，他神秘地说："我们给出此猜想的一个不拘一格的证明概述". 当时许多读

图 8.30　佩雷尔曼
（1966—　）

者以为佩雷尔曼只不过勾勒出对此问题一个可能的冲击罢了. 但是佩雷尔曼用电子邮件澄清说，他将要公开一个实际的证明. 2003 年 3 月 10 日，佩雷尔曼发出第 2 份帖子，它包含了这个工作的更多细节，他还再次说，要继续完成这项工作. 2003 年 4 月 7、9、11 日，佩雷尔曼在麻省理工学院作了系列公开演讲，撇开技术细节，佩雷尔曼的结果可能证明了数学中一个非常深刻的定理，即所谓的瑟斯顿几何化猜想，它是庞加莱猜想的推广，因此意味着庞加莱猜想的解决. 专家们相信，佩雷尔曼证明的总体思想是正确的，但由于他并没有给出一个真正完整的严格证明，人们单从其粗略的证明提纲中看到这个证明有漏洞！虽然佩雷尔曼的工作有漏洞，但却不失其价值. 首先他瞄准的是一个更广泛的猜想——瑟斯顿几何化猜想；其次他采用的是很早就被华裔数学家陈省身、丘成桐等关注的哈密尔顿方法.

8.5.7　瑟斯顿几何化猜想

瑟斯顿（William Thurston）（如图 8.31 所示）是著名拓扑学家，美国康奈尔大学教授，1972 年获加州大学伯克利分校博士学位.

瑟斯顿猜想源于 19 世纪德国数学家黎曼的一个里程碑式的定理——单值化定理.

该定理说，任何二维空间（即任意曲面）可以被按摩成在各处均具有相同类型的曲率：或都为负，或都为正，或为 0. 这种"几何化"的曲面具有的曲率越负，则它具有的洞越多. 一个推论是，一个无空洞的曲面必是正向弯曲的，因此拓扑等价于一个球面.

图 8.31　瑟斯顿
（1946—　）

瑟斯顿寻求把黎曼的定理带到三维流形，即他的"几何化猜想". 但是三维流形远较二维复杂，数学家们不能按黎曼那样把它们熨烫成常曲率. 在 1970 年，瑟斯顿发现八种不同的三维流形. 其中有：S^3（三维球面几何）；E^3（三维欧氏几何）；H^3（三维双曲几何）；$S^2 \times E^1$；$H^2 \times E^1$ 等. 这些几何涉及的范围从双曲的（负向弯曲）到球面的（正向弯曲）. 同时他猜想（几何化猜想）在适当的地方进行切割，可以把任何三维流形分成若干片，它们是这八种标准几何之一.

如果上述几何化猜想为真，就给数学家们某种"周期表"用来对三维流形分类，它也会立即解决庞加莱猜想. 因为七种非球面的几何中每一个都将留下泄露其真面目的拓扑指纹，于是那个没有识别记号的空间就只能是球面.

瑟斯顿工作的重要性并不光是能推出庞加莱猜想. 因为庞加莱猜想只是流形分类中遇到的一个特殊问题，而瑟斯顿描述出了对所有三维流形进行分类的猜想. 而且他把低维拓扑与古典几何（尤其是双曲几何）、Klein 群、李群、复分析、动力系统等许多数学分支联系到了一起. 瑟斯顿等人的工作之后，低维拓扑才迅速在数学里占据了核心地位，引起广泛关注. 他因此获得 1982 年的菲尔兹奖.

8.5.8　哈密尔顿的 Ricci 流

人们普遍认为，要想证明瑟斯顿几何化猜想，传统的几何、拓扑方法已经无能为力了，需要发展新的方法.

1982 年，丘成桐的朋友、著名微分几何学家、康奈尔大学教授哈密尔顿（如图 8.32 所示）发表了一篇文章，提出一种新方程来构造几何结构. 哈密尔顿是用微分方程的方法来做的，不同于瑟斯顿的几何结构方法. 在这里，他提出了"Ricci 流"的概念. 他指出，数学家可以诱导一个三维流形实现自身几何化，方法是促使它"流"向一种标准的几何. 1988 年哈密尔顿利用他的"Ricci 流"重新证明了二维曲面的黎曼定理.

图 8.32　哈密尔顿
（1943—　）

但是在三维情形，哈密尔顿遭遇到了一个问题：一个流形不同部分的流动会扩张它们的不同几何，使得它们之间的边界拉伸成无限薄的"颈部". 丘成桐指出，这些颈部标出了那些需要数学家进行"外科手术"的地方，这种手术是瑟斯顿猜想所需要的. 但是如果颈部过快折断或是形成了棘手的形状，包括一种特别麻烦的称作"雪茄"的形状，手术就会失败. 佩雷尔曼的工作所显示的一个最大漏洞是如何能在"有限时间"内完成几何切割这种外科手术. 其实过去每几年出现一次的由几何拓扑家给出的错误证明都错在此.

8.5.9　一个完整的证明

处理奇异点是几何分析上的问题，丘成桐和李伟光发现了一种处理非线性微分方程的方法．丘成桐建议哈密尔顿一试，哈密尔顿花了很多工夫将这种方法用在他的方程上，得到了重要结果．

图 8.33　朱熹平（左）
和曹怀东

1995 年，丘成桐看到了解决庞加莱问题的大趋势，他邀请哈密尔顿到中国讲学，并向我国数学界发出"全国向哈密尔顿学习，一定会有成就"的口号，但最后，只有朱熹平响应了这个口号．

2005 年夏，运用哈密尔顿、佩雷尔曼的理论，朱熹平和曹怀东（如图 8.33 所示）第一次成功处理了猜想中"奇异点"的难题，给出了庞加莱猜想的完全证明．

从 2005 年 9 月底至 2006 年 3 月，朱熹平和曹怀东应邀前往哈佛大学，以每星期 3 小时的时间——连续 20 多个星期、共约 70 个小时——向包括哈佛大学数学系主任在内的 5 位数学家进行讲解，回答了专家们提出的一系列问题．

2006 年 6 月 1 日，在美国出版的《亚洲数学期刊》6 月号以专刊的方式，刊载了朱熹平和曹怀东的长达 328 页、题为"A Compete Proof of the Poincare and Geometrization conjectures-Application of the Hamilton-Perelman Theory of the Ricci Flow"（《庞加莱猜想暨几何化猜想的完全证明：哈密尔顿-佩雷尔曼理论的应用》）的长篇论文．

2006 年 6 月 3 日，丘成桐院士在中科院晨兴数学中心宣布：

在美国、俄罗斯数学家取得关键性成果基础上，中山大学朱熹平教授和旅美数学家清华大学兼职教授曹怀东已彻底证明了这一猜想．

丘成桐指出，这一证明意义重大，将有助于人类更好地研究三维空间，对物理学和工程学都将产生深远的影响．庞加莱猜想和三维空间几何化的问题是几何领域的主流，它的证明将会对数学界流形性质的认识，甚至用数学语言描述宇宙空间产生重要影响．

这项工作的重要性是无可置疑的．但是朱熹平谦虚地说："丘成桐教授创立的几何分析为解决这个猜想奠定了基础，美国数学家哈密尔顿对这个猜测提出了解决框架，俄罗斯数学家佩雷尔曼给出了重大突破．这是国际数学界的同行们你一步我一步，共同做出来的．我们只是比较幸运，完成了临门一脚．"

需要特别说明的是，2006 年 7 月 25 日，北京大学数学科学学院长江学者讲座教授、博士生导师，中国科学院院士田刚教授和 Morgan 在"数学文献库"（arXiv）上登载了一篇 473 页的关于 Ricci 流和庞加莱猜想（Ricci Flow and the Poincare Conjecture）的手稿（原文网址：http://arXiv.org/abs/math/0607607），也完全证明了庞加莱猜想．

第六节　七个千禧年数学难题及其他

在数学的领域中，提出问题的艺术比解答问题的艺术更为重要.

——康托

　　数学的前沿与一般人的印象大不相同，这是由于通过中学教育学习的数学大都是300 年之前的东西，而物理学、化学、生物学的内容则是近 300 年、200 年、100 年、50年甚至最近几年的成果. 可是在这 300 年中数学已发展成为极为庞大的领域，有十几个二级学科，一百多个三级学科以及成千上万的分支. 每一个学科和分支都有大量的像哥德巴赫猜想那样的未解决的难题. 明确提出，写在文献中的数论难题上万个，群论难题上千个，各学科的重要猜想也不下几百个. 这些难题当然重要性各有不同，最重要的难题就像刚解决不久的费马大定理一样，处于数学主流当中，它的进展能够带动许多学科的发展，并且产生出许多新问题，推动数学向更高的水平前进. 本节介绍美国克莱数学研究所（Clay Mathematics Institute）于 2000 年 5 月 24 日在巴黎法兰西学院宣布的、引起数学界和许多国际媒体广泛关注的"七个千禧年数学难题"，他们对每个问题悬赏 100万美元. 这些问题对 21 世纪的影响，虽然不能说像希尔伯特在巴黎国际数学家大会提出的 23 个未解决的数学问题对 20 世纪数学的影响那样深刻，但也应该被列入最有意思和最具挑战性的问题之中. 本节最后将介绍两个虽未列入千禧年数学难题，但却是像哥德巴赫猜想那样简单而深奥的、悬而未决的数论难题.

8.6.1　Riemann 猜想（Riemann 假设）

　　Riemann 猜想与素数有关. 早在古希腊时期，欧几里得就巧妙地证明了：素数有无穷多个. 但是这些素数的存在有一个固定的模式吗？对于用纸和笔来研究素数的某些人来说，他们只能认识最初的一些素数，这些素数的出现看起来是随机的. 然而在 1859 年，德国数学家黎曼（Riemann，Bernhard，1826—1866）提出猜想：素数不仅有无穷多个，而且这无穷多个素数以一种微妙和精确的模式出现. 证明或否定这个结论，或许是纯粹数学中现存问题中最深刻的一个，数学中不少问题的解决依赖于这个问题的肯定结论.

　　Riemann 猜想的具体表述依赖于黎曼 ζ 函数. 在数学中我们碰到过许多函数，最常见的是多项式和三角函数. 多项式 $P(x)$ 的零点也就是代数方程 $P(x) = 0$ 的根. 根据代数基本定理，n 次代数方程有 n 个根，它们可以是实根也可以是复根. 因此，多项式

函数有两种表示方法，即

$$P（x）= a_n x^n + a_{n-1} x^{n-1} + \cdots + a_1 x + a_0$$

和

$$P（x）= a_n（x-x_1）（x-x_2）\cdots（x-x_n）$$

黎曼 ζ 函数是指在复平面上定义的如下函数

$$\zeta(s) = \sum_{n=1}^{\infty} \frac{1}{n^s}, \quad s = \sigma + it \tag{8.41}$$

其中 σ 和 t 是实数，当 s 为大于 1 的实数时，$\zeta(s)$ 为收敛的无穷级数. 仿照多项式情形，欧拉把它表示为无穷乘积的形式

$$\zeta(s) = \prod_{p\text{是素数}} \frac{1}{1 - p^{-s}} \tag{8.42}$$

但是，这样的 $\zeta(s)$ 用处不大，黎曼又把它开拓到整个复数平面，成为复变量 s 的函数，这包含了非常多的信息，当然它包含了所有素数的信息. 正如多项式的情形一样，函数的信息大部分包含在其零点的信息当中. 因此，$\zeta(s)$ 的零点就成为大家关心的头等大事. 可以证明，黎曼 ζ 函数在负偶数 -2，-4，-6，… 处有零点，人们称这些为"平凡零点". 黎曼猜想是关于黎曼 ζ 函数的非平凡零点的，具体表述如下.

Riemann 猜想 $\zeta(s)$ 的所有非平凡零点的实部等于 1/2，也就是所有非平凡零点都在 $\sigma = 1/2$ 这条直线（称为临界线）上.

这个看起来简单的问题并不容易. 从历史上看，求多项式的零点特别是求代数方程的复根都不是简单的问题. 一个特殊函数的零点也不太容易找到. 在 20 世纪 20 年代，哈代首先证明这条临界线上有无穷多个零点. 而且这条线外至今也没有发现非平凡零点. 这是对黎曼猜想强有力的支持，但离确立其正确性还相差很远.

这个简单的特殊函数在数学上有重大意义，正因为如此，黎曼猜想总是被当成数一数二的重要猜想. 在这个猜想上稍有突破，就有不少重大成果. 两百年前高斯提出的素数定理就是在一百年前由于黎曼猜想的一个重大突破而证明的. 当时只是证明复零点都在临界线附近，如果黎曼猜想被完全证明，整个解析数论将取得全面进展.

更重要的是，在代数数论、代数几何、微分几何、动力系统理论等学科中都引入各种 $\zeta(s)$ 函数和它们的推广 L 函数，它们各有相应的"黎曼猜想"，其中有的黎曼猜想已经得到证明，使得该分支获得突破性的进展. 可以设想，黎曼猜想及其各种推广是 21 世纪数学的中心问题之一.

8.6.2 Poincare 猜想

已经证明，详见本章第五节.

8.6.3 P 对 NP 问题

这个问题与哲学上什么是可知的，什么是不可知的问题密切相关，属于计算复杂性

理论. 设想在一个盛大的晚会上，你想知道那里是否有你认识的人. 如果有人对你说，你一定认识那位坐在左后侧窗户旁边的李强先生. 不费一秒钟，你向那里扫视，并且发现他说的是正确的. 然而，如果没有这样的暗示，你就必须环顾整个大厅，一个个地审视每一个人，看是否有你认识的人. 找到问题的一个解通常要比验证一个给定的解花费更多的时间. 这是这种一般现象的一个例子. 在数学中，这样的例子比比皆是. 例如，如果某人告诉你，自然数 13 717 421 可以写成两个较小的自然数的乘积，你可能不知道是否应该相信他，但是如果他告诉你它可以因子分解为 3607 乘以 3803，那么你就可以用计算器轻松地验证这是对的. 判定一个答案是可以很快利用内部知识来验证，还是没有这样的提示而需要花费大量时间来求解，被看作逻辑和计算机科学中最突出的问题之一. 它是斯蒂文·考克（Stephen Cook）于 1971 年陈述的.

英国数学家图灵（Turing, Alan Mathison, 1912—1954）于 1930 年在计算理论中制定了用以决定什么是可计算的、什么是不可计算的规则. 一个问题称为是 P 的，如果它可以通过运行多项式次（即运行时间至多是输入量大小的多项式函数的一种算法）获得解决；一个问题是 NP 的，如果所提出的解答可以用多项式次算法来检验. 例如，在人们所熟悉的流动推销员问题中，"多项式时间内可计算"是指能够编写一个确定的计算机程序以合理的计算机时间来算出推销员访问 n 个城市的最佳路线. 一个 NP 的问题，尽管所提出的解答可以用多项式次算法来检验，但要真正去求解它，问题可能变得十分复杂，计算机时间可能会以指数形式增加（比如 10^n 时间），直至问题难以计算，也就是说，这个问题可能不是 P 的. 今天的 RSA 密码理论就是建立在这样一种假设的基础上，即对大整数（比如 200 位）进行因子分解从计算上说是不可行的问题.

P 对 NP 问题就是问，P 等于 NP 吗？大部分复杂性理论工作者相信：NP ≠ P.

8.6.4 Hodge 猜想

Hodge 猜想与 Poincare 猜想一样是关于流形的，但是它没有那么简单明了的表述. 20 世纪的数学家们发现了研究复杂对象的形状的强有力的办法. 其基本想法是：在多大程度上，可以把给定的复杂对象的形状通过将维数不断增加的简单几何块儿粘合在一起来形成. 这种技巧变得如此有用，使得它可以用许多种不同的方式来推广，最终导致数学家可以对许多复杂对象进行分类. 不幸的是，在这一推广中，程序的几何出发点变得模糊起来，在某种意义下，必须加上某些没有任何几何解释（意义）的部件. Hodge 猜想断言：对于所谓的"射影代数簇"这种特别完美的空间类型来讲，称作"Hodge 闭链"的部件实际上是称作"代数闭链"的几何部件的（有理线性）组合.

8.6.5 Yang-Mills 场的存在性和质量缺口

这个问题要求对量子场论的未知物理和相应的数学构造有较深入的理解. 量子场是指时空中满足一定要求的一个算子取值的广义函数. 量子物理的定律是以经典力学关于宏观世界的牛顿定律的方式来对基本粒子世界表述的. 大约半个世纪以前，Yang（杨振宁）和 Mills 发现：量子物理揭示了在基本粒子物理与几何对象数学之间的令人瞩目的关系. "Yang-Mills 场的存在性和质量缺口"就是与四维量子场论的数学理解相关的一个问题. 具体表述为: 对于任意紧致单群 G, 在 $\mathbf{R}^4$ 上存在以群 G 为规范群的有质量量子的 Yang-Mills 场.

8.6.6 Navier-Stokes 方程的存在性与光滑性

起伏的波浪跟随着正在湖中穿梭的小船, 湍急的气流跟随正在空中疾驶的飞机. 数学家和物理学家深信, 无论是微风还是湍流, 都可以通过理解 Navier-Stokes 方程的解, 来对它们进行解释和预言. 早在 19 世纪就已出现的 Navier-Stokes 方程描述了 $\mathbf{R}^n$ ($n=2$ 或 3) 中流体的运动. 这个方程要对关于位置 $x \in \mathbf{R}^n$ 和时间 $t \geq 0$ 定义的未知速度向量 $u(x, t) = (u_i(x,t))_1 \leq i \leq n \in \mathbf{R}^n$ 以及压力 $p(x, t) \in \mathbf{R}^n$ 求解. 其基本的问题是判断 Navier-Stokes 方程是否存在光滑的、在物理上合理的解. 该问题的挑战在于对数学理论作出实质性的进展, 使我们能够解开隐藏在 Navier-Stokes 方程中的奥秘.

8.6.7 Birch 和 Swinnerton-Dyer 猜想

数学家总是对诸如 $x^2 + y^2 = z^2$ 这样的代数方程的所有解的刻画着迷. 这个方程的解是早在古希腊时期就已经给出的, 然而对于更为复杂的方程, 解决起来却极为困难. 事实上, 希尔伯特第 10 个问题是不可解的, 即不存在一般的方法来确定这样的方程是否有一个整数解. 当解是一个 Abel 簇的点时, Birch 和 Swinnerton-Dyer 猜想认为, 有理点的解的多少与一个有关的 Zeta 函数 $\zeta(s)$ 在点 $s = 1$ 附近的性态有关. 特别当 $\zeta(1) = 0$ 时, 存在无穷多个有理点解; 相反, 当 $\zeta(1) \neq 0$ 时, 只存在有限多个有理点解.

8.6.8 两个数论难题

1. 拉姆塞 (Ramsay) 理论

拉姆塞是一位天才的英国科学家, 只活了 26 岁. 1930 年他去世之前发表了一篇学术论文, 其副产物就是所谓的拉姆塞理论.

拉姆塞理论可以用通常的语言来表述. 在一个集会上, 两个人或者彼此认识, 或者彼此不认识, 拉姆塞得出的结果是说, 当集会人数大于或等于 6 时, 则必定有 3 个人, 他们或者彼此都认识或者彼此都不认识. 6 称为拉姆塞数, 记 $r(3, 3) = 6$. 进一步当集会人数大于或等于 18 时, 则必定有 4 个人, 他们或者彼此都认识或者彼此都不认识, 记 $r(4, 4) = 18$. 可是集会有多少人, 才能有 5 个人都彼此认识或都不认识呢? 至今为此, $r(5, 5)$ 的精确数目我们还不知道, 至于其他的 $r(n, n)$ 当然就更不清楚了. 不过, 我们的确证明 $r(n, n)$ 是一个有限数的存在性, 甚至有精确的上界和下界. 只是其中究竟哪一个是拉姆塞数, 就不得而知了. 因此, 求 $r(n, n)$ 的精确值是我们的第一个难题.

拉姆塞理论还有进一步的推广. 其中一个最简单的推广是 $r(s, t)$, 也就是集会至少有多少人才能有 s 个人互相都认识或者 t 个人互相都不认识. 可以证明 $r(s, t) = r(t, s)$, 因此, 不妨假定 $s \leq t$. 现在知道的精确的 $r(s, t)$ 的值极少, 只有如下的九种情形:

$r (3, 3) = 6$，$r (3, 4) = 9$，$r (3, 5) = 14$，$r (3, 6) = 18$，$r (3, 7) = 23$，$r (3, 8) =$ 28，$r (3, 9) = 36$，$r (4, 4) = 18$，$r (4, 5) = 25$. 而且还知道 $r (3, t)$ 的一个上界：

$$r (3, t) \leqslant \frac{t^2 + 3}{2}.$$

2. abc 猜想

在众多有待解决的与费马大定理有关的重要猜想中，有许多看起来形式上是非常简单的. abc 猜想就是其中最突出的一个.

abc 猜想是关于满足方程 $a+b=c$ 的任何非零互素整数解 a、b、c 的性质. 它断言，对任何 $\varepsilon > 0$，存在常数 $C (\varepsilon)$，满足 $\max (|a|, |b|, |c|) < C (\varepsilon) N (abc)^{1+\varepsilon}$，其中 $\max$ 表示这三个数中的最大者，$N (abc)$ 表示 abc 不同素因子的乘积.

由 abc 猜想可推出大指数的费马猜想，它还可以推出一系列重要猜想.

附录 A 国际性数学奖简介

1. "数学中的诺贝尔奖"——菲尔兹奖

诺贝尔奖金中为什么没有设数学奖? 对此人们一直有着各种猜测与议论. 许多人曾听过这样的故事: 诺贝尔不设数学奖, 主要是他的好朋友——瑞典数学家 Gosta Mittag-Leffler, 曾与他的妻子有染, 如果他设数学奖, 这奖金就会落在他痛恨的人手里. 这个故事, 仅仅是一种猜测. 公开的原因是诺贝尔希望奖金能给在科学上的发现或发明, 能"马上"给人类带来福利. 而数学发现的东西, 很难说在短短的 10 年中就能看出对人类幸福有什么贡献.

但是, 数学领域中也有一种世界性的奖励, 这就是每 4 年颁发一次的菲尔兹奖. 菲尔兹奖是数学学科中最著名的国际奖, 是以终生致力于数学研究的加拿大数学家、数学教育家菲尔兹(John Charles Fields, 1863—1932)(如附图 1 所示)的名字命名的. 在各国数学家的眼里, 菲尔兹奖所带来的荣誉可与诺贝尔奖媲美, 被人们称为"数学中的诺贝尔奖".

附图 1 菲尔兹
(1863—1932)

这一大奖于 1932 年第 9 届国际数学家大会时设立, 1936 年首次颁奖. 该奖每 4 年颁发一次, 在每隔 4 年召开一次的国际数学家大会的开幕式上举行颁奖仪式, 由评委会主席宣布获奖名单, 由大会东道国的要员(市长、科学院院长、国家领导人等)或著名数学家颁发奖章和奖金, 由权威数学家分别介绍获奖人的主要数学成就; 该奖项由数学界的国际权威学术团体——国际数学联合会主持, 从全世界第一流的 40 岁以下的数学家中评选, 专门奖励 40 岁以下的年轻数学家的杰出成就, 每次获奖者不超过 4 人, 每人可获得一枚纯金制成的奖章和 1500 美元奖金. 奖章上面有希腊数学家阿基米德的头像, 并且用拉丁文镌刻上"超越人类极限, 做宇宙主人"的格言.

菲尔兹 1863 年 5 月 14 日出生于加拿大渥太华. 他 11 岁时父亲逝世, 18 岁时又失去了慈母, 家境不算太好. 1880 年, 17 岁的菲尔兹进入多伦多大学数学系专攻数学. 1887 年, 年仅 24 岁的菲尔兹, 就在美国约翰霍普金斯大学获得了博士学位. 两年后任美国阿勒格尼大学教授. 1902 年起在多伦多大学任教, 是加拿大皇家学会会员、伦敦皇家学会会员. 作为一个数学家, 菲尔兹的工作兴趣集中在代数函数方面, 并有一定的建树. 例如证明了黎曼-罗赫定理等. 他的主要贡献是在数学教育和促进数学的国际交流方面.

菲尔兹很早就意识到研究生教育的重要, 他是在加拿大推进研究生教育的第一人.

他全力组织并主持了 1924 年在多伦多召开的国际数学家大会，这是在欧洲之外召开的第一次国际数学家大会. 为了进一步促进数学的交流和发展，鉴于诺贝尔奖中不设数学奖项，菲尔兹希望能建立一个世界性的数学奖. 他提出把 1924 年国际数学家大会的经费结余作为奖金的基金. 为此他积极奔走，做了大量工作，并打算在 1932 年召开的国际数学家大会上提出建议. 不幸的是他于会前去世，但留下遗嘱：把自己的遗产加到上述经费中作为一项国际数学奖的基金. 1932 年的国际数学家大会接受了菲尔兹通过多伦多大学数学系转达的建议和基金，并把这一奖金命名为菲尔兹奖，以纪念他为此而作出的卓越贡献. 菲尔兹奖于 1936 年挪威奥斯陆国际数学家大会上第一次颁发，其后，因第二次世界大战而中断，直到 1950 年在美国坎布里奇国际数学家大会上才颁发第二次菲尔兹奖，其后基本上每 4 年召开一次国际数学家大会，也就颁发一次菲尔兹奖. 20 世纪共有 43 人获奖，其中英国数学家怀尔斯在 1998 年、20 世纪最后一次国际数学家大会上获得了一个特别贡献奖. 有 9 位菲尔兹奖获得者后来又获沃尔夫数学奖，他们始终是站在数学探索前沿的数学大师.华裔数学家丘成桐教授于 1982 年荣获菲尔兹奖，2010 年获得沃尔夫奖.

2002 年 8 月 21—28 日，第 24 届国际数学家大会开幕式在人民大会堂举行，这是 21 世纪的第一届会议，是一百多年来中国第一次主办国际数学家大会，也是发展中国家第一次主办这一大会. 国家主席江泽民出席开幕式，并应国际数学联盟主席帕利斯的邀请，为本届菲尔兹奖获得者颁奖.

菲尔兹奖只是一枚金质奖章，与诺贝尔奖金的 10 万美元相比真是微不足道. 为什么在人们心目中，菲尔兹奖的地位竟然与诺贝尔奖金相当？原因看来很多. 菲尔兹奖是由数学界的国际学术团体——国际数学联盟，从全世界的第一流数学家中遴选的. 就权威性与国际性而言，任何其他的奖励都无法与之相比. 菲尔兹奖 4 年才发一次，每次至多 4 名，因而获奖机会比诺贝尔奖要少得多. 但是更主要的原因也许是：迄今为止的获奖者用他们的杰出工作，证明了菲尔兹奖不愧为最重要的国际数学奖.

2. 沃尔夫奖

由于菲尔兹奖只授予 40 岁以下的的年轻数学家，所以年纪较大的数学家没有获奖的可能. 恰巧 1976 年 1 月，沃尔夫（Ricardo Wolf，1887—1981）（如附图 2 所示）及其家族捐献 1000 万美元成立了沃尔夫基金会. 其宗旨是奖励对推动人类科学与艺术文明作出杰出贡献的人士，每年评选一次，分别奖励在数学、物理、化学、医学和农业领域，或艺术领域里建筑、音乐、绘画、雕塑四大项目之一中取得突出成绩的人士，其中以沃尔夫数学奖影响最大. 沃尔夫奖于 1978 年开始颁发，通常是每年颁发一次，每个奖的奖金为 10 万美元，可以由几人分得.

附图 2 沃尔夫
（1887—1981）

由于沃尔夫数学奖具有终身成就奖的性质，所有获得该奖项的数学家都是享誉数坛、闻名遐迩的当代数学大师，他们的成就在相当程度上代表了当代数学的水平和进展. 该奖的评奖标准不是单项成就而是终身贡献，获奖的数学大师不仅在某个数学分支上有极深的造诣和卓越贡献，而且都博学多能，涉足多个分支，且均有建树，形成了自己的著名学派，他们是当代不同凡响的数学家. 美籍华人陈省身教授于 1984 年 5 月获得沃尔夫奖，丘成桐教授于 2010 年获得沃尔夫奖.

　　沃尔夫 1887 年生于德国，其父亲是汉诺威城的五金商人. 沃尔夫曾在德国研究化学，并获得博士学位，后移居古巴. 他用了近二十年的时间，经过大量试验，历尽艰辛，成功地发明了一种从熔炼废渣中回收铁的方法，从而成为百万富翁. 他是沃尔夫基金会的倡导者和主要捐献人，于 1981 年逝世.

附录 B 国际性数学奖一览表

奖项名称	颁发组织	奖项名称	颁发组织	奖项名称	颁发组织
爱尔特希奖		菲尔兹奖	国际数学家大会	内勒奖	伦敦数学会
安培奖		费萨尔国际奖	费萨尔国网基金	庞加莱金质奖	巴黎科学院
奥斯特洛斯基奖		费希尔奖	统计学会	美国全国科学院科学进步奖	
巴尔扎恩奖		福特奖	美国数学协会	美国全国科学院数学奖	
贝维克奖		国家科学奖	美国国家科学基金会	日本奖	
伯格曼奖		洪堡奖	德国洪堡基金会	塞勒姆奖	
伯克霍夫奖		怀特海奖	伦敦数学会	施耐德奖	国际线性代数
博谢纪念奖		皇家奖章	英国皇家学会	斯帝尔奖	美国数学会
波利亚奖	美国数学会	基思奖	爱丁堡皇家学会	图灵奖	美国计算机学会
波利亚奖	美工业与应用数学会	京都奖	稻森基金会	维布伦几何奖	
波利亚奖	伦敦数学会	柯尔代数奖，柯尔数论奖	美国数学会	威尔克斯奖	美国数理统计学会
布劳威尔奖	荷兰数学会颁发	克雷福德奖	瑞典皇家科学院	沃尔夫奖	美国 NSF 沃特曼委员会
丹其克奖	美国数学规化学会	科普利奖章	英国皇家学会	西尔维斯特奖	伦敦皇家学会
德·摩根奖	美国数学会	科学大奖	巴黎科学院	谢尔·蒂博尔纪念奖章	匈牙利博利奥伊、亚诺什数学会
第三世界科学奖	第三世界科学院	罗巴切夫斯基奖	苏联科学院	查文尼特奖	美国数学协会
范德·波尔金奖	国际无线电联盟	奈望林纳奖	国际数学家大会		

附录 C 人名索引

L

M

主要参考文献

邓东皋等. 1990. 数学与文化. 北京：北京大学出版社.

方延伟. 2002. 数学归纳法. 湖北：湖北教育出版社.

冯克勤. 1998. 从整数谈起. 长沙：湖南教育出版社.

龚升. 2005. 微积分五讲. 北京：科学出版社.

堀场芳数. 1998. e 的奥密. 北京：科学出版社.

李文林, 任辛喜. 2007. 数学的力量. 北京：科学出版社.

马里奥·利维奥. 2003. φ 的故事：解读黄金比例. 长春：长春出版社.

马忠林. 1996. 数学辞典. 长春：吉林教育出版社.

苏淳. 2001. 漫话数学归纳法. 合肥：中国科技大学出版社.

王树禾. 2003. 数学思想史. 北京：国防工业出版社.

吴文俊. 1995. 世界著名数学家传记（上、下）. 北京：科学出版社.

项武义. 2004. 基础几何学. 北京：科学出版社.

易南轩. 2004. 数学美拾趣. 北京：科学出版社.

张景中. 2002. 数学家的眼光. 北京：中国少年儿童出版社.

张景中. 2008. 数学与哲学. 大连：大连理工大学出版社.

张顺燕. 2004. 数学的美与理. 北京：北京大学出版社.

张顺燕. 2004. 数学的源与流. 北京：高等教育出版社.

周宪. 2002. 美学是什么. 北京：北京大学出版社.

Eli Maor. 1994. e: The story of a number. Princeton University Press.

Morris Kline. 1968. Mathematics in the modern world: readings from scientific american. W.H. Freeman and Company，Scientific American，Inc.（中译本：齐民友等译. 2004. 现代世界中的数学. 上海：上海教育出版社.）

Morris Kline. 1972. Mathematics thought from ancient to modern times. New York: Oxford University Press. （中译本：邓东皋等译. 2002. 古今数学思想（第一至四册）. 上海：上海科学技术出版社.）

Robin Wilson. 2002. Four colours suffice. Londun: The Penguin Press.